21世纪高等院校

财经类专业

计算机规划教材

数据库原理与应用教程

（Access 2010版）

唐小毅　吴 靖　金 鑫　编著

U0227522

清华大学出版社

北京

内 容 简 介

本书从一个 Access 数据库应用系统实例——商贸公司的管理系统入手,系统地介绍数据库的基本原理及 Access 各种主要功能的使用方法,主要包括数据库的基本原理和相关概念,关系数据库的基本设计方法,数据库的建立、数据表、查询、窗体、宏、报表、VBA 程序设计及数据库编程技术,数据库的安全和管理。

本书内容全面系统,结构完整清晰,深入浅出,图文并茂,通俗易懂,可读性、可操作性强,适合作为各类高校学生学习数据库基础及应用的教材,也可作为相关领域技术人员的参考用书或培训教材。

图书在版编目(CIP)数据

数据库原理与应用教程:Access 2010 版/唐小毅,吴靖,金鑫编著.—北京:清华大学出版社,2018
(2024.10重印)
(21 世纪高等院校财经类专业计算机规划教材)
ISBN 978-7-302-49546-8

Ⅰ.①数… Ⅱ.①唐… ②吴… ③金… Ⅲ.①关系数据库系统—高等学校—教材
Ⅳ.①TP311.138

中国版本图书馆 CIP 数据核字(2018)第 029429 号

责任编辑:孟毅新
封面设计:傅瑞学
责任校对:刘 静
责任印制:沈 露

出版发行:清华大学出版社
        网   址:https://www.tup.com.cn,https://www.wqxuetang.com
        地   址:北京清华大学学研大厦 A 座   邮   编:100084
        社 总 机:010-83470000   邮   购:010-62786544
        投稿与读者服务:010-62776969,c-service@tup.tsinghua.edu.cn
        质量反馈:010-62772015,zhiliang@tup.tsinghua.edu.cn
印 装 者:三河市龙大印装有限公司
经   销:全国新华书店
开   本:185mm×260mm   印   张:22.25   字   数:509 千字
版   次:2018 年 8 月第 1 版   印   次:2024 年 10 月第 7 次印刷
定   价:56.00 元

产品编号:069794-01

前言

　　随着信息化进程的不断推进,社会工作和生活都离不开信息技术,对于非计算机专业类学生,掌握一定的计算机科学知识的要求也越来越高,对于信息管理技术的要求也日趋加深。在日常的工作和学习中,可以深深体会到,企业的信息化,数据组织和处理技术的好坏,往往关系到企业信息化的成败。因此,需要所有非计算机类专业的学生,均要掌握数据建模的基本知识,掌握数据库的设计方法和相关原则,以帮助他们具有一定的企业信息化和数据处理的能力。

　　本书适用于非计算机类专业学生学习"数据库原理与应用"课程,面向各类专业学生讲授数据库系统最基本的内容——数据库设计和数据库编程。

　　本书力求做到与实际教学紧密结合。在内容的组织方面,以学生认知规律作为主线索,从数据库的基本知识学习开始,介绍数据库的发展及关系数据库的相关知识,并以Access作为工具,介绍从数据库的创建,到数据表操作、各种查询的应用,SQL语句的撰写,窗体、报表、宏的学习等相关内容,并以一定篇幅介绍了VBA程序的编写及数据库编程方法,以及数据库安全与管理的相关技术,以期通过本书的学习,帮助读者掌握一个综合的数据库管理系统的开发技术。

　　本书除了知识结构的提炼外,还通过大量的图文介绍操作步骤,培养读者理论和实际动手能力。我们期望通过这门课程的学习使读者具备数据库方面的基本知识和良好的逻辑思维能力。

　　本书主要由中央财经大学教师唐小毅、吴靖和金鑫编写。在此,感谢中央财经大学教师江淼和刘艳萍在本书编写过程中付出的劳动。

　　在本书编写过程中,编者参考了不少书籍,在此向这些书籍的作者表示衷心的感谢!

　　由于计算机技术日新月异,加之编者能力有限,书中难免有不足之处,恳请读者批评指正。

编　者

2018 年 3 月

目　录

第1章
数据库系统概述

20 世纪 80 年代,美国信息资源管理学家霍顿(F. W. Horton)和马钱德(D. A. Marchand)等指出,信息资源(Information Resources)与人力、物力、财力和自然资源一样,都是企业的重要资源,因此,应该像管理其他资源那样管理信息资源。

数据是信息时代的重要资源之一。商业的自动化和智能化,使得企业收集到了大量的数据,积累下来许多重要资源。政府、企业等各类组织需要对大量的数据进行管理,从数据中获取信息和知识,从而进行决策,于是就有了数据库蓬勃发展的今天。数据库技术是计算机科学中一门重要的技术,数据库技术在政府、企业等机构得到广泛的应用。特别是 Internet 技术的发展,为数据库技术得以迅速发展奠定了重要基础。

本章的重点是介绍数据库系统的基本概念和数据库设计的步骤。

知识体系:

☞数据库系统的基本概念

☞数据库设计的基本步骤

☞E-R 模型

学习目标:

☞了解数据库系统的发展历程

☞掌握数据库系统的三级模式结构

☞掌握数据库设计的基本步骤

☞学会利用 E-R 图进行数据库系统的设计

1.1 引言

首先,通过几个事例,讨论为什么需要数据库。

A 公司的业务之一是销售一种科技含量较高的日常生活用品,为分别适应不同客户群的需求,这种商品有九个型号;产品通过分布在全市的 3000 多个各种类型零售商销售(例如,各类超市、便利店等);同时,公司在全国各主要城市都设有办事处,通过当地的代理商销售这种商品。

如果是你在管理这家公司,你需要什么信息?

A 公司的管理层需要随时掌握各代理商和零售商的进货情况、销货情况和库存情况；需要掌握各销售渠道的销售情况；需要了解不同型号产品在不同地域的销售情况，以便及时调整销售策略；等等。A公司的工作人员定期对代理商和零售商进行回访，解决销售过程中的各种问题，并对自己的客户(代理商和零售商)进行维护。在此过程中，公司还需要对自己的市场部门工作业绩进行考核。这个例子涉及了产品、客户、员工和订单。

随着市场范围的不断扩大，业务量迅速增长，A公司需要有效地管理自己的产品、客户和员工等数据，并且这类数据正在不断地积累、增大。

这样大量且相互关联的数据，靠人工管理已经不再可能，比较好的方法之一是用数据库系统来管理其数据。那么，应该如何去抽象数据、组织数据并能够有效地使用数据，从中得到有价值的信息呢？这正是要讨论的问题。

另一个例子是银行，大概每个人都有在银行接受服务的经历。首先在银行开户，向银行提供个人的基本数据，例如，姓名和身份证号码，之后作为银行客户就会不断地存款、取款、消费；而银行需要及时地记录这些数据，并实时地更新账户余额。

解决上述问题的最佳方案之一就是使用数据库。产生数据库的动因和使用数据库的目的正是为了及时地采集数据、合理地存储数据、有效地使用数据，保证数据的准确性、一致性和安全性，在需要的时间和地点获得有价值的信息。

1.2 数据库系统

本节讨论数据库系统的构成，数据库系统的特点以及数据库技术的发展历史。

1.2.1 数据库系统的构成

数据库技术所要解决的基本问题有两个：一是如何抽象现实世界中的对象，如何表达数据以及数据之间的联系；二是如何方便、有效地维护和利用数据。

通常意义下，数据库是数据的集合。一个数据库系统的主要组成部分是数据、数据库、数据库管理系统、应用程序以及用户。数据存储在数据库中，用户和用户应用程序通过数据库管理系统对数据库中的数据进行管理和操作。

1. 数据

数据(Data)是对客观事物的抽象描述。数据是信息的具体表现形式，信息包含在数据之中。数据的形式或者说数据的载体是多种多样的，它们可以是数值、文字、图形、图像、声音等。例如，用会计分录描述企业的经济业务，会计分录反映了经济业务的来龙去脉。会计分录就是其所描述的经济业务的抽象，并且是以文字和数值的形式表现的。

数据的形式还不能完全表达数据的内容，数据是有含义的，即数据的语义或数据解释，所以数据和数据的解释是不可分的。例如，"983501011，张捷，女，1970，北京，信息学院"就仅仅是一组数据，如果没有数据解释，读者就无法知道这是一名学生还是一名教师的数据。1970应该是一个年份，但它是出生年份还是参加工作或入学的年份就无法了解了。

在关系数据库中，上述数据是一组属性值，属性是它们的语义。例如，这组数据描述的是学生,描述学生的属性包括学号、姓名、性别、出生日期、籍贯、所属学院,则上述数据就是这一组属性的值。

通过对数据进行加工和处理,从数据中获取信息。数据处理通常包括数据采集、数据存储、数据加工、数据检索和数据传输(输出)等环节。

数据的三个范畴分为现实世界、信息世界和计算机世界。数据库设计的过程,就是将数据的表示从现实世界抽象到信息世界(概念模型),再从信息世界转换到计算机世界(数据世界)。

2. 数据库

数据库(DataBase)是存储数据的容器。通常,数据库中存储的是一组逻辑相关的数据的集合,并且是企业或组织经过长期积累保存下来的数据集合,是组织的重要资源之一。数据库中的数据按一定的数据模型描述、组织和存储。人们从数据中提取有用信息,信息的积累成为知识,丰富的知识创造出智慧。

3. 数据库管理系统

数据库管理系统(DataBase Management System,DBMS)是一种系统软件,提供能够科学地组织和存储数据,高效地获取和维护数据的环境。其主要功能包括数据定义、数据查询、数据操纵、数据控制、数据库运行管理、数据库的建立和维护等。DBMS 一般由软件厂商提供,例如,Microsoft 的 SQL Server、Access 等。

4. 数据库系统

一个完整的数据库系统(DataBase System,DBS)由保存数据的数据库、数据库管理系统、用户应用程序和用户组成。DBMS 是数据库系统的核心,其关系如图 1.1 所示。用户以及应用程序都是通过数据库管理系统对数据库中数据进行访问的。

通常,一个数据库系统应该具备以下功能。

(1)提供数据定义语言,允许使用者建立新的数据库并建立数据的逻辑结构(Logical Structure)。

(2)提供数据查询语言。

(3)提供数据操纵语言。

(4)支持大量数据存储。

(5)控制并发访问。

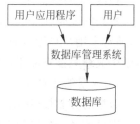

图 1.1 数据库系统组成

1.2.2 数据库系统的特点

1. 数据结构化

数据库中的数据是结构化的。这种结构化就是数据库管理系统所支持的数据模型。使用数据模型描述数据时,不仅描述了数据本身,同时描述了数据之间的联系。按照应用的需要,建立一种全局的数据结构,从而构成一个内部紧密联系的数据整体。关系数据库管理系统支持关系数据模型,关系数据模型的数据结构是关系——满足一定条件的二维表格。

2. 数据高度共享、低冗余度、易扩充

数据的共享度直接关系到数据的冗余度。数据库系统从整体角度看待和描述数据，数据不再面向某个应用而是面向整个系统。因此，数据库中的数据可以高度共享。数据的高度共享本身就减少了数据的冗余，同时确保了数据的一致性，同一数据在系统中的多处引用是一致的。

3. 数据独立

数据的独立性是指数据库系统中的数据与应用程序之间是互不依赖的。数据库系统提供了两方面的映像功能，从而使数据既具有逻辑独立性，又具有物理独立性。

数据库系统的一个映像功能是数据的总体逻辑结构与某类应用所涉及的局部逻辑结构之间的映像或转换功能。这一映像功能保证了当数据的总体逻辑结构改变时，通过对映像的相应改变可以保持数据的局部逻辑结构不变，由于应用程序是依据数据的局部逻辑结构编写的，所以应用程序不必修改。这就是数据与程序的逻辑独立性，简称数据的逻辑独立性。

数据库系统的另一个映像功能是数据的存储结构与逻辑结构之间的映像或转换功能。这一映像功能保证了当数据的存储结构（或物理结构）改变时，通过对映像的相应改变可以保持数据的逻辑结构不变，从而应用程序也不必改变。这就是数据与程序的物理独立性，简称数据的物理独立性。

4. 数据由数据库管理系统统一管理和控制

DBMS 提供以下几方面的数据管理与控制功能。

1）数据的安全性

数据的安全性（Security）是指保护数据，防止不合法使用数据造成数据的泄密和破坏，使每个用户只能按规定权限对某些数据以某种方式进行访问和处理。例如，部分用户对学生成绩只能查阅不能修改。

2）数据的完整性

数据的完整性（Integrity）是指数据的正确性、有效性、相容性和一致性。即将数据控制在有效的范围内，或要求数据之间满足一定的关系。

3）并发控制

当多用户的并发（Concurrency）进程同时存取、修改数据库时，可能会发生相互干扰而得到错误的结果，并使得数据库的完整性遭到破坏，因此必须对多用户的并发操作加以控制和协调。

4）数据库恢复

计算机系统的硬件故障、软件故障、操作员的失误以及故意的破坏都会影响数据库中数据的正确性，甚至造成数据库部分或全部数据的丢失。DBMS 必须具有将数据库从错误状态恢复到某一已知的正确状态（也称为完整状态或一致状态）的功能，这就是数据库的恢复（Recovery）功能。

5. 数据库发展过程

美国学者詹姆斯·马丁在其《信息工程》和《总体数据规划方法论》中，将数据环境分为四种类型,阐述了数据管理即数据库的发展过程。

(1)数据文件。在数据库管理系统出现之前,程序员根据应用的需要,用程序语言分散地设计应用所需要的各种数据文件。数据组织技术相对简单,但是随着应用程序的增加,数据文件的数量也在不断增加,最终会导致很高的维护成本。数据文件阶段会为每一个应用程序建立各自的数据文件,数据是分离的、孤立的,并且随着应用的增加,数据被不断地重复,数据不能被应用程序所共享。

(2)应用数据库。意识到数据文件带来的各种各样的问题,于是就有了数据库管理系统。但是各个应用系统的建立依然是"各自为政",每个应用系统建立自己的数据库文件。随着应用系统的建立,孤立的数据库文件也在增加,"数据孤岛"产生,数据仍然在被不断地重复,数据不能共享,并且导致了数据的不一致和不准确。

(3)主题数据库。主题数据库是面向业务主题的数据组织存储方式,即按照业务主题重组有关数据,而不是按照原来的各种登记表和统计报表来建立数据库;强调信息共享(不是信息私有或部门所有)。主题数据库是对各个应用系统"自建自用"数据库的彻底否定,强调各个应用系统"共建共用"的共享数据库;所有源数据一次一处输入系统(不是多次多处输入系统)。同一数据必须一次一处进入系统,保证其准确性、及时性和完整性,经由网络—计算机—数据库系统,可以多次多处使用;主题数据库由基础表组成,基础表具有以下特性:原子性(表中的数据项是数据元素)、演绎性(可由表中的数据生成全部输出数据)和规范性(表中数据结构满足三范式要求)。

(4)数据仓库。数据仓库是从多个数据源收集的信息存储,存放在一个一致的模式下。数据仓库通过数据清理、数据变换、数据集成、数据装入和定期数据刷新来构造。建立数据仓库的目的是进行数据挖掘。

数据挖掘是从海量数据中提取出知识。数据挖掘是以数据仓库中的数据为对象,以数据挖掘算法为手段,最终以获得的模式或规则为结果,并通过展示环节表示出来。

1.2.3 数据管理技术的发展

随着计算机应用范围的不断扩大,也伴随着各领域对数据处理的需求不断增强,数据管理技术在不断地发展。

计算机数据管理随着计算机硬件、软件技术和计算机应用范围的发展而不断发展,经历了以下三个阶段:人工管理阶段、文件系统阶段和数据库技术阶段。对数据有效地管理,是为了对数据进行处理,数据处理的过程包括数据收集、存储、加工和检索等过程。

1. 人工管理阶段

20世纪50年代中期以前,计算机主要用于数值计算。从硬件系统看,当时的外存储设备只有纸带、卡片、磁带,没有直接存取设备;从软件系统看,没有操作系统以及管理数据的软件;从数据看,数据量小,数据无结构,由用户直接管理,且数据间缺乏逻辑组织,数据依赖于特定的应用程序,缺乏独立性。人工管理阶段的数据管理特点如下。

(1)数据不保存。一个目标计算完成后,程序和数据都不被保留。

(2)应用程序管理数据。应用程序与所要处理的数据集是一一对应的,应用程序与数据之间缺少独立性。

（3）数据不能共享。数据是面向应用的，一组数据只能对应一个程序。

（4）数据不具有独立性。数据结构改变后，应用程序必须修改。

2. 文件系统阶段

20世纪50年代后期到60年代中后期，计算机应用从科学计算发展到了科学计算和数据处理。1954年出现了第一台商业数据处理的计算机UNIVACI，标志着计算机开始应用于以加工数据为主的事务处理阶段。这种基于计算机的数据处理系统也就从此迅速发展起来。这个阶段，硬件系统出现了磁鼓、磁盘等直接存取数据的存储设备；软件系统有了文件系统，处理方式也从批处理发展到了联机实时处理。文件系统阶段的数据管理特点如下。

（1）数据可以长期保存。数据能够被保存在存储设备上，可以对数据进行各种数据处理操作，包括查询、修改、增加、删除操作等。

（2）由文件系统管理数据。数据以文件形式存储在存储设备上，有专门的文件系统软件对数据文件进行管理，应用程序按文件名访问数据文件，按记录进行存取，可以对数据文件进行数据操作。

（3）程序与数据相互独立。应用程序通过文件系统访问数据文件，使得程序与数据之间具有一定的独立性。

（4）数据共享差、数据冗余大。仍然是一个应用程序对应一个数据文件（集），即便是多个应用程序需要处理部分相同的数据时，也必须访问各自的数据文件，由此造成数据冗余，并可能导致数据不一致；数据不能共享。

（5）数据独立性不好。数据文件与应用程序一一对应，数据文件改变时，应用程序就需要改变；同样，应该程序改变时，数据文件也需要改变。

3. 数据库技术阶段

20世纪70年代开始有了专门进行数据组织和管理的软件——数据库管理系统，特别是在20世纪80年代后期到90年代，由于金融和商业的需求，数据库技术得到了迅猛的发展。数据库管理系统管理数据具有以下特点。

（1）数据结构化。

（2）数据共享性高，冗余度低，易扩充。

（3）数据独立性高。

（4）数据由DBMS统一管理，完备的数据管理和控制功能。

1.3　数据库系统三级模式结构

从数据库管理系统的内部体系结构角度看，数据库管理系统对数据库数据的存储和管理采用三级模式结构。

数据库系统三级模式结构是指数据库系统由模式、外模式和内模式三级构成。数据库系统三级模式结构如图1.2所示。

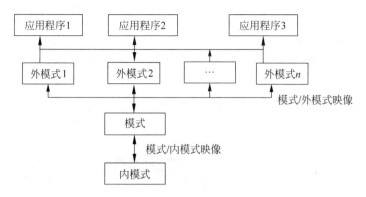

图 1.2 数据库系统三级模式结构

1.3.1 模式结构概念

1. 模式

模式(Schema),又称逻辑模式,是数据库中全部数据的逻辑结构和特征的描述,是对数据的结构和属性的描述。

关系数据库用关系数据模型来描述数据的逻辑结构(数据项、数据类型、取值范围等)和数据之间的联系,以及数据的完整性规则。

在关系数据模型中,对学生数据的一组描述(学号,姓名,性别,所在学院)就是一个模式,这个模式可以有多组不同的值与其对应,每一组对应的值称为模式的实例,例如,(2008350222,钟红,女,信息学院)就是上述模式的一个实例。

数据库设计的主要任务之一就是数据库的模式设计。

2. 外模式

外模式(External Schema),又称子模式或用户视图,是用户能够看到和使用的逻辑数据模型描述的数据。外模式通常是从模式得到的子集;用户的需求不一样,用户视图就不一样,因此,一个模式可以有很多个外模式。

外模式可以很好地起到保护数据安全的作用,是数据库数据安全的一个有力措施。外模式使得每个用户只能访问到与其相关的数据,不能看到模式中的全部数据。

3. 内模式

内模式(Internal Schema),又称存储模式,是数据物理结构和存储方式的描述,一个模式只有一个内模式。

1.3.2 数据库系统三级模式与二级映像

数据库系统三级模式对应数据的三个抽象级别,数据的具体组织由 DBMS 管理,用户可以逻辑地抽象处理数据,而无须关心数据在计算机内部的具体表示方式和存储方式。

数据库系统三级模式提供了二级映像,从而保证了数据库系统中数据的逻辑独立性和物理独立性。

1. 模式/外模式映像

模式描述了数据的全局逻辑结构，外模式是根据用户需求描述的数据局部逻辑结构。

对应一个模式可以有任意多个外模式，如图 1.3 所示。

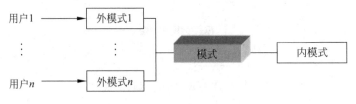

图 1.3　模式/外模式转换

对应于每一个外模式，都有一个模式/外模式映像，它定义了该外模式与模式之间的对应关系。

应用程序是依据数据的外模式编写的，因此当模式改变时，应用程序不必改变，从而实现了数据与程序之间的逻辑独立性，简称数据的逻辑独立性。

2. 模式/内模式映像

数据库中，模式是唯一的，内模式也是唯一的，模式与内模式是一一对应的，模式/内模式映像也是唯一的，如图 1.4 所示。

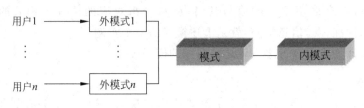

图 1.4　模式/内模式转换

模式/内模式映像定义了数据全局逻辑结构与存储结构之间的对应关系，并且实现了数据的物理独立性。

1.4　数据库设计的基本步骤

数据是一个组织机构的重要资源之一，是组织积累的宝贵财富，通过对数据的分析，可以了解组织的过去，把握今天，预测未来。但这些数据通常是大量的，甚至是杂乱无章的，如何合理、有效地组织这些数据，是数据库设计的重要任务之一。

正如前面所述，数据库是企业或组织所积累的数据的聚集，除了每一个具体数据以外，这些数据是逻辑相关的，即数据之间是有联系的。数据库是组织和管理这些数据的常用工具。数据库设计讨论的问题是，根据业务管理和决策的需要，应该在数据库中保存什么数据？这些数据之间有什么联系？如何将所需要的数据划分到表和列，并且建立起表之间的关系。

数据的三个范畴分为现实世界、信息世界和计算机世界。数据库设计的过程,就是将数据的表示从现实世界抽象到信息世界(概念模型),再从信息世界转换到计算机世界(数据模型)。

数据库设计的目的在于提供实际问题的计算机表示,在于获得支持高效存取数据的数据结构。数据库中用数据模型这个工具来抽象和描述现实世界中的对象(人或事物)。数据库设计分为四个步骤,如图1.5所示。

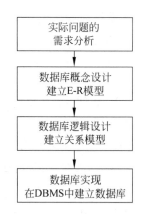

图1.5 数据库设计步骤

1. 需求分析

对需要使用数据库系统来进行管理的现实世界中对象(人或事物)的业务流程、业务规则和所涉及的数据进行调查、分析和研究,充分理解现实世界中的实际问题和需求;需求分析的策略一般有两种,自下向上的方法和自上向下的方法。

(1)自下向上的方法。对事物进行了解,理解实际问题的业务规则和业务流程。在此基础上,归结出该事物处理过程中需要存放在数据库中的数据。

例如,一个产品销售数据库,需要保存客户的哪些数据?可以做出一个二维表格,每一列是一个数据项,每一行是一个客户信息,可能包括客户姓名、地址、邮政编码、手机号码等。

(2)自上向下的方法。从为描述事物最终提供的各种报表和经常需要查询的信息着手,分析出应包含在数据库中的数据。

例如,上述产品销售数据库的客户信息,是否需要按客户性别进行统计分析,如果需要,就应该增加一列"性别"数据项。

进行需求分析时,通常会同时使用上述两种方法。自下向上的方法反映了实际问题的信息需求,是对数据及其结构的需求,是一种静态需求;自上向下的方法侧重点在于对数据处理的需求,即实际问题的动态需求。

2. 数据库概念设计

数据库概念设计是在需求分析的基础上,建立数据的概念模型(Conceptual Data Model),用概念模型描述实际问题所涉及的数据以及数据之间的联系,这种描述的详细程度和描述的内容取决于期望得到的信息。一种较常用的概念模型是实体—联系模型(Entity-Relationship Model,E-R 模型)。E-R 模型是一种较高级的数据模型,它不需要使用者具有计算机知识。E-R 模型用实体和实体之间的联系来表达数据以及数据之间的联系。

例如,产品销售数据库,供应商是实体,客户是另一个实体,产品是实体,订单是实体,并且它们之间是有联系的;使用 E-R 模型描述这些实体以及它们之间的联系。

3. 数据库逻辑设计

数据库逻辑设计是根据概念数据模型建立逻辑数据模型(Logic Data Model),逻辑数据模型是一种面向数据库系统的数据模型,本书使用目前被广泛使用的关系数据模型来描述数据库逻辑设计：根据概念模型建立数据的关系模型（Relational Model）；用关系模型描述实际问题在计算机中的表示；关系模型是一种数据模型，用表的聚集来表示数据以及数据之间的联系。数据库逻辑设计实际是把 E-R 模型转换为关系模型的过程。

　　E-R 模型和关系模型分属两个不同的层次，概念模型更接近于用户，不需要用户具有计算机知识，属于现实世界范畴；而关系模型是从计算机的角度描述数据及数据之间的联系，需要使用的人具有一定的计算机知识，属于计算机范畴。

4. 数据库实现（数据库物理设计）

　　依据关系模型，在数据库管理系统（如 Access）环境中建立数据库，Access 把数据组织到表格，表格由行和列组成。简单的数据库可能只包含一个表格，但是大多数数据库是包含多个表的，并且表之间有关系。

　　例如，产品销售数据库，就应该至少包含供应商表、客户表、产品表、订单表等，这些表通过主键建立联系。

1.5　实体—联系模型

　　数据库设计的过程就是利用数据模型来表达数据和数据之间联系的过程。数据模型是一种工具，用来描述数据（Data）、数据的语义（Data Semantics）、数据之间的联系（Relationship）以及数据的约束（Constraints）等。数据建模过程是一个抽象的过程，其目的是把一个现实世界中的实际问题用一种数据模型来表示，用计算机能够识别、存储和处理的数据形式进行描述。在本节中，将讨论一种用于数据库概念设计的数据模型：E-R 模型。一般地讲，任何一种数据模型都是经过严格定义的。

　　理解实际问题的需求之后，需要用一种方法来表达这种需求，现实世界中使用概念数据模型来描述数据以及数据之间的联系，即数据库概念设计。概念模型的表示方法之一是实体—联系模型表达实际问题的需求。E-R 模型具有足够的表达能力且简明易懂，不需要使用者具有计算机知识。E-R 模型以图形的方式表示模型中各元素以及它们之间的联系，所以又称 E-R 图（Entity-Relationship Diagram）。E-R 图便于理解且易于交流，因此，E-R 模型得到了相当广泛的应用。

1.5.1　实体—联系模型中的基本概念

下面介绍 E-R 模型中使用的基本元素。

1. 实体

实际问题中客观存在并可相互区别的事物称为实体（Entity）。实体是现实世界中的对象，实体可以是具体的人、事、物。例如，实体可以是一名学生、一位教师或图书馆中的一本书籍。

2. 属性

实体所具有的某一特性称为属性（Attribute）。在 E-R 模型中用属性来描述实体，例如,通常用"姓名""性别""出生日期"等属性来描述人,用"图书名称""出版商""出版日期"等属性描述书籍。一个实体可以由若干个属性来描述。例如,学生实体可以用学号、姓名、性别、出生日期等属性来描述。这些属性的集合(学号,姓名,性别,出生日期)表征了一个学生的部分特性。一个实体通常具有多种属性,应该使用哪些属性描述实体,取决于实际问题的需要或者说取决于最终期望得到哪些信息。例如,教务处会关心、描述学生各门功课的成绩,而学生处可能会更关心学生的各项基本情况,如学生来自哪里、监护人是谁、如何联系等问题。

确定属性的两条原则如下。

(1) 属性必须是不可分的最小数据项,属性中不能包含其他属性,不能再具有需要描述的性质。

(2) 属性不能与其他实体具有联系,E-R 图中所表示的联系是实体集之间的联系。

属性的取值范围称为该属性的域(Domain)。例如,"学号"的域可以是九位数字组成的字符串,"性别"的域是"男"或"女","工资"的域是大于零的数值等。但域不是 E-R 模型中的概念,E-R 模型不需要描述属性的取值范围。

3. 实体集

具有相同属性的实体的集合称为实体集(Entity Set/Entity Class)。例如,全体学生就是一个实体集。实体属性的每一组取值代表一个具体的实体。例如,(983501011,张捷,女,1978 年 12 月)是学生实体集中的一个实体,而(993520200,李纲,男,1978 年 8 月)是另一个实体。在 E-R 模型中,一个实体集中的所有实体有相同的属性。

4. 键

在描述实体集的所有属性中,可以唯一地标识每个实体的属性称为键(Key)或标识(Identifier)。首先,键是实体的属性;其次,这个属性可以唯一地标识实体集中每个实体。因此,作为键的属性取值必须唯一且不能"空置"。例如,在学生实体集中,用学号属性唯一地标识每个学生实体。在学生实体集中,学号属性取值唯一而且每一位学生一定有一个学号(不存在没有学号的学生)。因此,学号是学生实体集的键。

5. 实体型

具有相同的特征和性质的实体一定具有相同属性。用实体名及其属性名集合来抽象和刻画同类实体,称为实体型(Entity Type)。表示实体型的格式如下。

实体名(属性 1,属性 2,…,属性 n)

例如,学生(学号,姓名,性别,出生日期,所属院系,专业,入学时间)就是一个实体型,其中带有下划线的属性是键。

用图形表示这个实体集的方法如图 1.6 所示。用矩形表示实体集,矩形框中写入实体集名称,用椭圆表示实体的属性。作为键的属性,用加下划线的方式表示。

在建立实体集时,应遵循的原则如下。

(1) 每个实体集只表现一个主题。例如,学生实体集中不能包含教师,它们所要描述的内容是有差异的,属性可能会有所不同。

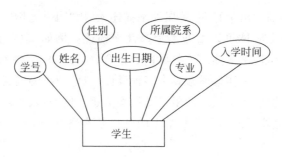

图 1.6　学生实体图形表示

（2）每个实体集有一个键属性，其他属性只依赖键属性而存在，并且除键属性以外的其他属性之间没有相互依赖关系。例如，学生实体中，学号属性值决定了姓名、性别、出生日期等属性的取值，记为"学号→姓名　性别　出生日期"；反之不行。

6. 联系

世界上任何事物都不是孤立存在的，事物内部和事物之间是有联系（Relationship）的。实体集内部的联系体现在描述实体的属性之间的联系；实体集外部的联系是指实体集之间的联系，并且这种联系可以拥有属性。

实体集之间的联系通常有三种类型：一对一联系（$1:1$）、一对多联系（$1:n$）和多对多联系（$m:n$）。

1.5.2　实体集之间的联系形式

1. 一对一联系（$1:1$）

例 1.1　考虑学校里的班级和班长之间的联系问题。每个班只有一位班长，每位班长只在一个班里任职，班长实体集与班实体集之间的联系是一对一联系。用 E-R 图表示这种一对一联系，如图 1.7 所示。用矩形表示实体集，用菱形表示实体集之间的联系，菱形中是联系的名称，菱形两侧是联系的类型。为了强调实体集之间的联系，本图中略去了实体集的属性。

图 1.7　班实体集与班长实体集

例 1.2　某经济技术开发区需要对入驻其中的公司及其总经理信息进行管理。如果给定的需求分析如下，建立此问题的概念模型。

（1）需求分析。

① 每个公司有一位总经理，每位总经理只在一个公司任职。

② 需要存储和管理的公司数据是公司名称、地址、电话。

③ 需要存储和管理的总经理数据是姓名、性别、出生日期、民族。

这个问题中有两个实体对象，即公司实体集和总经理实体集。描述公司实体集的属性是公司名称、地址和电话；描述总经理实体集的属性是姓名、性别、出生日期和民族。但两个实体集中没有适合作为键的属性，因此为每一个公司编号，使编号能唯一地标识每一个公司；为每一位总经理编号，使编号能唯一地标识每一位总经理。并且在两个实体集中增加"编号"属性作为实体的键。

（2）E-R 模型。

① 实体型。公司(<u>公司编号</u>,公司名称,地址,电话)；总经理(<u>经理编号</u>,姓名,性别,出生日期,民族)。

② E-R 图如图 1.8 所示。

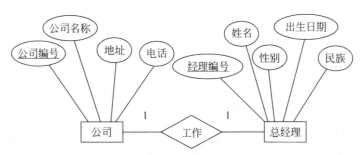

图 1.8 公司实体集与总经理实体集的 E-R 图

作为一个完整的数据库设计过程,接下来还应该有数据库逻辑设计和数据库实现。

总结上面的两个例子,可以归纳出实体集之间一对一联系的含义：对于实体集 A 中的每一个实体,实体集 B 中至多有一个实体与之联系；反之亦然,则称实体集 A 与实体集 B 具有一对一联系,记为 1:1。

2. 一对多联系(1:n)

例 1.3 考虑学生与班之间的联系问题。一个班有多名学生,而每名学生只属于一个班。因此,班实体集与学生实体集之间的联系是一对多联系,如图 1.9 所示。

例 1.4 一家企业需要用计算机来管理它分布在全国各地的仓库和员工信息。如果给定的需求信息如下,建立此问题的概念模型。

图 1.9 班实体集与学生实体集

（1）需求分析。

① 某公司有数个仓库分布在全国各地,每个仓库中有若干位员工,每位员工只在一个仓库中工作。

② 需要管理的仓库信息包括仓库名、地点、面积。

③ 需要管理的仓库中员工信息包括姓名、性别、出生日期和工资。

④ 此问题包含两个实体集：仓库和员工。仓库实体集与员工实体集之间的联系是一对多联系。

⑤ 需要为每个仓库编号,用以唯一地标识每个仓库,因此仓库实体的键是属性仓库号。

⑥ 需要为每位员工编号,用以唯一地标识每位员工,因此员工实体的键是属性员工号。

（2）E-R 模型。

① 实体型。仓库(<u>仓库号</u>,仓库名,地点,面积)；员工(<u>员工号</u>,姓名,性别,出生日期,工资)。

② E-R 图如图 1.10 所示。

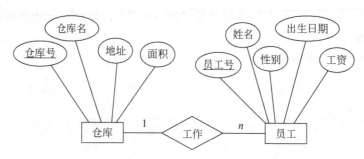

图 1.10　仓库实体集与员工实体集的 E-R 图

实体集之间的一对多联系是指对于实体集 A 中的每一个实体，实体集 B 中至多有 n 个实体（$n \geqslant 0$）与之联系；反之，对于实体集 B 中的每一个实体，实体集 A 中至多只有一个实体与之联系，则称实体集 A 与实体集 B 具有一对多联系，记为 $1 : n$。

实体集之间一对多联系是实际问题中遇到最多的情况，同时也是最重要的一种联系形式。实体集之间更复杂的联系，例如，下面的多对多联系是通过分解为一对多联系来解决的。

3. 多对多联系（$m : n$）

如果对于实体集 A 中的每一个实体，实体集 B 中有 n 个实体（$n \geqslant 0$）与之联系；反之，如果对于实体集 B 中的每一个实体，实体集 A 中也有 m 个实体（$m \geqslant 0$）与之联系，则称实体集 A 与实体集 B 具有多对多联系，记为 $m : n$。

例 1.5　考虑学校中的学生与各类学生社团之间的情况。如果给定的需求分析如下，为管理其信息建立 E-R 模型。

（1）需求分析。

① 每名学生可以参加多个社团，每个社团中有多名学生。

② 需要管理的社团信息包括名称、地点、电话。

③ 需要管理的学生信息包括学号、姓名、性别、出生日期和所属院系。

④ 需要为社团编号，用以唯一地标识每一个社团并作为社团实体集的键。

⑤ 学生实体集的键属性是学号，它可以唯一地标识每一名学生。

（2）E-R 模型。

① 实体型。社团（编号，名称，地点，电话）；学生（学号，姓名，性别，出生日期，所属院系）。

② E-R 图如图 1.11 所示。

例 1.6　考虑学生与课程之间的情况。学校需要对学生及其选课的信息进行管理。根据需求分析建立概念数据模型。

（1）需求分析。

① 一个学生选修多门课程，每门课程也会有多个学生选择。学生实体集与课程实体集之间的联系是多对多联系。

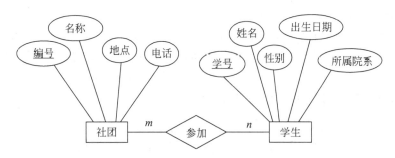

图 1.11 社团实体集与学生实体集多对多联系的 E-R 图

② 需要为课程编号,用"课程号"唯一地标识每一门课程并作为课程实体集的键。

③ 学生实体集的键是属性学号。

(2) E-R 模型。

① 实体型。学生(<u>学号</u>,姓名,性别,出生日期,院系);课程(<u>课程号</u>,课程名,开课单位,学时数,学分)。

② E-R 图如图 1.12 所示。

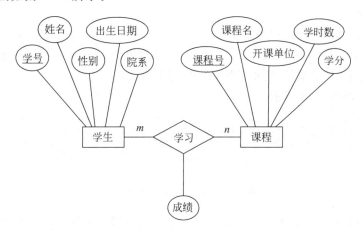

图 1.12 学生实体集与课程实体集的 E-R 图

如果考虑学生的成绩属性,显然这个属性放在哪个实体中都不合适,前面说过联系可以拥有属性。因此,把成绩放入联系中,作为这个多对多联系的属性。

4. 多个二元联系

以上讨论的问题均为两个实体集之间的联系,称为二元联系。在实际问题中经常会遇到多个实体集之间的联系问题,实际问题多由多个二元联系构成。但无论一个问题中包含多少个实体集,实体集之间的联系类型只有三种:一对一联系、一对多联系和多对多联系。

例 1.7 某企业需要对其仓库、员工、订单和供应商的信息进行管理。根据需求分析建立概念模型——E-R 模型。

(1) 需求分析。某公司有分布在全国各地的多个仓库;每个仓库中有多名员工;每张订单一定是与一名员工签订的;每张订单上的商品由一名供应商供货。

（2）E-R 模型。

① 实体型。仓库（**仓库号**，仓库名，地点，面积）；员工（**员工号**，姓名，性别，出生日期，婚否，工资）；订单（**订购单号**，订购日期，金额）；供应商（**供应商号**，供应商名，地址）。

② E-R 图（略去属性）如图 1.13 所示。

图 1.13   例 1.7 简化 E-R 图

例 1.8   产品销售数据管理。根据需求分析，建立 E-R 模型。

（1）需求分析。产品销售数据管理，需要管理的数据包括供应商信息、产品信息、客户信息、订单信息。

每个供应商提供多种产品；每个订单包含多种产品，每种产品可能出现在多个订单上；每个订单对应一个客户，每个客户可能有多个订单。

（2）E-R 模型。

① 实体型。供应商（公司名称，联系人姓名，联系电话，地址，邮政编码，E-mail）；客户（姓名，性别，电话，省份，城市，区，详细地址，邮政编码，E-mail）；产品（名称，价格，当前库存量）；订单（订单编号，订单日期，产品，付款方式）。

② E-R 图如图 1.14 所示。

图 1.14   例 1.8 简化 E-R 图

实体集之间这种一对一联系、一对多联系和多对多联系不仅存在于两个实体集之间，同样存在于两个以上实体集之间。

请为例 1.1 中的 A 公司业务数据库进行数据库概念设计。同时考虑，如果 A 企业的产品还需要分类呢，应该如何设计 E-R 模型？

根据以上示例，对数据库概念设计过程归纳如下：数据库概念设计是建立在需求分析基础之上的，依据需求分析完成以下工作。

（1）确定实体。

（2）确定实体的属性。在讨论属性时，已经提出了两条确定属性的原则，此外还应注意以下两点。

① 要避免在有联系的两个实体集或多个实体集中出现重复属性。例如，在公司实体集中有"公司名称"属性，在总经理实体集中就不要出现"公司名称"属性。

② 要尽量避免出现需要经过计算推导出来的属性或需要从其他属性经过计算推导出来的属性。例如，在学生实体中尽量保留"出生日期"属性，而不要保留"年龄"属性（有

的数据库设计中,由于某种需要会违背这条原则)。

(3)确定实体集的键。有的实体集本身已经具有可以作为键的属性,例如,学生实体集的"学号"属性。但有的实体集不具有可以作为键的属性,这时就要设立一个"编号"或"代码"之类的属性,作为该实体集的键属性,并且在建立数据库前为实体集中所有实体编码。

(4)确定实体集之间的联系类型。

(5)用E-R图和实体型表达概念模型设计结果。

数据库概念模型设计是一个承上启下的阶段,需要强调的是概念模型是在理解需求分析的基础上建立的,对需求的理解不同,所建立的概念模型可能会有所不同。概念模型建立之后,需要与业务人员进行交流,加深对需求的进一步理解,对概念模型反复推敲,以求不断完善,为数据库逻辑设计打下良好基础。

1.6 习题

1. 选择题

(1) 实体—联系模型中,属性是指(　　　)。

    A. 客观存在的事物   B. 事物的具体描述

    C. 事物的某一特征   D. 某一具体事件

(2) 对于现实世界中事物的特征,在E-R模型中使用(　　　)。

    A. 属性描述   B. 关键字描述

    C. 二维表格描述   D. 实体描述

(3) 以下不属于数据库系统(DBS)的组成的是(　　　)。

    A. 数据库集合   B. 用户

    C. 数据库管理系统及相关软件   D. 操作系统

(4) 数据库系统的核心是(　　　)。

    A. 数据库管理员   B. 数据库管理系统

    C. 数据库   D. 文件

(5) 假设一个书店用这样一组属性描述图书(书号,书名,作者,出版社,出版日期),可以作为"键"的属性是(　　　)。

    A. 书号   B. 书名

    C. 作者   D. 出版社

(6) 一名作家与他所出版过的书籍之间的联系类型是(　　　)联系。

    A. 一对一   B. 一对多

    C. 多对多   D. 都不是

2. 填空题

(1) 对于现实世界中事物的特征,在E-R模型中使用_____进行描述。

(2) 确定属性的两条基本原则是_____和_____。

（3）在描述实体集的所有属性中，可以唯一地标识每个实体的属性称为_____。

（4）实体集之间联系的三种类型分别是_____、_____和_____。

（5）数据模型是由_____、_____和_____三个部分组成的。

3. 简答题

（1）简述数据库的设计步骤。

（2）举例说明现实世界事物之间的一对一联系、一对多联系和多对多联系。

（3）根据你自己的生活经验，找一个比较熟悉的业务，做数据库设计。例如，银行和储蓄客户、图书借阅管理、超市管理会员制客户。

第 2 章
关系模型和关系数据库

本章讨论的内容是数据库逻辑设计中所使用的逻辑数据模型,是一种数据库模型,称为数据模型。数据模型是一种用来表达数据的工具。在计算机中表示数据的数据模型应该能够精确地描述数据的静态特性、数据的动态特性和数据完整性约束条件。因此数据模型通常是由数据结构、数据完整性规则和数据操作三部分内容构成。

数据结构用于描述数据的静态特性。关系数据模型的数据结构是关系,一种符合一定规则的二维表格。

数据完整性规则是一组约束条件的集合,以保证数据正确、有效和一致。

数据操作用于描述数据的动态特性。数据操作是指对数据库中各类对象的实例(值)允许执行的操作的集合,包括操作及有关的操作规则。数据库主要有查询和更新(包括插入、删除、修改)两大类操作。

知识体系:

☞数据模型的种类

☞关系模型的相关概念

☞关系规范化

☞E-R 模型向关系模型的转换

☞数据表操作

学习目标:

☞掌握关系模型的相关概念

☞掌握 E-R 模型向关系模型转换的方法

☞掌握关系运算的方法

2.1　数据模型

1970 年美国 IBM 公司的研究员 E. F. Codd 首次提出了数据库系统的关系模型。在此之前,计算机中使用的数据模型有层次数据模型和网状数据模型,20 世纪 70 年代以后,关系模型逐渐地取代了这两种数据模型。

1. 层次数据模型

层次数据模型(Hierarchical Data Model)的基本结构是一种倒挂树状结构。这种树结构司空见惯，例如，Windows 操作系统中的文件夹和文件结构、一个组织的结构等。层次数据模型的示例如图 2.1 所示。

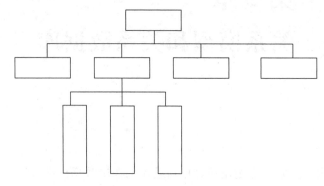

图 2.1   层次数据模型示例

树状结构具有以下特征（或限制条件）。

（1）有且仅有一个根结点，它是一个无父结点的结点。

（2）除根结点以外的所有其他结点有且仅有一个父结点。

2. 网状数据模型

取消层次数据模型的两个限制条件，每一个结点可以有多个父结点便形成网状数据模型（Network Data Model）。

3. 关系数据模型

关系数据模型是一个满足一定条件的二维表格。通俗地讲，满足关系数据模型的二维表格是一个规则的二维表格，它的每一行是唯一的，每一列也是唯一的。在关系数据模型中，这样一个二维表格称为关系，表格的第一行是属性名，后续的每一行称为元组。每一列是一个属性，同一属性的取值范围相同。

2.2   关系模型的数据结构

一个关系模型的逻辑结构是一个二维表格，它由行和列组成，称为关系，即关系是一个二维表格。在关系数据模型中，实体集以及实体集间的各种联系均用关系表示。下面介绍关系模型中使用的一些基本概念。

（1）关系。关系（Relation）是一个二维表格。

（2）属性。表（关系）的每一列必须有一个名字，称为属性（Atribute）。

（3）元组。表（关系）的每一行称为一个元组（Tuple）。

（4）域。表（关系）的每一个属性有一个取值范围，称为域（Domain）。域是一组具有相同数据类型的值的集合。

（5）关键字（Key）。关键字又称主属性，可以唯一地标识一个元组（一行）的一个属性或多个属性的组合。可以起到这样作用的关键字有两类：主关键字（Primary Key）和候选关键字（Candidate Key）。

① 主关键字。把关系中的一个候选关键字定义为主关键字。一个关系中只能有一个主关键字,用以唯一地标识元组,简称为关键字。

在 Access 数据库中,这个能唯一标识每个记录的字段称为表的主键,同时也是使用主键将多个表中的数据关联起来,从而将数据组合在一起。例如,学生表中的学号,客户表中的客户 ID、供应商 ID 等。

② 候选关键字。一个关系中可以唯一地标识一个元组(一行)的一个属性或多个属性的组合。一个关系中可以有多个候选关键字。

有的时候,关系中只有一个候选关键字,把这个候选关键字定义为主关键字后,关系中将没有候选关键字。

关系中不应该存在重复的元组(表中不能有重复的行),因此每个关系都至少有一个关键字。可能出现的一种极端情况是,关键字包含关系中的所有属性。

(6) 外部键(Foreign Key)。如果某个关系中的一个属性或属性组合不是所在关系的主关键字或候选关键字,但却是其他关系的主关键字,对这个关系而言,称其为外部关键字。

例如,为了建立供应商表和产品表之间的联系,将供应商表的主键供应商 ID 放入产品表,成为产品表的一列,在产品表中称为外部关键字,由此建立起了供应商表和产品表之间的联系(一对多联系)。

(7) 关系模式(Relational Schema)。关系模式是对关系数据结构的描述。简记为

关系名(属性 1,属性 2,属性 3,…,属性 n)

表 2.1 是一个关系,关系名是仓库,此关系具有四个属性:仓库号、仓库名、地点、面积。其关系模式是:仓库(仓库号,仓库名,地点,面积)。关系的关键字是仓库号,因此仓库号不能有重复值,同时不能为空。

表 2.1 "仓库"关系

仓库号	仓库名	地点	面积/m^2
WH1	兴旺	上海	390
WH2	广发	长沙	460
WH3	红星	昆明	500
WH4	奥胜	兰州	280
WH5	高利	长春	300
WH6	中财	北京	600

综上所述,可以得出以下结论。

(1) 一个关系是一个二维表格。

(2) 二维表格的每一列是一个属性。每一列有唯一的属性名。属性在表中的顺序无关紧要。

(3) 二维表格的每一列数据的数据类型相同,数据来自同一个值域。不同列的数据也可以来自同一个值域。

(4) 二维表格中每一行(除属性名行)是一个元组,表中不能有重复的元组(元组是唯

一的），用关键字（主关键字和候选关键字）来保证元组的唯一性，例如，表 2.1 中的"仓库号"。元组在表中的顺序无关紧要。

表 2.2 是数据模型中有关概念之间的对应关系。

表 2.2　数据模型中有关概念之间的对应关系

概 念 模 型	关 系 模 型	DBMS	用　户
实体集	关系	数据库表	二维表格
实体	元组	记录	行
属性	属性	字段	列
键	关键字（主属性）	主关键字	
实体型	关系模式		

2.3　关系数据库和关系数据库规范化

按照关系数据模型建立的数据库称为关系数据库；关系数据库规范化规则是用来确保数据正确、有效的一组规则；使用规范化规则来确定数据库表结构设计是否正确。本节讨论关系数据库的建立以及关系数据库规范化。

2.3.1　关系数据库

关系数据库是以关系模型为基础的数据库，它利用关系描述现实世界中的对象。一个关系既可用来描述一个实体及其属性，也可用来描述实体间的联系。关系数据库是由一组关系组成的，针对一个具体问题，应该如何构造一个适合于它的数据模式，即应该构造几个关系？每个关系由哪些属性组成？这就是关系数据库逻辑设计要研究的问题。

2.3.2　关系数据库规范化

关系数据库规范化（Normal Form）的目的是建立正确、合理的关系，规范化的过程是一个分析关系的过程。

实际上设计任何一种数据库应用系统，不论是层次、网状或关系，都会遇到如何构造合适的数据模式即逻辑结构问题。由于关系模型有严格的数学理论基础，并且可以向其他数据模型转换，因此人们往往以关系模型为背景来讨论这一问题，形成了数据库逻辑设计的一个有力工具——关系数据库规范化理论。

1. 函数依赖及其对关系的影响

函数依赖是属性之间的一种联系，普遍存在于现实生活中。例如，银行通过客户的存款账号，可以查询到该账号的余额。又例如，表 2.3 是描述学生情况的关系（二维表格），用一种称为关系模式的形式表示为

STUDENT1(学号,姓名,性别,出生日期,专业)

由于每个学生有唯一的学号，一个学号只对应一个学生，一个学生只就读于一个专

业,因此当学号的值确定之后,姓名及其所就读专业的值也就被唯一地确定了。属性间的这种依赖关系类似于数学中的函数。因此称账号函数决定账户余额,或者称账户余额函数依赖于账号;学号函数决定姓名和专业,或者说姓名和专业函数依赖于学号。分别记作

学号→姓名,学号→专业
学号→性别,学号→出生日期

表 2.3   STUDENT1 关系

学号	姓名	性别	出生日期	专业
010001	A	F	01/01/82	会计
010002	B	F	04/11/83	注会
010003	C	M	05/18/81	会计
010004	D	F	09/12/82	会计

如果在关系 STUDENT1 的基础上增加一些信息,例如学生的"学院"及"院长"信息,如表 2.4 所示,有可能设计出以下关系模式。

STUDENT2(学号,姓名,性别,出生日期,专业,学院,院长)

函数依赖关系是

学号→学院,学院→院长

表 2.4   STUDENT2 关系

学号	姓名	性别	出生日期	专业	学院	院长
010001	A	F	01/01/82	会计	会计学院	Z
010002	B	F	04/11/83	注会	会计学院	Z
010003	C	M	05/18/81	会计	会计学院	Z
010004	D	F	09/12/82	会计	会计学院	Z
010005	E	M	12/12/83	信管	信息学院	W
010006	F	F	10/11/82	信管	信息学院	W

上述关系模式存在以下四个问题。

(1) 数据冗余太大。例如,院长的姓名会重复出现,重复的次数与该学院学生的个数相同。因此,数据冗余的原因通常是数据在多个元组中不必要地重复。由于数据冗余,当更新数据库中的数据时,系统要付出很大的代价来维护数据库的完整性,否则会面临数据不一致的危险。可能修改了一个元组中的信息,但另一个元组中相同的信息却没有修改。

(2) 更新异常(Update Anomalies)。例如,某学院更换院长后,系统必须修改与该学院学生有关的每一个元组。

(3) 插入异常(Insertion Anomalies)。如果一个学院刚成立,尚无学生,则这个学院及其院长的信息就无法存入数据库。

(4) 删除异常(Deletion Anomalies)。如果某个学院的学生全部毕业了,在删除该学院学生信息的同时,也把这个学院的信息(学院名称和院长)全部删除了。如果删除一组

属性,带来的副作用可能是丢失了一些其他信息。

一个关系之所以会产生上述问题,是由于关系中存在某些函数依赖引起的。通常,当企图把太多的信息放在一个关系里时,出现的诸如冗余之类的问题称为"异常"。

规范化是为了设计出"好的"关系模型。规范化理论正是用来改造关系模式,通过分解关系模式来消除其中不合适的数据依赖,以解决更新异常、插入异常、删除异常和数据冗余问题。

2. 规范化范式

每个规范化的关系只有一个主题。如果某个关系有两个或多个主题,就应该分解为多个关系,每个关系只能有一个主题。规范化的过程就是不断分解关系的过程。

人们每发现一种异常,就研究一种规则防止异常出现,由此设计关系的规则得以不断改进。20世纪70年代初期,研究人员系统地定义了第一范式(First Normal Form,1NF)、第二范式(Second Normal Form,2NF)和第三范式(Third Normal Form,3NF)。之后人们又定义了多种范式,但大多数简单业务数据库设计中只需考虑第一范式、第二范式和第三范式。每种范式自动包含其前面的范式,各种范式之间的关系是:5NF $\subset$ 4NF $\subset$ BCNF $\subset$ 3NF $\subset$ 2NF $\subset$ 1NF。因此符合第三范式的数据库自动符合第一范式、第二范式。

(1) 1NF。关系模式都满足第一范式,即符合关系定义的二维表格(关系)都满足第一范式。列的取值只能是原子数据;每一列的数据类型相同,每一列有唯一的列名(属性);列的先后顺序无关紧要,行的先后顺序无关紧要。

(2) 2NF。关系的每一个非关键字属性都完全函数依赖于关键字属性,则关系满足第二范式。

第二范式要求每个关系只包含一个实体集的信息,所有非关键字属性依赖关键字属性。每个以单个属性作为主键的关系自动满足第二范式。

(3) 3NF。关系的所有非关键字属性相互独立,任何属性其属性值的改变不应影响其他属性,则该关系满足第三范式。一个关系满足第二范式,同时没有传递依赖,则该关系满足第三范式。

由1NF、2NF和3NF,总结出规范化规则如下。

(1) 每个关系只包含一个实体集,每个实体集只有一个主题。

(2) 每个关系有一个主键。

(3) 属性中只包含原子数据。

(4) 不能有重复属性。

每个规范化的关系只有一个主题。如果某个关系有两个或多个主题,就应该分解为多个关系。规范化的过程就是不断分解关系模式的过程。经过不断地总结,人们归纳出规范化规则如下。

(1) 每个关系只包含一个实体集;每个实体集只有一个主题,一个实体集对应一个关系。

(2) 属性中只包含原子数据(即最小数据项);每个属性具有数据类型并取值于同一个值域。

（3）每个关系有一个主关键字，用来唯一地标识关系中的元组。

（4）关系中不能有重复属性；所有属性完全依赖关键字（主关键字或候选关键字）；所有非关键字属性相互独立。

（5）元组的顺序无关；属性的顺序无关。

2.3.3 关系数据完整性规则

关系模型完整性规则是对关系的某种约束条件。关系模型中的数据完整性规则包括实体完整性规则、域完整性规则、参照完整性规则和用户定义完整性规则。

实体完整性规则是指保证关系中元组唯一的特性。通过关系的主关键字和候选关键字实现。

域完整性规则是指保证关系中属性取值正确、有效的特性。例如，定义属性的数据类型、设置属性的有效性规则等。

参照完整性规则与关系之间的联系有关，包括插入规则、删除规则和更新规则。

用户定义完整性规则是指为满足用户特定需要而设定的规则。

在关系数据完整性规则中，实体完整性规则和参照完整性规则是关系模型必须满足的完整性约束条件，被称为是关系的两个不变性，由关系系统自动支持。

在以后的章节中将结合具体实例对数据库的数据完整性规则进行详细讨论。

2.4 E-R 模型向关系模型的转换

E-R 模型向关系模型转换要解决的问题是如何将实体以及实体之间的联系转换为关系模式，如何确定这些关系模式的属性和主关键字（这里所说的实体更确切地说是实体集）。注意，这里包含两个方面的内容，一是实体如何转换；二是实体之间的联系如何处理。

2.4.1 实体转换为关系模式

E-R 模型的表现形式是 E-R 图，由实体、实体的属性和实体之间的联系三个要素组成。从 E-R 图转换为关系模式的方法：为每个实体定义一个关系，实体的名字就是关系的名字；实体的属性就是关系的属性；实体的键就是关系的主关键字。用规范化规则检查每个关系，上述设计可能需要改变，也可能不需要改变。依据关系规范化规则，在定义实体时就应遵循每个实体只有一个主题的原则。实体之间的联系转换为关系之间的联系，关系之间的联系是通过外部关键字来体现的。

2.4.2 实体之间联系的转换

前面讨论过实体之间的联系通常有三种类型：一对一联系（1∶1）、一对多联系（1∶n）和多对多联系（$m∶n$）。下面从实体之间联系类型的角度来讨论三种常用的转换策略。

1. 一对一联系的转换

两个实体之间的联系最简单的形式是一对一（1∶1）联系。1∶1 联系的 E-R 模型转换为关系模型时，每个实体用一个关系表示，然后将其中一个关系的关键字置于另一个关系中,使之成为另一个关系的外部关键字。关系模式中带有下划线的属性是关系的主关键字。

例 2.1 本例的需求分析和 E-R 模型见例 1.2。

根据转换规则,公司实体用一个关系表示;实体的名字就是关系的名字,因此关系名是"公司";实体的属性就是关系的属性,实体的键是关系的关键字,由此得到以下关系模式:

公司(公司编号,公司名称,地址,电话)

同样可以得到以下关系模式:

总经理(经理编号,姓名,性别,出生日期,民族)

为了表示这两个关系之间具有一对一联系,可以把"公司"关系的关键字"公司编号"放入"总经理"关系,使"公司编号"成为"总经理"关系的外部关键字;也可以把"总经理"关系的关键字"经理编号"放入"公司"关系,由此得到下面两种形式的关系模式。

关系模式一:

公司(公司编号,公司名称,地址,电话)
总经理(经理编号,姓名,性别,出生日期,民族,公司编号)

关系模式二:

公司(公司编号,公司名称,地址,电话,经理编号)
总经理(经理编号,姓名,性别,出生日期,民族)

其中斜体内容为外部关键字。

2. 一对多联系的转换

一对多($1:n$)联系的 E-R 模型中,通常把"1"方(一方)实体称为"父"方,"n"方(多方)实体称为"子"方。$1:n$ 联系的表示简单而且直观。一个实体用一个关系表示,然后把父实体关系中的关键字置于子实体关系中,使其成为子实体关系中的外部关键字。

例 2.2 本例的需求分析和 E-R 模型见例 1.4。

在这个 E-R 模型中,仓库实体是"一方"父实体,员工实体是"多方"子实体。每个实体用一个关系表示,然后把仓库关系的主关键字"仓库号"放入员工关系中,使之成为员工关系的外部关键字。于是得到下面的关系模式。

仓库(仓库号,仓库名,地点,面积)
员工(员工号,姓名,性别,出生日期,工资,仓库号)

例 2.3 考虑学生毕业设计中的指导教师和学生的情况。

(1)需求分析。学校使用数据库来管理学生毕业设计时的教师和学生数据。毕业设计时,一名教师指导多位学生,每位学生必须有一名教师指导其毕业设计论文。

(2)E-R 模型。E-R 图如图 2.2 所示。实体型如下:

教师(教师号,姓名,院系,电话)
学生(学号,姓名,性别,出生日期,所属院系)

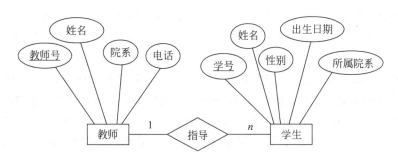

图 2.2 教师实体与学生实体的一对多联系

(3) 关系模型。关系模式如下:

教师(教师号,姓名,院系,电话)
学生(学号,姓名,性别,出生日期,所属院系,教师号)

注意: $1:n$ 联系的 E-R 数据模型转换为关系数据模型时,一定是父实体关系中的关键字置于子实体关系中。反之不可。

3. 多对多联系的转换

多对多($m:n$)联系的 E-R 数据模型转换为关系数据模型的转换策略是把一个 $m:n$ 联系分解为两个 $1:n$ 联系,分解的方法是建立第三个关系(称为"纽带"关系)。原来的两个多对多实体分别对应两个父关系,新建立第三个关系,作为两个父关系的子关系,子关系中的必有属性是两个父关系的关键字。

例 2.4 学生和社团问题。需求分析和 E-R 模型见例 1.5。

(1) 对应社团实体和学生实体分别建立社团关系与学生关系。

社团(编号,名称,地点,电话)
学生(学号,姓名,性别,出生日期,所属院系)

(2) 建立第三个关系表示社团关系与学生关系之间具有 $m:n$ 联系。

为了表示社团关系和学生关系之间的联系是多对多联系,建立第三个关系"成员",把社团关系和学生关系的主关键字放入成员关系中,用关系成员表示社团关系与学生关系之间的多对多联系。成员关系的主关键字是"编号+学号",同时编号和学号又是这个关系的外部关键字。

成员(编号,学号)

综上所述得到的关系模型的关系模式如下:

社团(编号,名称,地点,电话)
学生(学号,姓名,性别,出生日期,所属院系)
成员(编号,学号)

上述转换过程实际上是把一个多对多联系拆分为两个一对多联系。社团关系与成员关系是一个 $1:n$ 联系;学生关系与成员关系也是一个 $1:n$ 联系。成员关系有两个父关系:社团和学生,同样成员关系同时是学生关系和社团关系的子关系。子关系的关键字是父关系关键字的组合：编号＋学号；学号和编号又分别是子关系的两个外部关键字。

例 2.5 学生与选修课程之间的情况。每个学生会选择多门课程，每门课程也对应多个学生选修。需求分析和 E-R 模型见例 1.6 和图 1.9。

转换多对多($m:n$)联系的策略是首先为学生实体和课程实体分别建立对应的关系，然后建立第三个关系"学生成绩"，用第三个关系表示"学生"与"课程"之间多对多的联系。第三个关系"学生成绩"中必须具有的属性是学生关系的关键字"学号"和课程关系的关键字"课程号"。根据具体情况还可能有其他属性，如成绩。由此得到以下关系模式：

学生(学号,姓名,性别,出生日期,院系)
课程(课程号,课程名,开课单位,学时数,学分)
学生成绩(学号,课程号,成绩)

上述转换过程也是把一个多对多联系拆分为两个一对多联系。学生关系与学生成绩关系是一个 $1:n$ 联系；课程关系与学生成绩关系也是一个 $1:n$ 联系。学生成绩关系有两个父关系：学生和课程，同样学生成绩关系同时是学生和课程的子关系。子关系的关键字是父关系关键字的组合：学号＋课程号；学号和课程号又分别是子关系的两个外部关键字。

综上，实体之间联系的三种类型总结如表 2.5 所示。

表 2.5　E-R 数据模型转换为关系数据模型的方法

联系类型	方法
$1:1$	一个关系的主关键字置于另一个关系中
$1:n$	父关系(一方)的主关键字置于子关系(多方)中
$m:n$	(1) 分解成两个 $1:n$ 关系 (2) 建立"纽带关系"，两个父关系的关键字置于纽带关系中，纽带关系是两个父关系的子关系

4. 多元联系 E-R 模型转换为关系模型

例 2.6 仓库—员工—订单—供应商。需求分析和 E-R 模型见例 1.7 和图 1.10。本例的 E-R 数据模型转换为关系数据模型的步骤如下。

(1) 首先为每个实体建立与之相对应的关系。

仓库(仓库号,仓库名,地点,面积)
员工(员工号,姓名,性别,出生日期,婚否,工资)
订单(订购单号,订购日期,金额)
供应商(供应商号,供应商名,地址)

(2) 分别处理每两个关系之间的联系。

① 仓库关系与员工关系之间具有一对多联系(见 E-R 模型)，应该把仓库关系(父关系)的关键字"仓库号"放入员工关系(子关系)，员工关系有了外部关键字"仓库号"，以此表示仓库关系与员工关系之间 $1:n$ 的联系。

② 员工关系与订单关系之间同样具有一对多联系，把员工关系的关键字"员工号"放

入订单关系,使订单关系有外部关键字"员工号",以此表示员工关系与订单关系之间 $1:n$ 的联系。

③ 供应商关系与订单关系之间也具有一对多联系,把供应商关系的关键字"供应商号"放入订单关系,使订单关系有外部关键字"供应商号",以此表示供应商关系与订单关系之间 $1:n$ 的联系。

综上所述,得到以下关系数据模型:

仓库(仓库号,仓库名,地点,面积)
员工(员工号,姓名,性别,出生日期,婚否,工资,仓库号)
订单(订购单号,订购日期,金额,员工号,供应商号)
供应商(供应商号,供应商名,地址)

请完成例 1.8 产品销售数据 E-R 模型转换为关系模型的工作。

2.5 关系数据操作基础

关系是集合,关系中的元组可以看作是集合的元素。因此,能在集合上执行的操作也能在关系上执行。

关系代数是一种抽象的查询语言,是关系数据操纵语言的一种传统表达方式,它是用对关系的运算来表达查询的。关系代数是封闭的,也就是说一个或多个关系操作的结果仍然是一个关系。关系运算分为传统的集合运算和专门的关系运算。

2.5.1 集合运算

传统的集合运算包括并、差、交、广义笛卡儿积四种运算。

设关系 A 和关系 B 都具有 n 个属性,且相应属性值取自同一个值域,则可以定义并、差、交和积运算如下。

1. 并运算

$$A \cup B = \{t \mid t \in A \vee t \in B\}$$

关系 A 和关系 B 的并是指把 A 的元组与 B 的元组加在一起构成新的关系 C。元组在 C 中出现的顺序无关紧要,但必须去掉重复的元组。即关系 A 和关系 B 并运算的结果关系 C 由属于 A 和属于 B 的元组构成,但不能有重复的元组,并且仍具有 n 个属性。关系 A 和关系 B 并运算记作 $A \cup B$ 或 $A+B$。

2. 差运算

$$A - B = \{t \mid t \in A \wedge t \notin B\}$$

关系 A 和关系 B 差运算的结果关系 C 仍为 n 目关系,由只属于 A 而不属于 B 的元组构成。关系 A 和关系 B 差运算记作 $A-B$。注意,$A-B$ 与 $B-A$ 的结果是不同的。

3. 交运算

$$A \cap B = \{t \mid t \in A \wedge t \in B\}$$

关系 A 和关系 B 交运算形成新的关系 C,关系 C 由既属于 A 同时又属于 B 的元组

构成并仍为 n 个属性。关系 A 和关系 B 交运算记作 $A \bigcap B$。

例 2.7 设有关系 R_1 和 R_2，如表 2.6 和表 2.7 所示。R_1 中是 K 社团学生名单，R_2 中是 L 社团学生名单。

<table>
<tr><td colspan="3">表 2.6 关系 R_1</td></tr>
<tr><td>学号</td><td>姓名</td><td>性别</td></tr>
<tr><td>001</td><td>A</td><td>F</td></tr>
<tr><td>008</td><td>B</td><td>M</td></tr>
<tr><td>101</td><td>C</td><td>F</td></tr>
<tr><td>600</td><td>D</td><td>M</td></tr>
</table>

<table>
<tr><td colspan="3">表 2.7 关系 R_2</td></tr>
<tr><td>学号</td><td>姓名</td><td>性别</td></tr>
<tr><td>001</td><td>A</td><td>F</td></tr>
<tr><td>101</td><td>C</td><td>F</td></tr>
<tr><td>909</td><td>E</td><td>M</td></tr>
</table>

(1) $R_1 + R_2$ 的结果是 K 社团和 L 社团学生名单，如表 2.8 所示。

表 2.8 关系 $R_1 + R_2$

学号	姓名	性别
001	A	F
008	B	M
101	C	F
600	D	M
909	E	M

(2) $R_1 - R_2$ 的结果是只参加 K 社团而没有参加 L 社团的学生名单（比较 $R_2 - R_1$），如表 2.9 所示。

(3) $R_1 \bigcap R_2$ 的结果是同时参加了 K 社团和 L 社团的学生名单，如表 2.10 所示。

<table>
<tr><td colspan="3">表 2.9 关系 $R_1 - R_2$</td></tr>
<tr><td>学号</td><td>姓名</td><td>性别</td></tr>
<tr><td>008</td><td>B</td><td>M</td></tr>
<tr><td>600</td><td>D</td><td>M</td></tr>
</table>

<table>
<tr><td colspan="3">表 2.10 关系 $R_1 \bigcap R_2$</td></tr>
<tr><td>学号</td><td>姓名</td><td>性别</td></tr>
<tr><td>001</td><td>A</td><td>F</td></tr>
<tr><td>101</td><td>C</td><td>F</td></tr>
</table>

4. 积运算

如果关系 A 有 m 个元组，关系 B 有 n 个元组，关系 A 与关系 B 的积运算是指一个关系中的每个元组与另一个关系中的每个元组相连接形成新的关系 C。关系 C 中有 $m \times n$ 个元组。关系 A 和关系 B 积运算记作 $A \times B$。

2.5.2 关系运算

专门的关系操作包括投影、选择和联接。

1. 投影

投影操作是指从一个或多个关系中选择若干个属性组成新的关系。投影操作取得的是垂直方向上关系的子集（列），即投影是从关系中选择列。投影可用于变换一个关系中属性的顺序。

2. 选择

选择操作是指从关系中选择满足一定条件的元组。选择操作取得的是水平方向上关系的子集(行)。

例 2.8 student 关系如表 2.11 所示,在此关系上的投影操作和选择操作示例见表 2.12 与表 2.13。

表 2.11 student 关系

学号	姓名	性别	出生日期	党员否	出生地
993501438	刘昕	女	02/28/81	.T.	北京
993501437	颜俊	男	08/14/81	.F.	山西
993501433	王倩	女	01/05/80	.F.	黑龙江
993506122	李一	女	06/28/81	.F.	山东
993505235	张舞	男	09/21/79	.F.	北京
993501412	李竟	男	02/15/80	.F.	天津
993502112	王五	男	01/01/79	.T.	上海
993510228	赵子雨	男	06/23/81	.F.	河南

(1) 从 student 关系中选择部分属性构成新的关系 st1 的操作称为投影,st1 关系如表 2.12 所示。

表 2.12 st1 关系

学号	姓名	出生日期	出生地
993501438	刘昕	02/28/81	北京
993501437	颜俊	08/14/81	山西
993501433	王倩	01/05/80	黑龙江
993506122	李一	06/28/81	山东
993505235	张舞	09/21/79	北京
993501412	李竟	02/15/80	天津
993502112	王五	01/01/79	上海
993510228	赵子雨	06/23/81	河南

(2) 从 student 关系中选择部分元组构成新的关系 st2 的操作称为选择,st2 关系如表 2.13 所示。

表 2.13 st2 关系

学号	姓名	性别	出生日期	党员否	出生地
993501437	颜俊	男	08/14/81	.F.	山西
993505235	张舞	男	09/21/79	.F.	北京
993501412	李竟	男	02/15/80	.F.	天津
993502112	王五	男	01/01/79	.T.	上海
993510228	赵子雨	男	06/23/81	.F.	河南

3. 联接

选择操作和投影操作都是对单个关系进行的操作。有的时候需要从两个关系中选择满足条件的元组数据，对两个关系在水平方向上进行合作。联接操作就是这样一种操作形式，它是两个关系的积、选择和投影的组合。联接操作是从两个关系的笛卡儿积中选择属性间满足一定条件的元组的运算。联接也称为θ联接，θ表示联接的条件（比较运算），当θ比较运算为"＝"运算时，联接称为等值联接。

自然联接是一种特殊的等值联接，它是两个关系在相同属性上进行比较关系（等值比较）运算的结果中，去除重复的属性而得到的结果。

等值联接和自然联接是联接操作中两种重要的联接操作。

关系A和关系B如表2.14和表2.15所示。

表2.14　关系A

A	D	F
E2	D2	6
E2	D3	8
E3	D4	10
E3	D5	16

表2.15　关系B

B	D
4	D1
7	D2
12	D2
2	D5
2	D6

例2.9　关系A和关系B的等值联接，结果如表2.16所示。

表2.16　关系A和关系B的等值联接

A	A.D	F	B	B.D
E2	D2	6	7	D2
E2	D2	6	12	D2
E3	D5	16	2	D5

例2.10　关系A和关系B的自然联接，结果如表2.17所示。

表2.17　关系A和关系B的自然联接

A	D	F	B
E2	D2	6	7
E2	D2	6	12
E3	D5	16	2

这种联接运算在关系数据库中为INNER JOIN运算，称为内联接。

关系A和关系B进行自然联接时，联接的结果是由关系A和关系B公共属性（上述例题中为D属性）值相等的元组构成了新的关系，公共属性值不相等的那些元组不出现在结果中，被筛选掉了。如果在自然联接结果构成的新关系中，保留那些不满足条件的元组（公共属性值不相等的元组），在新增属性值填入NULL，就构成了左外联接、右外联接和外联接。

（1）左外联接。左外联接，即以联接的左关系为基础关系，根据联接条件，联接结果中包含左边表的全部行（不管右边表中是否存在与它们匹配的行），以及右边表中全部匹配的行。

联接结果中除了在联接条件上的内联接结果之外，还包括左边关系A在内联接操作中不相匹配的元组,而关系 B 中对应的属性赋空值。

例 2.11 关系 A 和关系 B 的左外联接,结果如表 2.18 所示。

表 2.18 关系 A 和关系 B 的左外联接

A	D	F	B
E2	D2	6	7
E2	D2	6	12
E2	D3	8	NULL
E3	D4	10	NULL
E3	D5	16	2

（2）右外联接。右外联接,即以联接的右关系为基础关系,根据联接条件,联接结果中包含右边表的全部行(不管左边表中是否存在与它们匹配的行),以及左边表中全部匹配的行。

联接结果中除了在联接条件上的内联接结果之外,还包括右边关系 B 在内联接操作中不相匹配的元组,而关系 A 中对应的属性赋空值。

例 2.12 关系 A 和关系 B 的右外联接,结果如表 2.19 所示。

表 2.19 关系 A 和关系 B 的右外联接

A	F	B	D
NULL	NULL	4	D1
E2	6	7	D2
E2	6	12	D2
E3	16	2	D5
NULL	NULL	2	D6

（3）外联接。外联接是左外联接和右外联接的组合应用。联接结果中包含关系 A、关系 B 的所有元组,不匹配的属性均赋空值。

例 2.13 关系 A 和关系 B 的外联接,结果如表 2.20 所示。

表 2.20 关系 A 和关系 B 的外联接

A	D	F	B
NULL	D1	6	4
E2	D2	8	7
E2	D2	10	12
E2	D3	NULL	NULL
E3	D4	NULL	NULL
E3	D5	16	2
NULL	D6	NULL	2

在以后的章节中将结合具体实例讨论与关系数据操作有关的命令。

至此已经讨论了实际问题的建模方法,当一个问题的关系模型建立之后,这个关系模型在一个具体的 DBMS 中是如何实现的,包括数据结构的实现、数据完整性规则的实现和数据操作的实现,在以后的章节中,将在 Access 中说明上述问题。

2.6　习题

1. 选择题

(1) 关系型数据库中所谓的“关系”是指(　　)。

　　A. 各个记录中的数据彼此间有一定的关联关系

　　B. 数据模型满足一定条件的二维表格式

　　C. 某两个数据库文件之间有一定的关系

　　D. 表中的两个字段有一定的关系

(2) 用二维表来表示实体及实体之间联系的数据模型是(　　)。

　　A. 关系模型　　　　　　　　　　　B. 层次模型

　　C. 网状模型　　　　　　　　　　　D. 实体—联系模型

(3) 关系数据库系统能够实现的三种基本关系运算是(　　)。

　　A. 索引、排序、查询　　　　　　　B. 建库、输入、输出

　　C. 选择、投影、联接　　　　　　　D. 显示、统计、复制

(4) 把 E-R 模型转换为关系模型时,A 实体(“一”方)和 B 实体(“多”方)之间一对多联系在关系模型中是通过(　　)。

　　A. 将关系 A 的关键字放入关系 B 中来实现的

　　B. 建立新的关键字来实现的

　　C. 建立新的关系来实现的

　　D. 建立新的实体来实现的

(5) 关系 S 和关系 R 集合运算的结果中既包含关系 S 中元组也包含关系 R 中元组,但不包含重复元组,这种集合运算称为(　　)。

　　A. 并运算　　　　　　　　　　　　B. 交运算

　　C. 差运算　　　　　　　　　　　　D. 积运算

(6) 设有关系 R_1 和关系 R_2,经过关系运算得到结果 S,则 S 是一个(　　)。

　　A. 字段　　　　　　　　　　　　　B. 记录

　　C. 数据库　　　　　　　　　　　　D. 关系

(7) 关系数据操作的基础是关系代数,关系代数的运算可以分为两类:传统的集合运算和专门的关系运算。下列运算中不属于传统的集合运算的是(　　)。

　　A. 交运算　　　　　　　　　　　　B. 投影运算

　　C. 差运算　　　　　　　　　　　　D. 并运算

(8) “商品”与“顾客”两个实体集之间的联系一般是(　　)。

　　A. 一对一　　　　　　　　　　　　B. 一对多

　　C. 多对一　　　　　　　　　　　　D. 多对多

2. 填空题

（1）关系的数据模型是一个_____。

（2）关系中可以起到确保关系元组唯一的属性称为_____。

（3）关系 S 和关系 R 集合运算的结果由属于 S 但不属于 R 的元组构成，这种集合运算称为_____。

（4）关系中两种类型的关键字分别是_____和_____。

（5）在关系模型中，把数据看成是二维表，每一个二维表称为一个_____。

（6）在关系数据库中，唯一标识一条记录的一个或多个字段称为_____。

（7）在关系数据库模型中，二维表的列称为属性，二维表的行称为_____。

3. 数据库设计

继续完成第 1 章的数据库设计，把 E-R 模型转换为关系模型。

第 3 章
数据库和表

Access 是一种关系型的桌面数据库管理系统,是 Microsoft Office 套件产品之一,是在 Windows 环境下开发的一种全新的关系数据库管理系统,是中小型数据库管理系统的良好选择。从 20 世纪 90 年代初期 Access v1.0 的诞生到本书所采用的 Access 2010,Access 经历了多次版本的升级换代,使其功能越来越强大,而操作却越来越方便。尤其是 Access 与 Office 的高度集成,熟悉且风格统一的操作界面使得许多初学者很容易掌握。

Access 不仅是数据库管理系统,还是一个功能强大的开发工具,一般情况下,它不需要进行许多复杂的编程,即可实现比较理想的管理系统的开发。同时,它极好地融合了 VBA 编程,使得系统的升级开发更加容易。

知识体系:

☞Access 数据库的组成

☞数据表的创建

☞数据类型及字段属性

☞数据关系的建立

☞数据表操作

学习目标:

☞了解 Access 数据库的创建方法

☞掌握数据表的创建方法

☞掌握各种字段属性的特征与使用方法

☞掌握数据表的各种操作

3.1 Access 概述

随着社会的飞速发展,在社会生活的各个领域,大量用户都面临着很多数据处理的问题:数据量小、需要处理的问题又多种多样,使用大型数据库软件投资成本高,还需要专业人员开发,往往又不能满足要求,因此,选择一个简单易用的数据库系统工具自行开发,Access 是一个很好的选择,尤其适合非 IT 专业的普通用户开发自己工作所需的各种数据库应用系统。

　　Access 可以高效地完成各种类型中小型数据库管理工作,它可以广泛应用于财务、行政金融、经济、教育、统计和审计等众多的管理领域,使用它可以大大提高数据处理的效率。

3.1.1　Access 的特点

　　Access 2010 不仅继承和发扬了前版本的功能强大、界面友好、易学易用等优点,且在前版本的基础上,有了巨大的变化,主要包括智能特性、用户界面、创建 Web 网络数据功能、新的数据类型、宏的改进和增强、主题的改进、布局视图的改进以及生成器功能的增强等方面,使数据库应用系统的开发变得更简单、方便,同时,数据共享、网络交流更加便捷、安全。

1. 用一个文件来管理整个系统

　　面对信息管理,Access 的最大特点是采用一个文件来管理整个系统,即数据的保存和对数据库的各种操作,都是保存在同一个文件里的,文件的管理变得方便。同时,Access 提供很多可视化的界面和操作向导,使得不需要编程也可创建一个实用的数据库管理系统。

2. 良好的开放性

　　Access 既能作为独立的数据库管理系统使用,又能与 Word、Excel 等办公软件方便地实现数据交换和共享,还能通过开放式数据库互联(ODBC)与其他的数据库管理系统,如 SQL Server、Sybase 和 FoxPro 等数据库实现数据交换与共享。因此,用户可以通过 Access 直接与企业级数据库连接,提升了数据库的应用。

3. 拥有丰富的内置函数

　　Access 内置了丰富的函数,包括数据库函数、数学函数、文本函数、日期时间函数、财务函数等,利用这些函数可以方便地在各个对象中建立条件表达式,以实现相应的数据处理。

4. 完备的数据库窗口

　　Access 数据库窗口由三个部分组成:功能区、Backstage 视图和导航窗格。功能区中,相关功能的选项卡、功能按钮分门别类放置,用户触手可及;Backstage 视图是功能区的"文件"选项卡上显示的命令集合,是基于文件操作的功能集合区;导航窗格是组织归类数据库对象,并且是打开或更改数据库对象设计的区域。

　　Access 的易用性得到增强。

5. 良好的安全性

　　提供了经过改进的安全模型,该模型有助于简化将安全性应用于数据库以及打开已启用安全性的数据库的过程。其中包括新的加密技术和对第三方加密产品的支持。

6. 强大的网络功能

　　Access Services 提供了创建可在 Web 上使用的数据库的平台。可以使用 Access 和 SharePoint 设计和发布 Web 数据库,用户可以在 Web 浏览器中使用 Web 数据库,加强了信息共享和协同工作的能力。

Access 提供了两种数据库类型的开发工具，一种是标准的桌面数据库类型；一种是
Web 数据库类型，使得 Web 数据库可以轻松方便地开发出网络数据库。

7. 新的数据类型和控件

新增了计算字段，可实现原来需要查询、控件、宏或 VBA 代码时进行的字段，方便了
使用；多值字段，为每条记录存储多个值；添加了文件的附件字段，允许在数据库中轻松
存储所有种类的文档和二进制文件，而不会使数据库大小发生不必要的增长；备注字段
允许存储格式文本并支持修订历史记录；提供了用于选取日期的日历。

8. 强化的智能特性

Access 的智能特性表现在各个方面，其中表达式生成器表现更为突出，用户不需要
花费时间来考虑有关的语法和参数问题，在输入时，表达式的智能特性为用户提供了所需
要的所有信息。

9. 方便的宏设计

Access 提供了一个全新的宏设计器，可以更加高效地工作，减少编码错误，并轻松地
组合更复杂的逻辑以创建功能强大的应用程序。重新设计并整合宏操作，通过操作目录
窗口把宏分类组织，使得运行宏操作更加方便。

10. 完善的帮助系统和故障排查功能

Access 的帮助系统能够随时解答操作过程中的疑惑，同时还提供了操作示例，方便
理解。

在 Access 中引入了 Microsoft Office 诊断功能，以取代之前版本的"检测并修复"以
及"Microsoft Office 应用程序恢复"功能，使得故障检测变得更加便捷。

3.1.2　Access 的启动与退出

数据库的应用是从数据库的启动开始的。

1. 启动 Access

启动 Access 的方式与启动其他应用程序的方式相同，通常有三种方式，即通过"开
始"→"所有程序"→Microsoft Access 2010 命令启动；桌面快捷方式启动；双击已存在的
Access 数据库文件启动。

2. 关闭并退出 Access

单击标题栏右侧的"关闭"按钮图、或选择"文件"→"退出"命令，或按 Alt＋F4 组合
键，都可以退出 Access 系统。

无论何时退出 Access，系统都将自动保存对数据的更改。如果在最近一次的"保存"
操作之后，又更改了数据库对象的设计，则 Access 将在关闭之前询问是否保存这些更改。

3.1.3　Access 数据库的结构

现代数据库的结构，包含数据的集合以及针对数据进行各种基本操作的对象的集合。

Access 正是这样一种结构,所有对象都存放在同一个 ACCDB 文件中,而不是像其他数据库那样将各类对象分别存放在不同的文件中。这样做的好处是方便了数据库文件的管理。Access 中将数据库文件称为数据库对象。

数据库对象是 Access 最基本的容器对象,它是关于某个特定主题的信息集合,具有管理本数据库中所有信息的功能。在数据库对象中,用户可以将自己不同的数据分别保存在独立的存储空间中,这些空间被称为数据表;可以使用查询从数据表中检索需要的数据,也可以使用窗体查看、更新数据表中的数据;可以使用报表以特定的版面打印数据;还可以通过 Web 页实现数据交换。

Access 数据库对象共有六类不同的子对象,它们分别是表、查询、窗体、报表、宏和模块。不同的对象在数据库中起不同的作用,表是数据库的核心与基础,存放着数据库中的全部数据;报表、查询都是从数据表中获得信息,以满足用户特定的需求;窗体可以提供良好的用户操作界面,通过它可以直接或间接地调用宏或模块,实现对数据的综合处理。图 3.1 为数据库"设计"视图窗口,其左侧列出了 Access 数据库的六类对象。

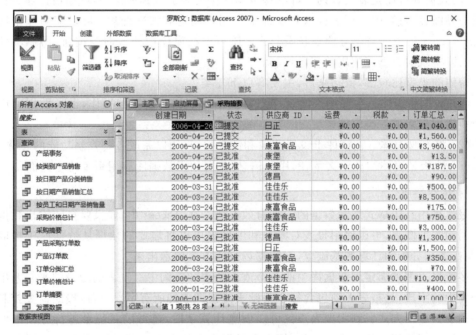

图 3.1　数据库视图

1. 表对象

表是数据库中用来存储数据的对象,是整个数据库系统的基础。Access 允许一个数据库包含多个表,通过在表之间建立"关系",可以将不同表中的数据关联起来,以表达数据之间的相关性。

在表中,数据以行和列的形式保存。表中的列被称为字段,字段是 Access 信息最基本的载体,说明了一条信息在某一方面的属性。表中的行被称为记录,一条记录就是一条完整的信息。

2．查询对象

通过查询，可以按照一定的条件或准则从一个或多个表中筛选出需要的字段和记录，并将它们集中起来，形成动态数据集，这个动态数据集将显示在虚拟数据表中，以供用户浏览、打印和编辑。需要注意的是，如果用户对这个动态数据集中的数据进行了修改，Access会自动将修改内容反映到相应的表中。

查询对象必须基于数据表对象而建立，虽然查询结果集是以二维表的形式显示，但它们不是基本表。查询本身并不包含任何数据，它只记录查询的筛选准则与操作方式。每执行一次查询操作，其结果集显示的总是查询那一时刻数据表的存储情况，也就是说，查询结果是静态的。

可以使用查询作为窗体、报表和数据访问页的记录源。

3．窗体对象

窗体是用户和数据库联系的一种界面，它是Access数据库对象中最具灵活性的一个对象，其数据源可以是表或查询。可以将数据库中的表链接到窗体中，利用窗体作为输入记录的界面，或将表中的记录提取到窗体上供用户浏览和编辑处理；可以在窗体中使用宏，把Access的各个对象方便地联系起来；还可以在窗体中插入命令按钮，编制事件过程代码以实现对数据库应用的程序控制。

窗体的类型比较多，概括来讲，主要有以下三类。

（1）数据型窗体。主要用于实现用户对数据库中相关数据的操作，也是数据库应用系统中使用最多的一类窗体。

（2）控制型窗体。在窗体上设置菜单和命令按钮，用以完成各种控制功能的转移。

（3）面板型窗体。显示文字、图片等信息，主要用于数据库应用系统的主界面。

4．报表对象

报表是用打印格式展示数据的一种有效方式。在Access中，如果要打印输出数据或与数据相关的图表，可以使用报表对象。利用报表可以将需要的数据从数据库中提取出来，并在进行分析和计算的基础上，将数据以打印方式展示出来。

多数报表都被绑定到数据库中的一个或多个表和查询中。报表的记录源来自基础表和查询中的字段，且报表无须包含每个基础表或查询中的所有字段，可以按照需要控制显示字段及其显示方式。利用报表不仅可以创建计算字段，还可以对记录进行分组以便计算出各组数据的汇总值。除此以外，报表上所有内容的大小和外观都可以人为控制，使用起来非常灵活。

5．宏对象

宏是指一个或多个操作的集合，其中每个操作都可以实现特定的功能。宏可以使需要多个指令连续执行的任务能够通过一个对象自动完成，而这个对象就是宏。

宏可以是包含一个操作序列的宏，也可以是由若干个宏组成的宏组。Access中，一个宏的执行与否还可以通过条件表达式予以控制，即可以根据给定的条件决定在哪些情况下运行宏。

利用宏可以简化操作，使大量重复性的操作得以自动完成，从而使管理和维护

Access 数据库更加方便和简单。

6. 模块对象

模块是将 VBA 的声明和过程作为一个单元进行保存的集合,即程序的集合。设置模块对象的过程也就是使用 VBA 编写程序的过程。尽管 Access 是面向对象的数据库管理系统,但其在针对对象进行程序设计时,必须使用结构化程序设计思想。每一个模块由若干个过程组成,而每一个过程都应该是一个子程序(Sub)过程或一个函数(Function)过程。

需要指出的是,尽管 Microsoft 在推出 Access 之初就将产品定位为不用编程的数据库管理系统,但实际上,只要用户试图在 Access 的基础上进行二次开发以实现一个数据库应用系统,用 VBA 编写适当的程序是必不可少的。换言之,开发 Access 数据库应用系统时,必然需要使用 VBA 模块对象。

3.1.4 Access 设置

Access 数据库系统与 Office 的其他软件一样,可以通过用户的个性化设置,使 Access 工作环境更加符合需求,以提高工作效率。

1. Access 用户界面

Access 2010 的用户界面主要由三个部件构成:功能区是一个包含多组命令且横跨程序窗口顶部的带状选项卡区域;Backstage 视图是功能区的"文件"选项卡上显示的命令集合;导航窗格是 Access 程序窗口左侧的窗格,可以在其中使用数据库对象。导航窗格取代了之前 Access 版本中的数据库窗口。窗口具体结构如图 3.2 所示。

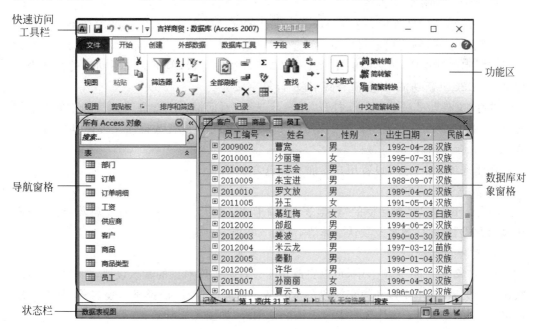

图 3.2 Access 工作窗口

1）功能区

功能区是替代 Access 之前的版本中菜单和工具栏的主要功能。它主要由多个选项卡组成，这些选项卡上有多个功能按钮组。功能区选项卡含有将相关常用命令分组在一起的主选项卡、只在使用时才出现的上下文选项卡，以及快速访问工具栏。

其操作方式与 Office 2010 的其他应用程序操作相似，这里不再赘述。

2）Backstage 视图

Backstage 视图是 Access 2010 中的新功能。它包含应用于整个数据库的命令和信息（如"压缩和修复"、数据库加密等），以及早期版本中"文件"菜单的命令（如"打印"）。

在 Backstage 视图中，可以创建新数据库、打开现有数据库、通过 Access Services 和 SharePoint 将数据库发布到 Web 以及执行很多文件和数据库维护任务。

3）导航窗格

导航窗格分类组织数据库对象，并且是打开或更改数据库对象设计的主要方式。导航窗格取代了之前 Access 版本中的数据库窗口。

在导航窗格中，数据库按类别和组进行组织。可以从多种组织选项中进行选择，还可以在导航窗格中创建自己的自定义组织方案。默认情况下，新数据库使用"对象类型"类别，该类别包含对应于各种数据库对象的组。"对象类型"类别组织数据库对象的方式，与早期版本中的默认"数据库窗口"相似。导航窗格可以最小化，也可以被隐藏。

2. 选项设置

Access 安装后，会采用系统的默认状态，如果需要对它进行一些个性化设置，则可以通过 Access 的"选项"进行设置。

1）默认文件格式的设置

Access 默认的文件扩展名是.accdb。默认的文件格式是 Access 2007，如果需要更改文件的默认格式，则可以通过"Access 选项"对话框来进行设置。如果采用 Access 2003 及以前版本的数据库，虽然能够在 Access 2010 环境中运行，但不能向所创建的文件中添加 Access 2010 新功能，如多值查阅字段、计算字段等。

选择"文件"→"选项"命令，打开"Access 选项"对话框，在"常规"选项卡的"创建数据库"选项组中，既可以设置空白数据库的文件格式，也可以设置数据库文件默认的保存位置，如图 3.3 所示。

在此选项卡中，还可设置用户界面和配色方案等。

2）数据表外观定义

在"Access 选项"对话框的"数据表"选项卡中，可以定义数据表的外观效果，如网格线显示方式、单元格效果及默认字体等，如图 3.4 所示。

3）对象设计器定义

在"对象设计器"选项卡中，可以更改用于设计数据库对象的默认设置，如表设计时的默认字段类型、文本字段和数字字段的大小等；查询设计时，是否显示表名称、是否自动连接、查询的字体等；窗体和报表等模板的使用等，如图 3.5 所示。

在 Access 的选项设置中，还有如功能区的自定义、快速访问工具栏的定义等，与 Office 的其他应用程序的定义方式相同，这里不再赘述。

图 3.3 "Access 选项"对话框之"常规"选项卡

图 3.4 "Access 选项"对话框之"数据表"选项卡

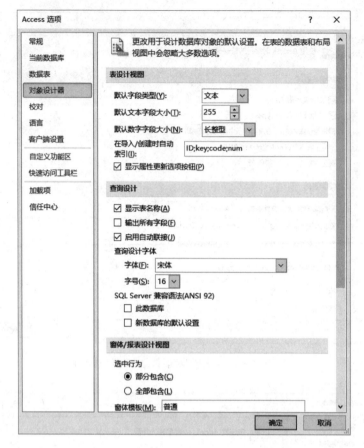

图 3.5 "Access 选项"对话框之"对象设计器"选项卡

3.1.5 帮助系统

任何人在学习和使用 Access 2010 时都会碰到问题，善于使用帮助是解决问题的好方法。系统提供了两种帮助系统：Access 帮助和在线帮助（Office Online）。

在工作窗口的右上角，"关闭"按钮下方有一个"帮助"按钮 ，单击该按钮或者按 F1键，打开"Access 帮助"窗口，如图 3.6 所示。

1．帮助系统

打开"Access 帮助"窗口，可以看到窗口由两个窗格组成。左侧是折叠式窗格，右侧是展开式窗格，在右侧窗格中展示信息。在窗格上方有一个搜索栏，在其中输入要查找的信息，或单击"搜索"按钮右侧的下拉按钮，在打开的列表中将显示搜索的历史信息。

2．使用帮助

使用帮助的常用方法有三种。

（1）从目录中选择帮助主题，逐步进入查看帮助内容。

（2）在"Access 帮助"窗口的关键字搜索栏中输入要搜索的关键词，通过搜索查找帮助信息。

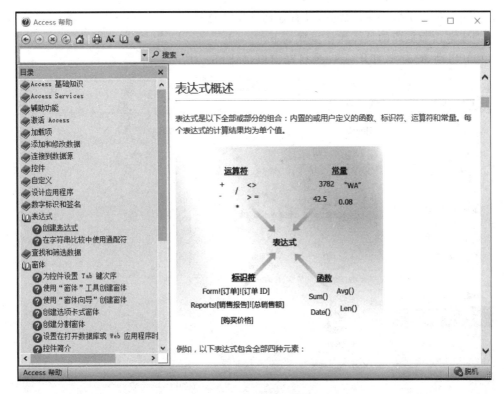

图 3.6 "Access 帮助"窗口

（3）在某个对象窗口中选中要查看帮助的关键字，然后按 F1 键，打开"Access 帮助"窗口，显示搜索的帮助信息。

3. 上下文帮助

上下文帮助主要出现在表的设计视图和宏的设计视图。在操作过程中，通常会在设计视图上显示当前状态的帮助信息。

3.2 创建 Access 数据库

Access 是一个功能强大的关系数据库管理系统，可以组织、存储并管理大量各种类型的信息。建立数据库管理系统的基础是先创建一个数据库。

3.2.1 创建数据库

创建 Access 数据库，首先应根据用户需求对数据库应用系统进行分析和研究，全面规划，再根据数据库管理系统的设计规范创建数据库。

Access 创建数据库有两种方法：一种是创建空白数据库；另一种是使用模板创建数据库。

1. 创建空白数据库

如果没有满足需要的模板，或需要按自己的要求创建数据库，就可以创建空白数据库。空白数据库是数据库的外壳，没有任何数据和对象。

创建空白数据库的具体操作步骤如下。

（1）启动 Access，打开 Access 启动窗口，如图 3.7 所示。

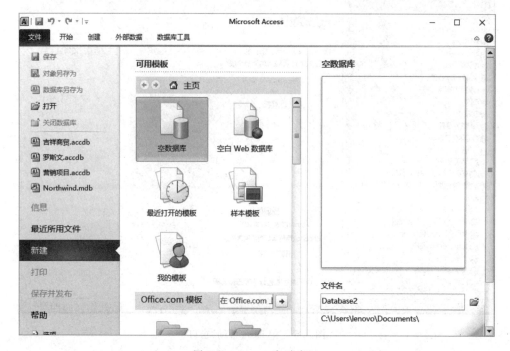

图 3.7　Access 启动窗口

（2）在"可用模板"中选择"空数据库"，在右侧设置数据库文件名，单击文件名栏右侧的"浏览"按钮 <img>，设置数据库文件的存放位置，单击"创建"按钮，在指定文件夹下创建一个空白数据库。

2. 使用模板创建数据库

如果能找到接近需求的数据库模板，则可使用模板创建数据库，这是实现数据库创建的一种捷径。在安装 Office 时，有一些模板被安装到计算机中，只需单击"样本模板"即可打开本地模板，选择合适的模板即可创建相关数据库。如果本地模板还不能满足需求，还可在计算机联网的情况下，单击 Office.com 模板栏下的分类模板文件夹，打开后选择合适的模板，系统将之下载到本地，即可使用它来创建数据库。

使用模板创建数据库是在 Access 启动窗口中，通过选择"可用模板"中的"样本模板"，在打开的可用模板中选择接近需要的模板，然后单击"创建"按钮完成数据库的创建，具体操作步骤如图 3.8 所示。

3.2.2　数据库的简单操作

Access 数据库管理系统中所有对象都保存在数据库文件中，因此，使用数据库时需要打开，同样，数据库使用完毕，必须将之正常关闭，否则会造成数据库损坏。

打开Access启动窗口

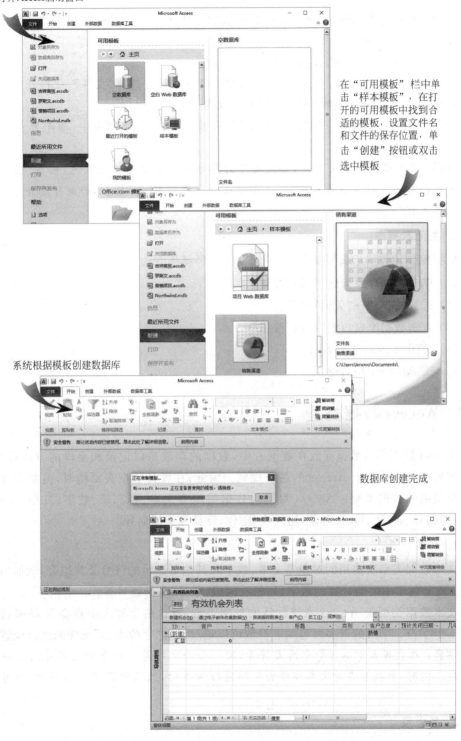

在"可用模板"栏中单击"样本模板",在打开的可用模板中找到合适的模板,设置文件名和文件的保存位置,单击"创建"按钮或双击选中模板

系统根据模板创建数据库

数据库创建完成

图 3.8　使用模板创建数据库的操作过程

1. 打开数据库

在对数据库进行操作前，通常需要打开数据库文件。在 Access 环境中打开数据库的操作方法有以下几种。

（1）直接双击要打开的数据库文件。

（2）在 Access 环境中，单击工具栏上的"打开"按钮，或选择"文件"→"打开"命令，在弹出的"打开"对话框中找到要打开的数据库文件，单击"打开"按钮。

（3）在 Access 环境中，在"开始工作"任务窗格的"打开"列表中，单击要打开的数据库。

注意：在打开数据库文件时，如果由于计算机中安装了防病毒软件，则系统提示"打开的文件会对计算机系统造成破坏，是否阻止时"，请单击"否"按钮，否则可能会导致数据库非正常工作。

2. 关闭数据库

数据库使用完毕后需要关闭，可采用以下几种操作方法。

（1）单击数据库窗口的"关闭"按钮 ⊠ 。

（2）选择"文件"→"关闭"命令。

（3）双击数据库窗口的"控制"按钮 🅰 。

（4）关闭 Access 工作窗口。

（5）按 Alt＋F4 组合键。

3.3 Access 数据类型

Access 数据库的数据存放在数据表中，数据的存放是以记录和字段的方式存放的，而数据的存放也受限于 Access 的系统规则。因此，在设计数据表结构时，需要定义表中字段所使用的数据类型。Access 常用的数据类型有文本、备忘录、数字、日期/时间、货币、自动编号、是/否、OLE 对象、超链接、附件、计算和查阅向导。

1. 文本

文本数据类型所使用的对象是文本、数字和其他可显示的符号及其组合，例如，地址、姓名；或是用于不需要计算的数字，如邮政编码、学号、身份证号等。

文本数据类型是 Access 系统默认的数据类型，默认的字段大小是 255，最多可以容纳 255 个字符。字段的最多可容纳字符数可以通过设置"字段大小"属性来进行设置。

注意：在数据表中不区分中西文符号，即一个西文字符或一个中文字符均占一个字符长度。同时，数据表在对文本字段的数据进行保存时，只保存已输入的符号，即非定长字段。

2. 备忘录

备忘录数据类型可以解决文本数据类型无法解决的问题，用于存储长文本和数字的组合，或具有 RTF 格式的文本。例如，注释或说明等。

备忘录数据类型字段最多可存储 63999 个字符。如果备注字段是通过 DAO 来操作,并且只有文本和数字(非二进制数据)保存在其中,则备注字段的大小受数据库大小的限制。

3. 数字

数字数据类型用来存储需要进行算术运算的数据类型。

数字数据类型可以通过"字段大小"属性来进行进一步的设置。系统默认的数字类型是长整型,但 Access 可以对多种数据类型进行设置,具体范围如表 3.1 所示。

表 3.1 数字数据类型

数字数据类型	值 范 围	小 数 精 度	存储空间大小(字节)
字节	0～255	无	1
整型	$-32768 \sim 32767$	无	2
长整型	$-2147483648 \sim 2147483647$	无	4
单精度	$-3.4 \times 10^{38} \sim 3.4 \times 10^{38}$	7 位有效数值位	4
双精度	$-1.79734 \times 10^{308} \sim 1.79734 \times 10^{308}$	15 位有效数值位	8
小数	有效数值位为 18 位		8

4. 日期/时间

日期/时间数据类型是用于存储日期、时间或日期时间组合。日期/时间字段的长度为 8 字节。

日期/时间数据类型可以在"格式"属性中根据不同的需要进行显示格式的设置。可设置的类型有常规日期、长日期、中日期、短日期、长时间、中时间和短时间等。

5. 货币

货币数据类型是用于存储货币值的。在数据输入时,不需要输入货币符号和千分位分隔符,Access 会自动显示相应的符号,并添加两位小数到货币型字段中。

货币型字段的长度为 8 字节。在计算期间禁止四舍五入。精确到小数点左边 15 位和小数点右边 4 位。

6. 自动编号

自动编号数据类型是一个特殊的数据类型,用于在添加记录时自动插入的唯一顺序(每次递增 1)或随机编号。自动编号型字段不能被更新。

自动编号型字段的长度为 4 字节,保存的是一个长整型数据。每个表中只能有一个自动编号型字段。

注意:自动编号数据类型一旦指定,就会永久地与记录连接。如果删除表中含有自动编号型字段的一条记录后,Access 不会对表中自动编号型字段进行重新编号,当添加一个新记录时,被删除的编号也不会被重新使用。用户不能修改自动编号型字段的值。

7. 是/否

是/否数据类型是针对只包含两种不同取值的字段而设置的。例如,是/否(Yes/No)、真/假(True/False)、开/关(On/Off),又称为布尔型数据。

是/否型字段数据常用来表示逻辑判断的结果。字段长度为 1 位。

8. OLE 对象

OLE 对象数据类型是指字段允许链接或嵌入其他应用程序所创建的文档、图片文件等，例如，Word 文档、Excel 工作簿、图像、声音或其他二进制数据等。链接是指数据库中保存该链接对象的访问路径，而链接的对象依然保存在原文件中；嵌入是指将对象放置在数据库中。

OLE 对象字段最大长度为 1GB，但它受磁盘空间的限制。

9. 超链接

超链接数据类型用于存放超链接地址。超链接型字段包含作为超链接地址的文本或以文本形式存储的字符与数字的组合。

地址最多可以包含四部分，编写的语法格式如下。

DisplayText♯Address♯SubAddress♯ScreenTip

相关参数的说明如下。

（1）DisplayText（显示的文本）：在字段或控件中显示的文本。

（2）Address（地址）：指向文件（UNC 路径）或页（URL）的路径。

① UNC 路径：一种对文件的命名约定，它提供独立于机器的文件定位方式。UNC 名称使用\\server\share\path\filename 这一语法格式，而不是指定驱动器符和路径。

② URL：统一资源定位符，指定协议（如 HTTP 或 FTP）以及对象、文档、网页或其他目标在 Internet 或 Intranet 上的位置，例如 http://www.cufe.edu.cn/。

（3）SubAddress（子地址）：位于文件或页中的地址。

（4）ScreenTip（屏幕提示）：作为工具提示显示的文本。

每个部分最多只能包含 2048 个字符。

10. 附件

附件支持任意类型的文件。通常附件用于存放图片、图像、二进制文件、Office 文件等，是用于存放图像和任意类型的二进制文件的首选数据类型。

对于压缩的附件，最大容量约为 2GB；对于未压缩的附件，最大容量约为 700KB。

11. 计算

计算数据类型是以表达式方式存放计算结果的，表达式中须引用本表里的其他字段。可以使用表达式生成器来创建计算字段。计算字段的长度为 8 字节。

12. 查阅向导

查阅向导数据类型用于为用户提供一个字段内容列表，可以在组合框中选择所列内容作为字段内容。

查阅向导可以显示以下两种数据来源。

（1）从已有的表或查询中查阅数据列表，表或查询中的所有更新均会反映到数据列表中。

（2）存储一组不可更改的固定值列表。

查阅向导字段的数据类型和大小与提供的数据列表相关。

3.4　创建数据表

数据表是 Access 数据库的基础,是存储数据的地方,它在数据库中占有重要的地位。在 Access 数据库中,数据表包括两个部分:表结构和表数据。在创建数据表时,需要先创建表结构,然后再输入数据。表结构包括了数据表由哪些字段构成,这些字段的数据类型和格式是怎样的等内容。

3.4.1　创建表

在 Access 中,常用的创建数据表的操作方法有以下几种:直接插入一个空表;使用设计视图创建表;从其他数据源导入或链接到表;根据 SharePoint 列表创建表。

1. 表规范

在 Access 数据库中,除了需要了解表中允许的字段类型外,还需要了解表的一些规范,如表 3.2 所示。

表 3.2　表规范

属　　　性	最　大　值	属　　　性	最大值
表名的字符个数	64	表中的索引个数	32
字段名的字符个数	64	索引中的字段个数	10
表中字段个数	255	有效性消息的字符个数	255
打开表的个数	2048	有效性规则的字符个数	2048
表的大小	2GB 减去系统对象需要的空间	表或字段说明的字符个数	255
文本字段的字符个数	255	字段属性设置的字符个数	255

2. 字段名命名规则

(1) 由字母、汉字、数字、空格及其他非保留字符组成,不得以空格开头。保留字符包括圆点(.)、惊叹号(!)、方括号([ ])、重音符号(`)和 ASCII 码值在 0～31 的控制字符。

(2) 字段名长度不得超过 64 个字符。

(3) 同一个数据表的字段名称不能相同。

字段名的命名规则虽然允许使用空格和一些其他符号,但通常在定义数据表时,为了方便使用,字段名中不要使用空格。

3. 利用数据表视图创建数据表

数据表视图是按行和列显示表中数据的视图,在该视图下可以对字段进行编辑、添加、删除和数据查找等操作,它也是创建表常用的视图。

如果新建一个空白数据库,当数据库创建成功后,系统将自动进入数据表创建视图;如果在一个已创建的数据库中创建一个新的数据表,可切换到"创建"功能选项卡,在"表格"组中单击"表"按钮,即可在数据表视图下创建一个新的数据表。

如图 3.9 所示,即为利用数据表视图创建"员工"数据表的操作方式。

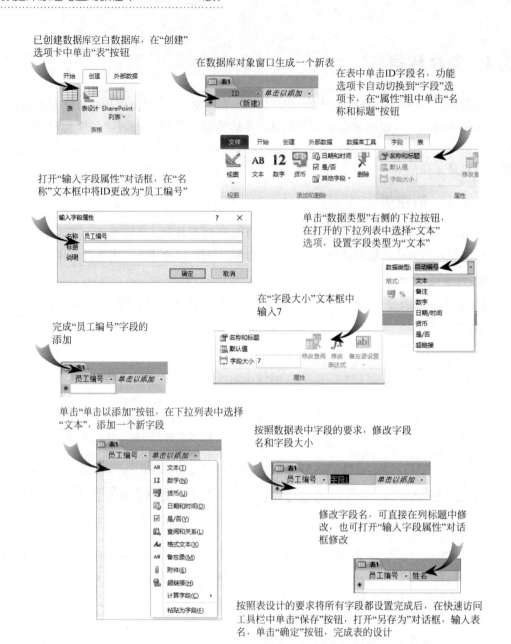

图 3.9　利用数据表视图创建数据表

　　注意：ID字段默认数据类型为"自动编号"，添加新字段的数据类型为"文本"。如果添加的是其他类型的字段，则可利用"单击以添加"右侧的下拉列表或功能区的"添加和删除"组进行类型的设置。如果表中不需要自动编号的ID字段，则可用"添加和删除"组的"删除"按钮将该字段删除。

4. 利用设计视图创建数据表

设计视图是显示表结构的常用视图,在该视图下可以看到数据表的字段构成,同时还可查看各个字段的数据类型和相应的属性设置。设计视图是最常用也是最有效的表结构设计视图。

利用设计视图创建数据表的操作方法是:在"创建"选项卡的"表格"组中单击"表设计"按钮。在表设计视图下创建数据表,需要对表中每一个字段的名称、数据类型和它们各自的属性进行设置。这里在设计视图中创建"部门"数据表,具体的操作方法如图3.10所示。

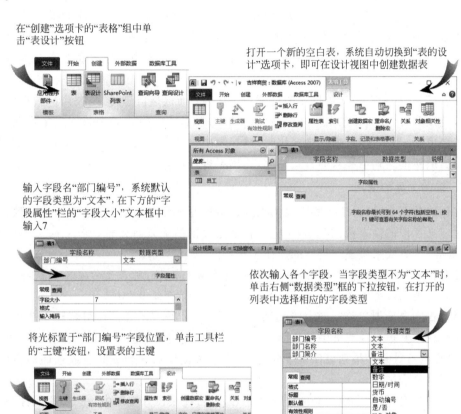

图 3.10 利用设计视图创建数据表

在设计视图下，左侧的第一列按钮即为字段选定器，如需要对某一字段进行修改，可单击字段选定器，使该字段成为当前字段，再进行修改。在表中设定主键时，先选定该字段为当前字段，再单击"工具"组的"主键"按钮即可完成。

5. 通过导入数据创建数据表

数据共享是加快信息流通、提高工作效率的要求。Access 提供的导入和导出功能是通过数据共享来实现的。在 Access 中，可以通过导入存储在其他位置的信息来创建数据表，如可以导入 Excel 工作表、ODBC 数据库、其他 Access 数据库、文本文件和其他类型的文件。

图 3.11 所示即将 Excel 工作簿中的教师信息表导入 Access 数据库的操作过程。

Access 除了可将其他文件里的数据导入数据库中成为数据表外，还可通过链接的方式将其他位置存储的数据链接到数据库中，可链接的数据类型与导入表的数据类型是一致的。

导入信息时，是在当前数据库中创建一个新表；而链接信息时，是在当前数据库中创建一个链接表，该表与原数据之间存在一个活动链接，当在链接表中数据发生更改时，原数据也会更新，当然，原数据发生变化时，链接表中也会得到更新，而导入表则与原数据脱离关系。链接的方式与导入的方式相同，这里不再赘述。

6. 查阅向导的使用

在创建数据表时，对于一些字段的输入值范围是固定的，为了保证数据的一致性，常常通过定义字段的输入数据列表的方式来保证数据的输入有效性，在 Access 中可采用"查阅向导"的方式来实现。具体的操作步骤如图 3.12 所示。

注意：查阅向导是用于在数据输入时产生数据列表的，所产生的字段的数据类型与数据列表的类型有关。在 Access 2010 中，还允许查阅存储多个值。

通过查阅向导创建数据列表，除了输入固定的值以外，还可在查阅向导中选择"使用查阅字段获取其他表或查询中的值"单选按钮，让数据列表的值来源于已经存在的表或查询中，这样的好处是如果列表值发生变化，只需修改提供数据列表的表或查询的值即可，而不需要修改表结构。

值列表的产生，除了使用查阅向导产生外，还可在表设计视图中，在"字段属性"的"查阅"选项卡的"显示控件"属性列表中选择"组合框"或"列表框"，"查阅"选项卡的下方则会出现多个属性对本字段的列表进行设置，在"行来源类型"属性列表中选择"值列表"，在下方的"行来源"属性中输入相应的值列表，如本例中的区域属性，可输入值列表""华东";"华南";"华中";"华北";"西南";"东北""。

注意：值列表用常量表示，值之间用西文的分号";"分隔。

7. 计算字段

Access 在早期版本中无法将计算字段的数据保存在数据表中，只能通过查询来实现数据表中多字段的计算，在 Access 2010 中，可以将计算字段保存在该类型的字段中。

如员工工资信息，在工资表中，除了基本工资项外，员工的三险一金也是按照基本工

切换到"外部数据"选项卡，在"导入并
链接"组中单击Excel按钮

打开导入向导，通过"浏览"按钮找到要导入的数
据表所在的Excel文档，其他采用默认设置

单击要导入的工作表，在下方
立即显示该工作表中的数据

单击"下一步"按钮，并选中
"第一行包含列标题"复选框

在此步设置所有字段的数据
类型和是否有索引，完成设
置后，单击"下一步"按钮

设置本表的主键为"客户编
号"，单击"完成"按钮完成
表的导入

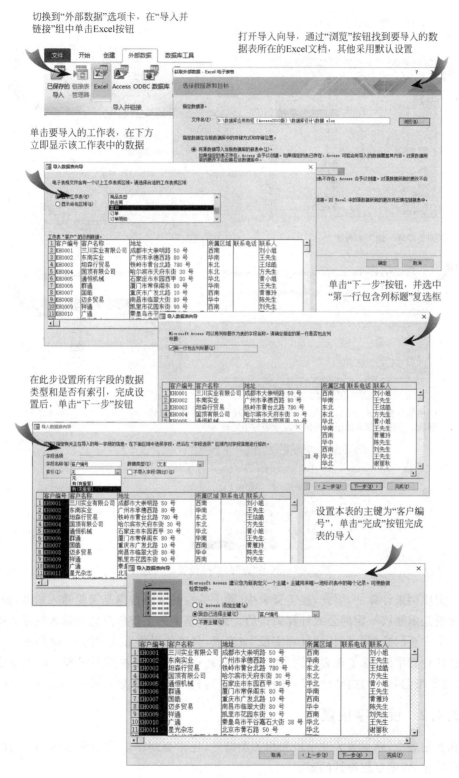

图 3.11 通过导入数据创建数据表

单击"区域属性"数据类型的下拉按钮，在打开的列表中选择"查阅向导"

在"查阅向导"对话框中选中"自行键入所需的值"单选按钮，单击"下一步"按钮

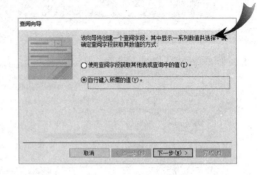

在列表中逐一输入列表值

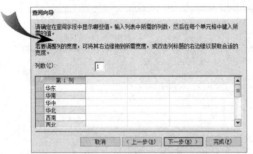

单击"完成"按钮，回到表设计视图

切换到表视图下，单击"所属区域"的属性所在单元格，将弹出值列表，根据要求选择正确的值即完成属性值的输入

图 3.12　利用"查阅向导"设置输入列表

资的一定比例来计算的，因此，在工资表中，除了一些基本的数据是需要输入的外，而像三险一金则是需要以一定的公式计算而得的。此处，基本的工资信息已经输入数据表中，要添加三险一金的数据，可通过"计算字段"来完成，具体的操作方式如图 3.13 所示。

创建计算字段，除了在表视图下实现以外，还可在表设计视图下实现。添加新字段，在"数据类型"列表中选择"计算"，在打开的"表达式"对话框中输入计算公式，即可完成。

3.4.2　设置字段属性

在数据表中，除了要关注字段和相关类型外，还常会对字段的一些格式、有效性规则等进行限定，以满足表设计的要求。

在表视图下，单击"单击以添加"按钮，在打开的下拉列表的"计算字段"下级列表中选择数据类型为"数字"

在弹出的"表达式生成器"对话框中输入"养老保险"的公式：（[基本工资]+[岗位津贴]）*0.08

单击"确定"按钮，在数据表中添加了一个由计算得到的新字段，输入字段名，即完成计算字段的添加

切换到表设计视图下，即可查看新添加的字段及属性

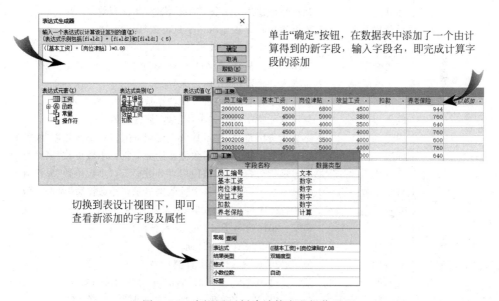

图 3.13　表视图下创建计算字段操作过程

1. 字段大小

字段大小规定字段中最多存放的字符个数或数值范围，主要用于文本型或数字型字段。

（1）文本型字段：系统规定的文本型字段最多可放置 255 个字符。这里定义的字段大小是规定放置的最多字符个数，如果某条记录中该字段的字符个数没有达到最多时，系统只保存输入的字符，文本型字段是一个非定长字段。

（2）数字型字段：字段的大小分为字节型、整型、长整型、单精度和双精度，它确定了数值型数据的存入方式和精度。

注意：当字段大小设置好后，即可进行数据的输入。如果字段大小要进行修改，如文本型字段的大小要减小，就有可能会造成原来输入的数据发生丢失。因此，除非必要，一般不要将数据表中的文本型字段的长度减小。

2. 格式

规定数据的显示格式,格式设置仅影响显示和打印格式,不影响表中实际存储的数据。

对于数字型、货币型、日期/时间型和是/否型字段,Access 提供了预定义的格式设置,可以选择适合的数据格式进行显示。字段预定义格式如表 3.3 所示。

表 3.3　字段预定义格式

字段数据类型	预定义格式	说　明
数字型	常规数字	按照用户的输入显示。"小数位数"属性无效
	货币	显示货币符号,使用分节符,"小数位数"属性有效
	欧元	显示欧元货币符号,"小数位数"属性有效
	固定	显示数值不使用分节符,"小数位数"属性有效
	标准	显示数值使用分节符,"小数位数"属性有效
	百分比	数值使用百分数显示,"小数位数"属性有效
	科学记数	数值用科学计数法显示,"小数位数"属性有效
货币型	常规数字	按用户输入显示,如小数位数超过 4 位,只保留 4 位,第 5 位四舍五入,"小数位数"属性无效
	货币	显示货币符号,使用分节符,"小数位数"属性有效
	欧元	显示欧元货币符号,"小数位数"属性有效
	固定	不显示货币符号,显示数值不使用分节符,"小数位数"属性有效
	标准	不显示货币符号,显示数值使用分节符,"小数位数"属性有效
	百分比	不显示货币符号,数值使用百分数显示,"小数位数"属性有效
	科学记数	不显示货币符号,用科学计数法显示,"小数位数"属性有效
日期/时间型	常规日期	显示：2016/4/12 11:02:20(显示日期、时间)
	长日期	显示：2016 年 4 月 12 日(显示日期)
	中日期	显示：16-04-12(显示日期)
	短日期	显示：2016-04-12(显示日期)
	长时间	显示：11:02:20(显示时间,24 小时制,显示秒)
	中时间	显示：11:02 上午(显示时间,12 小时制,不显示秒)
	短时间	显示：11:02(显示时间,24 小时制,不显示秒)
是/否型	是/否	"是"表示真值,显示 Yes；"否"表示假值,显示 No
	真/假	"真"表示真值,显示 True；"假"表示假值,显示 False
	开/关	"开"表示真值,显示 On；"关"表示假值,显示 Off

注意：假设日期/时间型数据的值为 2016-04-12 11:02:20。

在是/否型数据的显示格式中,系统默认的数据表视图下显示的均为复选框,选中表示真,未选中表示假。是/否型字段在数据表视图下的显示方式也可改为文本框方式,显示逻辑值。具体的操作如图 3.14 所示。对于逻辑型数据,如果字段"显示控件"是"文本框"方式时,不管显示格式是什么,在数据输入时逻辑真输入-1(其实,只要输入一个非 0 的数即可),逻辑假输入 0。若"显示控件"是"复选框"方式时,选中则表示逻辑真,不选中则表示逻辑假。

除了预定义格式外,系统不允许对文本型、数值型和日期型等字段类型进行格式设

是/否型字段，以文本形式显示

切换到表设计视图，在下方的"字段属性"栏选择"查阅"命令，切换到"查阅"选项卡

单击"显示控件"右侧的下拉按钮，在列表中选择"文本框"

切换回表视图，数据显示变成复选框模式

图 3.14 是/否型字段的显示格式设置

置，通常称作自定义格式。

对于文本型字段，系统没有给出预定义的格式，允许用户自定义格式。在自定义时可使用的格式符号如下。

（1）@：占位符，表示一个字符位，如果字段值的字符数少于占位符的个数，按占位符宽度居中显示。

（2）&：若有字符则显示字符；若无字符则不显示。

（3）＞：将字段中的英文字符显示为大写字符。

（4）＜：将字段中的英文字符显示为小写字符。

自定义格式的格式符比较丰富，这里不再一一赘述，有兴趣的读者可以通过查找帮助进行了解。

3. 字段标题

标题是字段的显示名称，在数据表视图中，它是字段列标题处显示的内容，在窗体、报表中，是字段标签显示的内容。如果在字段属性中未设置标题，则字段标题即为字段名称；否则，则显示所设置的标题。

注意：通常，数据表中的字段名是用于字段管理和访问的，如程序中调用或其他对象中调用等，因此，为了方便代码的书写，常常对字段名的命名采用英文缩略词或拼音标识等。但为了在数据表视图的列标题中能够清晰标明字段的内容，或在其他对象访问时能够在标签中显示字段内容，可以为字段设置标题。因此，字段标题不是字段名，它只是在数据表视图中列标题所显示的名称。如果一个字段设置了标题，在其他对象中要访问该字段时，仍然要使用字段的名称，而不能使用它的标题，否则会导致该字段不能被访问。

4. 输入掩码

为了减少数据输入时的错误，Access 还提供了"输入掩码"属性对输入的个数和字符进行控制。只有文本型、日期/时间型、数字型和货币型字段有"输入掩码"属性。字段的"输入掩码"属性可以通过"输入掩码向导"来进行设置。

掩码分为三部分，具体如下。

（1）第一部分是必需的，它包括掩码字符或字符串（字符系列）和字面数据（例如，括号、句点和连字符）。

（2）第二部分是可选的，是指嵌入式掩码字符和它们在字段中的存储方式。如果第二部分设置为 0，则这些字符与数据存储在一起；如果设置为 1，则仅显示而不存储这些字符。将第二部分设置为 1，可以节省数据库存储空间。

（3）第三部分也是可选的，指明作为占位符的单个字符或空格。默认情况下，Access 使用下划线"_"。如果希望使用其他字符，在掩码的第三部分中输入。

下面是中国各地区电话号码的输入掩码：（99）0000-0000;0;-:。

该输入掩码使用了两个占位符，字符 9 和 0。9 表示可选位（选择性地输入区号），而 0 表示强制位；输入掩码的第二部分中的 0 表示掩码字符将与数据一起存储；输入掩码的第三部分指定连字符"-"而不是下划线"_"将作为占位符字符。

掩码字符及功能说明如表 3.4 所示。

表 3.4　掩码字符及功能说明

掩 码 字 符	功 能 说 明
0	必须输入一个数字（0～9）
9	可以输入一个数字（0～9）
♯	可以输入 0～9 的数字、空格、加号、减号。如果跳过，会输入一个空格
L	必须输入一个字母
?	可以输入一个字母
A	必须输入一个字母或数字
a	可以输入一个字母或数字
&	必须输入一个字符或空格
C	可以输入字符或空格
<	将"<"符号右侧的所有字母转换为小写字母显示并保存
>	将">"符号右侧的所有字母转换为大写字母显示并保存
密码（PASSWORD）	输入字符时不显示输入的字符，显示"*"，但输入的字符会保存在表中
\	逐字显示紧随其后的字符
" "	逐字显示括在双引号中的字符
. , : -	小数分隔符、千位分隔符、日期分隔符和时间分隔符。这些符号原样显示

注意：

（1）掩码字符的大小写作用不相同。

（2）不要将"输入掩码"属性与"格式"属性相混淆。如出生日期字段，输入掩码设置为"0000-99-99；；＊"，将"格式"属性设置为"长日期"，在光标进入该字段时，单元格中显示的是 ＊＊＊＊-＊＊-＊＊，输入完毕数据（假如输入 20130912），光标离开后，单元格中显示"2013 年 9 月 12 日"。

（3）如果计划在日期/时间字段上使用日期选取器，则不应该为该字段设置输入掩码。

图 3.15 所示为出生日期的格式和输入掩码设置的操作过程。

在设计视图中选中"出生日期"字段，在属性栏单击"格式"右侧的下拉按钮，在列表中选择希望的日期格式

选择"长日期"格式，单击"输入掩码"右侧的文本框，右侧会显示一个"生成器"按钮，单击该按钮将打开"输入掩码向导"对话框

在向导中选择短日期格式，单击"下一步"按钮

设置输入掩码，这里用的是：0000-00-00，并设置占位符为#，设置完成后，单击"完成"按钮

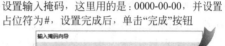

完成日期和输入掩码的设置，单击"视图"按钮切换到表视图

修改过表结构，切换视图时系统要求保存表，保存后即可切换到数据表视图。在表视图中可以看出，格式是用于显示的，而输入掩码则是用于控制输入格式的

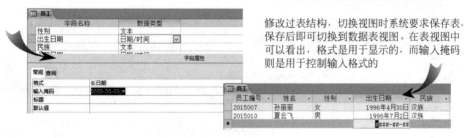

图 3.15 输入掩码和字段格式设置操作过程

5. 小数位数

只有数字型、货币型字段有"小数位数"。若"小数位数"属性设置为"自动"，默认保留两位小数。

对于数字型字段，当"格式"属性设置为"常规数字"时，"小数位数"属性无效。当"格

式"属性设置为其他预定义格式时，"小数位数"属性有效。单精度类型的数据，整数和小数部分的有效数字位数最多 7 位；双精度类型的数据，有效数字位数最多 15 位。

对于货币型字段，当"格式"属性设置为"常规数字"时，"小数位数"属性无效。当"格式"属性设置为其他预定义格式时，小数位数可设置 0～15 位，但当小数位数超过 4 位时，只保留 4 位有效数字，其余位显示为 0。

6. 默认值

字段的默认值即为在新增记录时尚未输入数据，就会出现在字段中的值。通常会是表中大多数记录都使用的值。如果不需要该值，可以修改。

注意：默认值的数据类型必须与字段类型一致，同时，如果设置了有效性规则，则默认值必须符合有效性规则的要求。

7. 输入法模式

输入法模式可以设置为随意、开启、关闭和其他特殊的输入法状态。当设置为"开启"时，数据输入切换到该字段时，系统会自动打开中文输入法。

8. 有效性规则和有效性文本

在输入数据时，为了防止输入错误，可进行"字段有效性规则"属性的设置。有效性规则使用 Access 表达式来描述，有效性文本是用来配合有效性规则使用的。在设置有效性文本后，当输入数据不符合有效性规则时，系统会显示有效性文本以示提示。

有效性规则通常由关系表达式或逻辑表达式构成。有效性规则的设置可以直接在该属性后面的文本框中输入表达式来表示字段值的有效范围，同时也可将插入光标置于"有效性规则"文本框中，在文本框的右侧将出现一个"生成器"按钮 ⋯ ，单击该按钮，在弹出的对话框中设置有效性规则即可。

例如，在"性别"字段的"有效性规则"属性中设置""男" Or "女""，在输入数据时，如果输入的数据不是男或女，则系统拒绝接收数据，光标不能移出该字段，并提示错误信息。具体操作如图 3.16 所示。

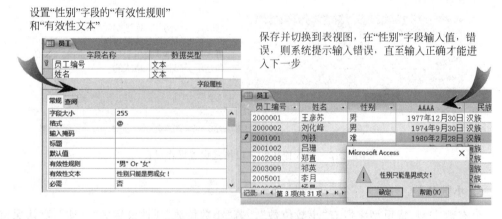

图 3.16　字段有效性规则设置过程

9. 必填字段

在数据表中,对于所设置的字段,如果要求某些字段的信息是必须获取的,则可将该字段的"必需"属性设置为"是",这样在输入数据时,系统要求必须输入字段的值,否则不能进入后面的操作。这样就保证了该字段的数据不会被漏填。

10. 索引

创建索引,可以提高记录的查找和排序的速度。用于对数据表中的数据按照字段的值排序记录,方便数据的查找。

字段的索引属性有三类:无、有(有重复)和有(无重复)。

11. Unicode 压缩

当"Unicode 压缩"属性值为"是"时,表示字段中数据可以存储和显示多种语言的文本,使用 Unicode 压缩,还可以自动压缩字段中的数据,使得数据库文件变小。

12. 智能标记

智能标记用于为记录利用 Outlook 添加联系、日期安排等。图 3.17 所示为给"姓名"字段添加"电话"智能标记的操作过程。

13. 日期选取器

对于日期/时间型字段,在"显示日期选取器"属性中选择为"日期",则在表视图下输入日期数据时,在文本框的右侧会出现一个日期小图标,单击即可打开日期控件,通过选择日期输入数据。

14. 文本对齐

本属性可用来设置输入的数据在表视图下的数据显示格式,文本对齐属性有常规、左、右、居中和分散。

3.4.3 修改表结构

在创建数据表时,由于各种原因,会有结构不合理的地方,在使用过程中,可对表的结构进行修改,增删字段等。

表结构的修改通常可以在数据表视图和表设计视图两种视图中完成。

1. 更改字段名

当数据表设置好后,如果希望修改字段名,可以在两种状态下实现。

1)数据表视图

在数据表视图下,将鼠标指针指向字段列标题位置双击,就可选中字段名,输入新的字段名保存即可。也可将鼠标指针指向要修改字段的列标题处,右击打开快捷菜单,在快捷菜单中选择"重命名字段"命令,选中列标题名即可进行修改。

注意: 在同一张表中不能出现两个相同的字段名。当字段名修改后,如果要撤销当前的修改,一定要在保存操作之前,一旦执行了保存操作,修改操作就不能被撤销。撤销操作可用 Ctrl+Z 组合键或单击快速访问工具栏上的"撤销"按钮 ↺ 实现。

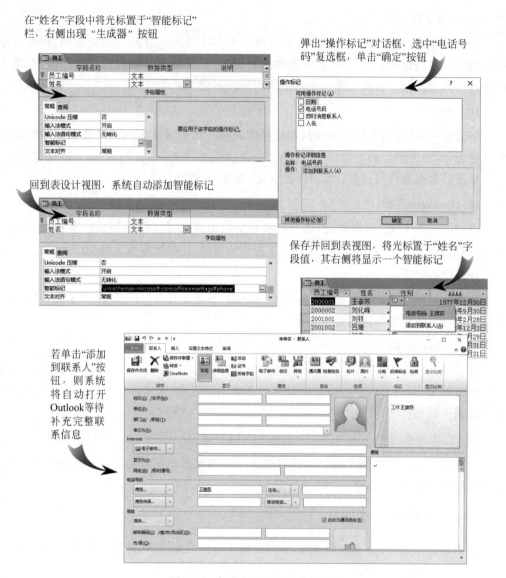

图 3.17 智能标记设置操作过程

2）表设计视图

在表设计视图下，将光标置于要修改的字段处，即可进行修改。修改后单击"保存"按钮将所做的修改保存在数据库中。

2. 增加或删除字段

在表设计视图或数据表视图下，均可增加或删除数据表字段。

1）增加字段

在表设计视图下，如果需要增加的字段是放在所有字段之后，则只要将光标置于最后字段的下一行，即可输入新字段。如果将要增加的字段放置在已有字段的中间，则单击要插入字段的位置，选择快捷菜单的"插入行"命令，或单击"工具"组的"插入行"按钮 ，在指定位置插入一个空行,即可输入新字段。

在表设计视图下,单击"单击以添加"按钮,选择数据类型为"在最后添加新字段";若要在某个字段前插入新字段,将光标置于该字段列,右击,在弹出的快捷菜单中选择"插入字段"命令,即在光标所在列的左侧插入一个新列,字段名为"字段1",字段数据类型为文本型。双击列标题,或在列标题上右击,选择"重命名列"命令,可修改字段名;如果需要修改数据类型,可切换到设计视图进行修改。

2)删除字段

在表设计视图下,要删除哪个字段,则单击该字段的行任意位置,使之成为当前行,选择快捷菜单的"删除行"命令或单击"工具"组的"删除行"按钮 ,将弹出对话框询问是否永久地删除所选定的字段和相应的数据,如果单击"是"按钮,则可删除指定的字段;如果单击"否"按钮,则放弃字段的删除操作。

在表视图下,将光标置于要删除的字段的字段名处,选择快捷菜单的"删除字段"命令,在弹出的对话框中根据提示选择是否要删除,单击"是"按钮即可删除。

3. 修改字段类型

表设计好后如果发现字段的类型不合适,可进行修改。字段类型的修改必须在表设计视图下实现。即在表设计视图下,将光标置于要修改类型的字段行的"数据类型"列表框中,单击下拉按钮,在打开的列表中选择正确的数据类型,保存数据表即可。

注意:在数据类型修改时,有可能会造成由于数据类型的变化而使表中的数据丢失。

3.4.4 输入数据

数据表设计好后,就需要往表里添加数据,数据的输入有两种方式:一种是在"数据表视图"状态下直接输入数据;另一种是批量导入数据。

1. 输入数据

在建立了数据表结构后,即可进行数据的输入操作。数据的输入操作是在数据表视图下进行的。数据的输入顺序是按行输入,即输入一条记录后再输入下一条记录。

打开数据表有两种方法:一种方法是在对象导航栏中双击要输入数据的表名,即在右侧的对象窗格中打开该表;另一种方法是在表名上右击,在弹出的快捷菜单中选择"打开"命令。

数据的输入是从第一个空记录的第一个字段开始分别输入相应的数据,每输入完一个字段值时,按 Enter 键或 Tab 键转到下一个字段,也可利用鼠标单击进入下一个字段。当一条记录的最后一个字段输入完毕后,按 Enter 键或 Tab 键转到下一条记录。

在输入数据时,当开始输入一条新记录后,在表的下方均会自动添加一条新的空记录,且记录选择器上会显示一个星号 ,表示该记录为一条新记录;当前准备输入的记录选择器则会呈黄色,此行为浅蓝色背景,表示此记录为当前记录;在输入数据时,该条记录左侧的记录选择器上会有一个笔形符号 ,表示该记录为正在输入或修改的记录。

　　对于是/否型字段，如果字段在数据表中显示的是复选框形式时，则需要单击复选框表示选中☑，即逻辑真（True），不选▦表示逻辑假（False）。

　　数据表中的 OLE 对象的数据输入需要通过插入对象的方式来实现。插入对象有两种方式："新建"和"由文件创建"。如果选择"新建"方式，则右侧的"对象类型"列表框中列有 Access 允许插入的所有对象类型的应用程序列表，选中应用程序，单击"确定"按钮，即可新建相关对象。若选择"由文件创建"方式，则需要单击"浏览"按钮，打开"浏览"对话框，在对话框中定位需要插入的 OLE 对象文件，具体的操作过程如图 3.18 所示。

　　注意：在数据表中插入 OLE 对象，如果该对象是新建的，则新建的对象一定是嵌入在数据表中的，如果对象是由已存在的文件创建的，则该文件可以嵌入数据库中，也可采用链接的方式，对象文件仍然保存在原来的位置，而数据库中只保存该文件的访问路径。此方式的优点是如果要插入的对象文件太多太大时，嵌入方式会使数据库文件变得很大，而链接就不会有太大的影响，但如果对象文件是链接的方式，则必须保证对象文件的位置不变，否则再打开数据表时会造成数据的错误，相关对象访问不到。

表视图下，在OLE字段单元格中右击，在弹出的
快捷菜单中选择"插入对象"命令

选择"由文件创建"，单击"浏览"按钮，打开"浏
览"对话框，找到存放图片的文件夹

找到要插入的图片，单击该图片，再单击
"确定"按钮，或双击要插入的图片

回到"插入对象"对话框，
单击"确定"按钮

图片文件被插入数据表中

图 3.18　"插入对象"操作过程

2. 修改数据

数据表中数据的修改必须在数据表视图下完成。

1）增加记录

新记录只能在原有记录的尾部添加。将鼠标移至记录的新记录行，或在任意记录的行选择按钮上右击，在弹出的快捷菜单中选择"新记录"命令，插入光标自动转到新记录的第一个字段处，即可开始新记录的输入。

注意：在增加记录时，如果表中存在关键字段，则关键字段不能为空或出现重复值，否则系统不允许增加新记录。如果发生此种情况，则必须仔细查看相关的数据，以保证关键字段的值符合要求。另外，如果在关系中创建参照完整性，则主表和子表的数据的输入与删除均会受到参照完整性的约束，输入的数据符合参照完整性规则的要求。

2）删除记录

选定要删除的一条或多条记录，在选中区域上右击，在弹出的快捷菜单中选择"删除记录"命令，屏幕出现提示信息要求确认删除操作时，单击"确定"按钮，即可删除选中的记录，单击"取消"按钮，则取消删除操作。

3）修改单元格中的数据

要修改某个单元格中的数据，将鼠标指针指向该单元格边框，鼠标指针为空心十字形状时，单击选中该单元格，输入新的数据，则原有数据被新数据覆盖。

如要修改单元格中数据的部分内容，将鼠标指针指向要修改内容的单元格，鼠标指针显示为空心箭头时，单击单元格，将光标置于要修改的位置，即可开始进行内容的修改。

注意：当状态栏右侧显示 OVR 时，表示当前状态为"改写"状态，插入光标显示为一个小黑块，此时输入内容时会自动覆盖原单元格中的内容；按 Insert 键，则 OVR 消失，当前状态为插入状态，插入光标显示为竖线，此时输入的内容将插入光标位置。

当修改数据后，如果要撤销所做的修改，可有以下几种情况。

（1）如果修改数据后插入光标尚未移到其他单元格，则按 Esc 键或单击快速访问工具栏的"撤销"按钮 ，可撤销对当前单元格的修改。

（2）若对当前记录的字段值（一个或多个）修改后，光标已经移到同一记录的其他字段，但尚未修改，也可选择"撤销"命令来撤销修改操作。如果修改了多个字段的值，可通过多次撤销操作来取消修改。

（3）若对当前记录修改后已经保存了数据表，但尚未对其他记录进行修改，也可利用撤销操作来取消修改。但如果又对其他记录进行了修改或编辑，则前一条记录的修改就不能被撤销。

3. 获取外部数据

Access 在输入数据时，可以从其他已存在的数据文件中获取数据，操作方式与利用外部数据创建数据表的方式是相同的，只是在"选择数据源和目标"时，选择"向表中追加一份记录的副本"选项，并选中目标表，即可完成数据的导入操作。

3.5　建立联系

通常，一个数据库系统中含有多个表，用于存放不同主题的数据，各个数据表之间存在一定的联系。为了将不同数据表中的相关的数据组合在一起，必须建立表间的联系，使数据库中的各数据表通过联系建立联接，使数据库中的数据能够有机地组合在一起，以供使用。

3.5.1　创建索引与主键

建立表间联系，首先需要对表间有联系的字段建立索引和主键。

1. 索引

索引是按索引字段或索引字段集的值使表中的记录有序排列的方法。索引有助于快速查找记录和排序记录。

Access 在数据表中要查找某个数据时，先在索引中找到该数据的位置，即可在数据表中访问到相应的记录。Access 可建立单字段索引或多字段索引。多字段索引能够区分开第一个字段值相同的记录。

在数据表中通常对经常要搜索的字段、要排序的字段或要在查询中联接到其他表中的字段（外键）建立索引。

注意：索引可以提高数据查询的速度，但当数据表中记录更新时，由于已建立索引的字段的索引需要更新，所以索引会降低数据更新的速度。

对于 Access 数据表中的字段，如符合下列所有条件，可以考虑建立索引。①字段的数据类型为文本型、数字型、货币型或日期/时间型；②常用于查询的字段；③常用于排序的字段。

注意：数据表中 OLE 对象类型字段不能创建索引。多字段索引最多允许有 10 个字段。

(1) 单字段索引。字段属性列表中有一个"索引"属性，设置为"有（有重复）"和"有（无重复）"，则该字段就设置了索引。"有（有重复）"即为该字段的值将进行索引，允许在同一个表中有重复值出现；"有（无重复）"即为该字段的值将进行索引，不允许在同一个表中出现两个或两个以上的记录的值相同，通常是主键或候选关键字才会设置该索引方式。

(2) 多字段索引。如果经常需要同时搜索或排序两个或更多个字段，可以为该字段组合创建索引。在使用多字段索引排序表时，Access 将首先使用定义在索引中的第一个字段进行排序。如果在第一个字段中出现有重复值的记录，则会用索引中定义的第二个字段进行排序，以此类推。

多字段索引的操作方式是在表设计视图中，单击"设计"选项卡的"显示/隐藏"组的"索引"按钮 ，打开"索引"对话框，如图 3.19 所示。在"索引"对话框中既可设置多字段的索引，也可设置单字段索引。在对话框中可对索引的"排序次序"进行设置，选择"升序"

和"降序"两种方式。

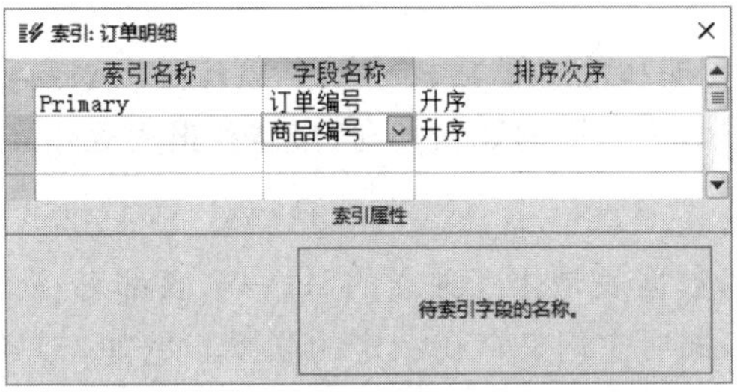

图 3.19　"索引：订单明细"对话框

注意：在表设计视图下，通过字段属性设置单字段索引时，不能对索引的次序进行设置，只能是默认的"升序"。

2. 主键

在数据表中能够唯一确定每条记录的一个字段或字段集被称为表的主键。主键可以保证关系的实体完整性。一个数据表中只能有一个主键。Access 中可以定义三种主键。

1）"自动编号"主键

每当向表中添加一条记录时，可将"自动编号"字段设置为自动输入连续数字的编号。如果在保存新建的表之前未设置主键，则 Access 会询问是否要创建主键。如果回答为"是"，将创建"自动编号"主键。

2）"单字段"主键

如果字段中包含的都是唯一的值，例如，学号或部件号码，则可以将该字段指定为主键。只要某字段包含数据，且不包含重复值或 NULL 值，就可以将该字段指定为主键。

"单字段"主键的设置可在表设计视图下，将要设置为主键的字段选中，单击"设计"选项卡"工具"组的"主键"按钮 ，字段选择器上出现标识 ，则该字段被设置为主键。

3）"多字段"主键

在不能保证任何单字段包含唯一值时，可以将两个或更多字段的组合指定为主键。在"多字段"主键中，字段的顺序非常重要。"多字段"主键中字段的次序按照它们在表设计视图中的顺序排列。如果需要改变顺序，可以在"索引"对话框中更改主键字段的顺序。

"多字段"主键的设置可在"索引"对话框中进行设置，也可在表设计视图中，选中要成为主键的所有字段，再单击工具栏中的"主键"按钮，选中字段的字段选择器上出现 标识时，则"多字段"主键设置完成。

多字段选择的方式：连续的字段，可单击第一个字段选择器，按住 Shift 键再单击最后一个字段的记录选择器，则连续的多字段变黑，表示被选中；如果要选择不连续的多个字段，可先选中第一个字段，按住 Ctrl 键再单击各个要选中字段的字段选择器，要选中字段均会加亮显示。

3.5.2　建立表之间的联系

在 Access 中，要想管理和使用好表中的数据，就应建立表与表之间的联系，这样才能将不同的数据表关联起来，为后面的数据查询、窗体和报表等建立数据基础。

1. 数据表间的联系

在 Access 中创建的数据表是相互独立的，每一个表都有一个主题，是针对对象的不同特点和主题而设计的，同时它们又存在一定的联系。例如，吉祥商贸数据库中，在不同的表中有相同的字段名存在。如"员工"表中有"员工编号"字段，在"工资"表中也存在"员工编号"字段，通过这个字段，可以将"员工"表与"工资"表联系起来，从而找到需要的相关数据。

在 Access 中，表与表之间的联系主要有两种：一对一和一对多。如果在两个表中建立联系的字段均不是主键时，此时创建的联系类型将显示为未定。

在实际使用时，常将多对多的表拆分成两个或多个一对多的联系，以方便数据的查询和使用。

2. 建立表之间的联系

联系是参照两个表之间的公共字段建立起来的。在"关系"面板中创建的联系是永久联系。通常情况下，如果一个表的主关键字与另一个表的外键之间建立联系，就构成了这两个表之间的一对多的联系。如果建立联系的两个表的公共字段均为两个表的主关键字段时，则这两个表之间的联系为一对一的联系。在建立表之间的联系时，存在主表与相关表两种情况。一对多联系通常是一端为主，多端为相关表，如"员工"和"订单"建立一对多联系，"员工"为主表，"订单"为相关表；一对多联系通常会以主体表作为主表，派生表为辅助表，如"员工"表和"工资"表，这两个表的主关键字均为"员工编号"，建立一对多的联系，应以"员工"为主表，"工资"为相关表。

建立数据表之间的联系是在数据库的"关系"窗口中实现的。具体操作步骤如下。

（1）建立主关键字，对要建立联系的数据表建立主关键字。

（2）将要建立联系的数据表添加到"关系"窗口中，即通过"数据库工具"选项卡的"关系"组的"关系"按钮，打开"关系"窗口。如果数据库中尚未定义过关系，则会自动弹出"显示表"对话框，在"表"选项卡中会显示本数据库中存在的所有数据表，将需要建立联系的数据表选中，单击"添加"按钮则将其添加到"关系"窗口中；也可在"显示表"对话框中双击要添加的数据表，即可将该表添加到"关系"窗口中。

如果数据库中曾经打开过"关系"窗口进行联系设置，则系统不会自动弹出"显示表"对话框，此时，在"关系"窗口中右击，在弹出的快捷菜单中选择"显示表"命令，也可打开"显示表"对话框。如果不小心将一个表多次添加到"关系"窗口，则该表会在窗口中多次显示，同时在表名后自动产生序号1、2、…。要删除多选的表，可在窗口中单击选中该表，按 Delete 键即可删除。

（3）创建联系。将鼠标指针置于主表的联系字段，按住鼠标左键，将该字段拖到相关表的对应字段上，松开鼠标左键，将弹出"编辑联系"对话框，在对话框中将显示建立联系的两个表的联系字段,同时在下方显示这两个表的联系类型,如果正确无误,则单击"创建"按钮,"关系"窗口中两个表之间将出现一条连线。

注意:在建立联系时,一定要从主表的关键字段拖到相关表的对应字段。即创建联系时,要求从主表拖动联系字段到相关表。

具体操作过程如图3.20所示。

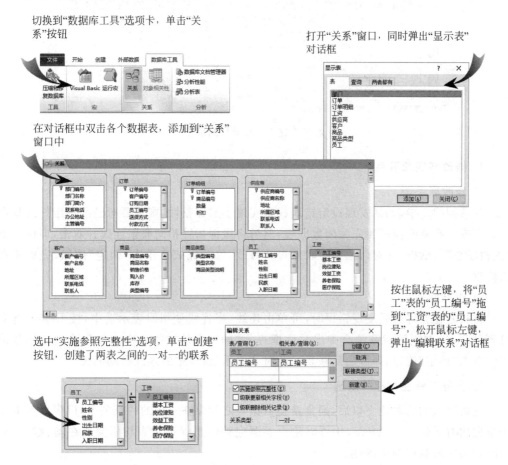

图3.20 创建联系操作过程

关系创建完成后,需要保存并关闭"关系"窗口,此时已经建立好的联系会保存在数据库中。

当两个表建立了联系后,打开"数据表"窗口,在每条记录的"记录选定器"右侧都可以看到 ➕ 符号,单击 ➕ 符号会变成 ➖ 符号,同时展开子数据表,子数据表中显示的是与当前表的当前记录相匹配的记录。"员工"与"工资"是一对一的联系,"员工"与"订单"是一对多的联系,因此,可以看到记录之间的匹配,如图3.21所示。

单击 ➖ 符号,子数据表被关闭。如果选中多条记录,单击 ➕ 符号,则显示所有选定记录的子数据表。

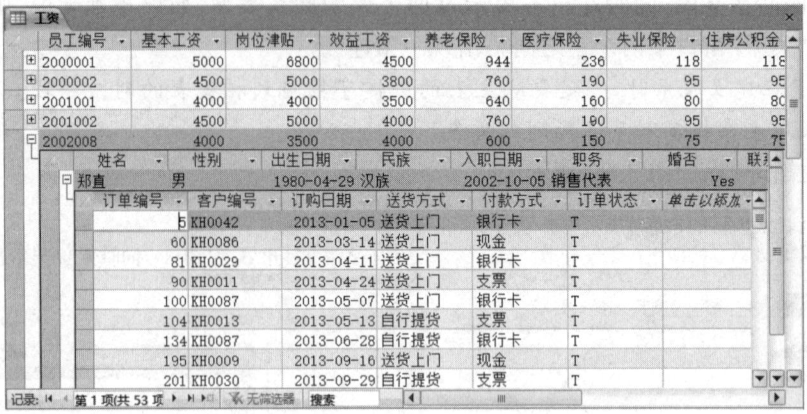

工资

员工编号	基本工资	岗位津贴	效益工资	养老保险	医疗保险	失业保险	住房公积金
2000001	5000	6800	4500	944	236	118	118
2000002	4500	5000	3800	760	190	95	95
2001001	4000	4000	3500	640	160	80	80
2001002	4500	5000	4000	760	190	95	95
2002008	4000	3500	4000	600	150	75	75

姓名	性别	出生日期	民族	入职日期	职务	婚否	联系
郑直	男	1980-04-29	汉族	2002-10-05	销售代表	Yes	

订单编号	客户编号	订购日期	送货方式	付款方式	订单状态	单击以添加
5	KH0042	2013-01-05	送货上门	银行卡	T	
60	KH0086	2013-03-14	送货上门	现金	T	
81	KH0029	2013-04-11	送货上门	银行卡	T	
90	KH0011	2013-04-24	送货上门	支票	T	
100	KH0087	2013-05-07	送货上门	银行卡	T	
104	KH0013	2013-05-13	自行提货	支票	T	
134	KH0087	2013-06-28	自行提货	银行卡	T	
195	KH0009	2013-09-16	送货上门	现金	T	
201	KH0030	2013-09-29	自行提货	支票	T	

记录: 第 1 项(共 53 项 无筛选器 搜索

图 3.21 建立了联系后的数据表

3. 修改与删除联系

1）修改联系

联系创建完毕，如果发现设定错误或未实施参照完整性，则需要对已经设定好的联系进行修改。在修改前需要先关闭数据表，然后将鼠标指针指向联系连线并双击，即可弹出“编辑联系”对话框，在对话框中对联系进行修改，修改完成后单击“确定”按钮，完成联系的修改。

2）删除联系

当联系建立好以后发现错误时，可单击连线，当连线变粗时表示选中，按 Delete 键即可删除联系，在删除时系统会弹出对话框提示“确实要从数据库中永久删除选定的联系吗?”单击“确定”按钮，即可删除联系。此时，“关系”窗口中的连线自动消失。

4. 参照完整性与相关规则

在数据表的联系建立以后，通常希望数据表之间存在一定的约束关系，以保证数据库中数据的有效性。在 Access 中可以建立参照完整性来保证主表与相关表在增、删、改记录时相关字段数据的正确性。

数据表之间的约束性规则包括以下三种情况。

（1）建立联系后未实施参照完整性。在主表中增加、删除、修改关联字段的值时不受限制；同样，相关表中进行相同的操作时也不受影响。

（2）建立参照完整性但未实施级联更新和级联删除规则。在主表中增加记录不受限制；修改记录时，若该记录在表中有匹配记录，则不允许修改；删除记录时，若该记录在表中有匹配记录，则不允许删除。

在相关表中，增加或修改记录时，关联字段的值必须在主表中存在；删除记录时不受影响。

（3）建立参照完整性并实施了级联更新和级联删除规则。在主表中增加记录不受限制；修改记录时，若该记录在相关表中有匹配记录，若修改关联字段的值，则匹配记录的关联字段的值自动修改；删除记录时，若该记录在相关表中有匹配记录，则匹配记录同时被删除。

在相关表中,增加或修改记录时,关联字段的值必须在主表中存在;删除记录时不受影响。

实施参照完整性的设置方法是在"编辑联系"对话框中,选中"实施参照完整性"复选框,需要实施相关规则,则可选中相应的规则,不需要实施规则,即可单击"创建"按钮即可创建关系。当表与表之间创建了联系并实施了参照完整性后,则数据表之间的连线的两头会显示联系的方式,1 表示一方,∞表示多方。如果未实施参照完整性,则连线的两头不会有 1 或∞出现,如图 3.22 所示。

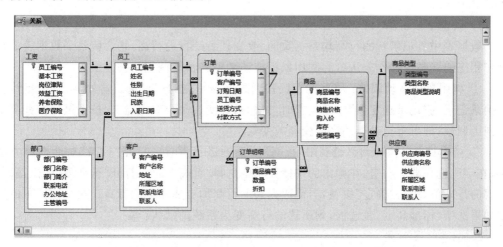

图 3.22 吉祥商贸数据库关系图

注意:在创建联系时,如果连接的两个表的关联字段均不是主关键字或唯一索引,则在"编辑联系"对话框中显示的联系类型是"未定",这种情况下是不能实施参照完整性的;当相关表中的关联字段的值在主表中找不到对应的记录与之相匹配时,参照完整性也不能实现。此时,必须查看是数据错误还是主表与相关表弄反了。

3.6 操作数据表

数据表建立后,可以根据需要对数据表进行外观调整,并对数据表中的数据进行排序、筛选等。

3.6.1 调整表的外观

调整表的外观是为了使表更清楚、美观,便于查看。调整表的外观可改变字段的次序、调整字段的显示宽度和高度、改变数据的字体、调整网格线和背景颜色、隐藏和冻结列等。

1. 改变字段次序

在默认情况下,数据表视图中字段的显示顺序与表结构的顺序相同,如果需要,可以将数据表视图的字段显示顺序进行调整。操作方法如下:在数据表视图下,将鼠标指针指向列标题处，当鼠标指针变成实心的黑色向下箭头时，单击列标题，该列字段被选中，将鼠标指针指向列标题处，按住鼠标左键拖动到目标位置，松开鼠标，则该字段被移动到目标位置处。

注意：此拖动方法仅改变的是数据表的显示顺序，表的结构没有发生变化。

2. 调整字段显示宽度和高度

在数据表视图下，有时会因为字段的数据过长而被切断，不能在单元格中完全显示，有时因为字体过大而不能在一行中显示完全，此时均可以通过调整列宽和行高来使数据正常显示。

1）调整字段行高

数据表中各记录行的行高均是一致的，改变任意一行的行高，均会使整个数据表的行高作相应的调整。操作方法分为利用鼠标拖动调整和精确调整两种方法。

① 利用鼠标拖动调整：将鼠标指针移到数据表左侧的记录选定器处，将鼠标指针移到两条记录的"记录选定器"中间位置时，鼠标指针变成一个双向箭头，按下鼠标指针向下或向上调整，即可将记录行的高度变高或变低。

② 精确调整：精确调整是利用"行高"对话框进行设置。打开"行高"对话框的方法是，在字段选择器上右击，在弹出的快捷菜单中选择"行高"命令，打开"行高"对话框，输入需要的行高值，单击"确定"按钮，当前数据表的行高均变成相应的行高。在"行高"对话框中如果选中"标准高度"复选框，则所选的行高变为系统的默认行高。

2）调整字段列宽

与行高不同，字段列宽的改变只影响当前字段的宽度，对表中其他字段的宽度没有影响。操作方法也有两种，利用鼠标拖动和精确设置。

① 利用鼠标拖动：将鼠标指针移到要改变列宽的两列字段名中间，当鼠标指针变成一个双向箭头时，按住鼠标左键拖动列中间的分隔线，向左，则减小左侧字段的列宽；向右，则加大左侧字段的列宽。

② 精确设置：调整方式与调整行高的方式类似。选定要设定列宽的数据表，在选中区域上右击，在弹出的快捷菜单中选择"字段宽度"命令，在打开的"列宽"对话框中进行相应的设置。如果选择"最佳匹配"，则选定的各列的列宽度正好能容纳所有的数据。

注意：如果设置"字段列宽"的宽度为0，将会隐藏该列字段。改变字段的列宽仅仅会影响该字段在数据表视图下的显示宽度，对表的结构没有任何影响。

3. 隐藏或显示字段

在数据表视图下，可以根据需要将部分字段的数据暂时隐藏起来，在需要的时候再进行显示。操作方法是：选定要隐藏的数据列，在选中区域右击，在弹出的快捷菜单中选择"隐藏字段"命令，选中的字段列将被隐藏起来。

取消字段的隐藏的操作方法是利用快捷菜单的"取消隐藏字段"命令来实现的。如果数据表中有多个列被隐藏，可在打开的对话框中选中要撤销隐藏的列字段，单击"关闭"按钮，即可将选中的字段重新显示。

4. 冻结列

在使用较大的数据表时,有时整个数据表不能完全在屏幕上显示出来,需要拖动滚动条将未显示的数据显示出来,在拖动滚动条时,一些关键字段的值也无法显示,影响了数据的查看。

Access 允许将部分字段采用冻结的方式永远显示在数据表窗口中,不会因为滚动条的拖动而隐藏。操作方法是:通过列选择器选中要保留在窗口中的重要字段,在选中区域右击,在弹出的快捷菜单中选择"冻结字段"命令,选中的列字段会出现在数据表的最左边,拖动滚动条,则可以发现冻结的列一直保持在数据表的最左侧,不会被隐藏。

如果要取消冻结,可利用快捷菜单的"取消冻结所有字段"命令。

字段的隐藏、冻结等操作也可通过"开始"选项卡的"记录"组的"其他"功能列表来完成。

注意:在数据表中对字段进行冻结,不会改变表的结构。

5. 设置数据表外观

在数据表视图中,一般在水平和垂直方向显示网格线。网格线、背景色和替换背景色均采用系统默认的颜色。如果需要,可以改变单元格的显示效果,也可以选择网格线的显示方式和颜色,还可改变表格的背景颜色。

设置数据表格式,可通过单击"开始"选项卡的"文本格式"组中的"网格线"按钮,在弹出的下拉列表中选择不同的网格线;单击"文本格式"组的"启动"按钮,打开"设置数据表格式"对话框,可对表格效果进行设置。具体操作过程如图 3.23 所示。

6. 数据表默认外观设置

在数据表视图下,数据表的单元格均是以网格的方式进行表示的,表格的显示方式、色彩和字体等,均可以进行更改。操作方法是:选择"文件"→"选项"命令,在打开的"Access 选项"对话框的"数据表"选项卡下可以进行修改,如图 3.24 所示。在对话框中可以对表格网格线显示方式、单元格效果、列宽和字体等进行设置。

3.6.2 数据的查找与替换

Access 可以帮助用户在整个数据表中或某个字段中查找数据,并可将找到的数据替换为指定的内容或数据,也可将找到的数据删除。数据的查找与替换操作是在数据表视图下进行的。

打开要进行数据查找的数据表视图,将指针置于要查找的数据所在的字段列,单击"开始"选项卡"查找"组的"查找"按钮 ,打开"查找和替换"对话框,对话框有两个选项卡:"查找"和"替换",如图 3.25 所示。

1. "查找"选项卡

在"查找"选项卡中,在"查找内容"文本框中输入要查找的值。在"查找内容"文本框中输入的数据,可以使用通配符。通配符使用如表 3.5 所示。

表格样式如下，为交叉网格线

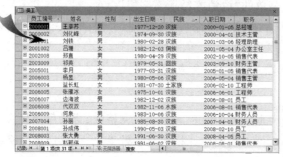

单击"文本格式"工具栏的"网格线"下拉按钮，打开"网格线"工具面板

选择"网格线：横向"，将表格的框线更改为横向线

单击"文本格式"工具栏的启动按钮，打开"设置数据表格式"对话框

设置单元格格式为"凸起"，调整替代背景色

单击"确定"按钮或按Enter键，将表格格式设置为凸起效果

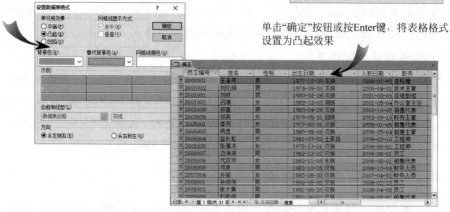

图 3.23　设置表格格式操作过程

表 3.5　通配符及其功能

通配符	功 能	示 例
*	匹配任意字符串，可以是 0 个或任意多个字符	hi *，可以找到 hit、hi 和 hill
#	匹配一个数字符号	20＃8，可以找到 2008、2018，找不到 20A8
?	匹配任何一个字符	w? ll，可以找到 wall、well，找不到 weell、wll
[]	匹配括号内任何一个字符	t[ae]ll，可以找到 tell 和 tall，找不到 tbll

续表

通配符	功 能	示 例
!	匹配任何不在括号内的字符	f[! bc]ll,可以找到 fall 和 fell,找不到 fbll 和 fcll
-	匹配指定范围内的任何一个字符,必须以递增排序来指定区域(A~Z)	b[a-e]d,可以找到 bad 和 bed,找不到 bud

图 3.24　数据表外观设置选项卡

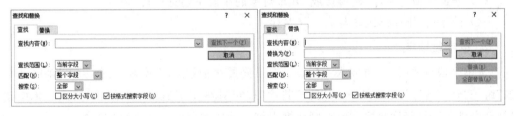

图 3.25　"查找和替换"对话框

　　"查找范围"列表框中显示的是当前字段名,如果查找范围要扩大到整个数据表,可单击下三角按钮在列表中设置;"匹配"列表框中系统默认的选项是"整个字段",如果要查找的数据是字段中的一部分,可在列表中进行选择,可供选择的项有"整个字段""字段任何部分"和"字段开头";"搜索"列表框设置的是搜索的方向和范围,有"向上""向下"和"全部"。

　　在查找英文字母时需要区分大小写,要选中"区分大小写"复选框,否则不区分大小写。若选中"按格式搜索字段"复选框,则查找数据时会按照数据在单元格中的显示格式来查找,对于设置了显示格式的字段,查找时需要注意。例如,要在"学生基本信息表"中查找"出生日期"字段,而该字段格式为"长日期",要查找 1980 年 5 月 6 日出生的员工,在

“查找内容”文本框中必须输入“1980 年 5 月 6 日”才能找到。如果不选中“按格式搜索字段”复选框，则在“查找内容”文本框中输入“80-5-6”就可找到。

2. “替换”选项卡

“替换”选项卡的设置与“查找”选项卡相似，只是增加了“替换为”文本框，在此文本框中输入要替换的数据，则查找到后单击“替换”按钮即可完成替换，如果要删除找到的数据，在“替换为”文本框中不输入任何数据，单击“替换”按钮，即可删除找到的数据。

若找到的数据不需要替换，单击“查找下一个”按钮即可放弃替换；如果要将所有满足条件的数据都替换，可单击“全部替换”按钮，不需要逐一查找替换。

3.6.3 记录排序

数据表使用时，可能希望表中的记录按照一个字段、多个字段或表达式的值进行排序。排序可以按升序或降序排列。

1. 排序规则

（1）西文字符按 ASCII 码值顺序排序，英文字符不区分大小写。

（2）中文按拼音字母的顺序排序。

（3）数值按数字的大小排序。

（4）日期和时间字段按日期的先后顺序排序，日期在前的小，日期在后的大。

排序时要注意的问题如下。

（1）对文本型字段，如果值中有数字符号，排序时将视为字符，将按 ASCII 码值进行排序。

（2）按升序排列字段时，如果字段的值为空值，则空值的记录排列到数据表的最前面。

（3）数据类型为备注、超链接或 OLE 对象的字段不能进行排序。

（4）排序后，排序的次序与表一起保存。

2. 单字段排序

按单字段排序时，可将插入光标置于要排序的字段，单击“开始”选项卡→“排序和筛选”组→“升序排序”按钮 升序 或“降序排序”按钮 降序；或右击，在弹出的快捷菜单中选择“升序排序”或“降序排序”命令，则数据表就会按照相应的方式进行排序。

如果希望按其他的字段排序，可将要排序字段设置为当前字段，单击相应的排序按钮即可。

如果要取消排序，可单击“取消排序”按钮，数据将恢复到原始的状态。

3. 多字段排序

在 Access 中，不仅可以按一个字段进行排序，也可以按多个字段排序。按多个字段排序时，首先根据第一个字段进行排序，当第一个字段的值相同时，再按第二个字段进行排序，依次类推。

进行多个字段的排序，可单击“升序”和“降序”按钮依次进行，也可采用“高级筛选/排序"命令。

1）数据表视图

在数据表视图状态下，选定要排序的多个字段，单击"升序"按钮或"降序"按钮或利用排序命令，数据表即可按照指定的顺序进行排序。

注意：在多字段排序时，排序的顺序是有先后的。Access 先对最左边的字段进行排序，然后依次从左到右进行排序，保存数据表时排序方案也同时保存。

使用数据表视图进行多字段排序时，操作虽然简单，但有一个缺点，即所有的字段只能按照同一种次序进行排序，而且要排序的多个字段必须是相邻的。

2）"高级筛选/排序"窗口

单击"排序和筛选"功能组的"高级"按钮，在打开的下拉列表中选择"高级筛选/排序"命令，打开"筛选"对话框，在对话框中可以进行排序条件的设置。图 3.26 所示实现的是先按"性别"降序排序，然后按"出生月份"升序排序的操作方法。

对员工数据表进行排序

在"排序和筛选"工具栏中单击"高级筛选"的下拉按钮，在下拉菜单中选中"高级筛选/排序"

设置"性别"字段为"升序"，出生月份即用表达式month(出生日期)表示，依然为升序

在"排序和筛选"工具栏中单击"应用筛选"按钮

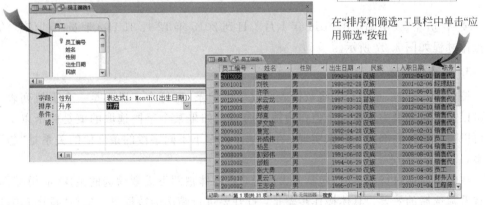

图 3.26 多字段排序的操作过程

如果要取消排序，则单击"取消排序"按钮，数据恢复到原始的状态。

3.6.4 记录筛选

当数据表中存在大量记录时，如果希望只显示部分符合条件的记录，而将不符合条件

的记录隐藏起来时，则采用筛选方法来实现。Access 提供的筛选方法有按选定内容筛选、内容排除筛选、按窗体筛选、筛选目标筛选和高级筛选几种方法。

经过筛选后的数据表，只显示满足条件的记录，不满足条件的记录将被隐藏起来。

1. 按选定内容筛选

在数据表中，如果需要筛选出某特定条件的记录，可按选定的内容进行筛选。例如，在学生基本信息表中要将所有的男同学筛选出来，将女同学的记录隐藏起来的操作如下：打开 student 数据表，在数据表视图下，选中"性别"字段中的"男"，单击"排序和筛选"组的"选择"按钮 ![选择]，在打开的下拉列表中选择"等于男"，则所有性别不为"男"的记录被隐藏起来。

在使用按内容筛选时，有四个选项：等于选定的内容、不等于选定的内容、包含选定的内容和不包含选定的内容。

如果要取消当前的筛选状态，将所有记录都显示出来，可单击工具栏中的"切换筛选"按钮。

2. 使用筛选器筛选

Access 的筛选器提供了一种较灵活的数据筛选的方法，将提供筛选条件的字段作为当前字段，单击"开始"选项卡的"排序和筛选"组的"筛选器"按钮，即在当前位置显示一个下拉列表，将当前字段中的所有不重复值以列表的形式显示出来，供用户选择，用户只需将要隐藏的值的选中状态取消，单击"确定"按钮，则可完成筛选。

同时，如果筛选不是按值来进行，而是按范围完成时，可单击值列表上方的"××筛选器"，在打开的下拉菜单中选择筛选的范围条件。具体的"××"是什么，与当前字段的数据类型有关，如果当前的字段是文本型，则是文本筛选器，如果是日期型，则是日期筛选器。

要从"员工"表中筛选出 2011 年 1 月 1 日到 2015 年 12 月 31 日入职员工的信息的具体操作过程如图 3.27 所示。

3. 按窗体筛选

按窗体筛选时，系统会先将数据表变成一条记录，且每个字段都是一个下拉列表，用户可以在下拉列表中选取一个值作为筛选内容。如果某个字段选取的值是两个以上时，还可以通过窗体底部的"或"来实现；在同一个表单下不同字段的条件值的关系是"与"的关系。

在使用窗体进行筛选时，包括两大部分：在窗体视图下设置筛选的条件，应用筛选后可查看筛选后的效果。具体操作步骤是：打开要进行筛选的数据表→选择"排序和筛选"组的"高级"下拉列表中的"按窗体筛选"命令，打开筛选窗体视图→在相关字段下拉列表中设置筛选条件，如果筛选的条件是多个字段的与关系，则所有条件均在窗体的"查找"中设置，设置结束后，单击"切换筛选"按钮，即可看到筛选后的结果。如果需要在当前基础上进一步进行筛选条件的设置，可再选择"按窗体筛选"命令，再次进入筛选窗体，先前设置的筛选条件可在窗体上看到。如果新的条件与当前条件的关系是或的关系，则新筛选条件的设置应该在窗体下方执行"或"命令，切换到一个新的筛选条件设置窗体，设置好条

员工数据表

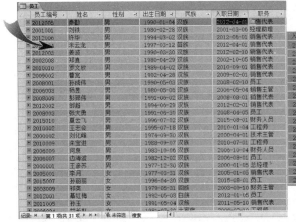

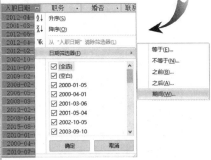

单击"入职日期"列标题的下拉按钮，在打开的下拉菜单中选中"期间"选项

在弹出的"始末日期之间"对话框中输入日期范围，也可利用日期选取器选择日期始末

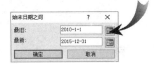

单击"确定"按钮，符合条件的记录被筛选出来

图 3.27 利用筛选器完成记录筛选的操作过程

件后再单击"切换筛选"按钮，可查看到筛选的结果。

如果要取消筛选，在数据表视图下可单击工具面板上的"切换筛选"按钮，如果是在筛选设置窗体状态，可单击筛选窗体右上角的"关闭"按钮，恢复到普通数据表视图状态，取消了当前的筛选。如果要彻底删除所设置的筛选条件，可在筛选窗体状态下，单击工具栏中的"清除网格"按钮，即可将所设的筛选条件彻底地删除。

4. 高级筛选

在前面的筛选方法中，实现的筛选条件相对都比较单一，如果要进行复杂条件的记录筛选，则需要通过高级筛选来实现。操作方法是单击"开始"选项卡的"排序和操作"组的"高级"按钮，在下拉菜单中选择"高级筛选/排序"命令，在窗口中对筛选条件进行设置。

例如，要筛选出所有销售价格为 1000～1500 元，库存量小于 300 的商品信息，可使用高级筛选进行筛选条件的设置，然后应用筛选。具体操作过程如图 3.28 所示。

注意：同一个字段的或的条件，可在"或"行中描述。

3.6.5 更名、复制和删除

在数据库操作过程中，常常需要对数据表进行操作，如更改表名、创建备份表和删除不需要的数据表等。

商品数据表如下

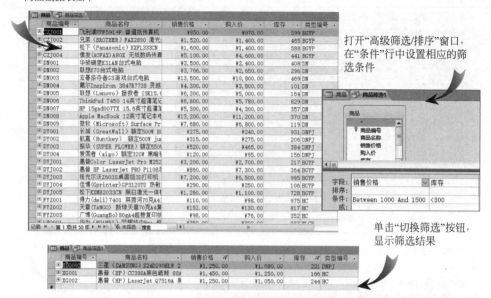

打开"高级筛选/排序"窗口，在"条件"行中设置相应的筛选条件

单击"切换筛选"按钮，显示筛选结果

图 3.28　高级筛选的操作过程

1. 数据表的更名

在数据库窗口导航窗格的表对象列表中，选中要更名的数据表，右击表名处，从弹出的快捷菜单中选择"重命名"命令，即可进行表名的更改。

注意：在同一个数据库中不允许出现两个同名的数据表。

2. 数据表的复制

在表对象列表中选中要复制的表，将鼠标指针指向该表，同时按住 Ctrl 键，拖动到对象卡上的空白位置，松开鼠标，则产生一个表的副本，此方式即可为数据表复制一个副本。

表的复制还可通过剪贴板来实现。选中要复制的数据表，按 Ctrl＋C 组合键，或选择"编辑"菜单的"复制"命令，也可单击工具栏上的"复制"按钮，将数据表复制到剪贴板上。单击工具面板中的"粘贴"按钮，或按 Ctrl＋V 组合键，打开"粘贴表方式"对话框，选择所需的粘贴方式即可，如图 3.29 所示。

图 3.29　"粘贴表方式"对话框

Access 提供三种粘贴方式。

（1）仅结构：此方式复制的是表的结构，不含数据。

（2）结构和数据：实现的是表结构和数据的复制。

（3）将数据追加到已有的表：实现的是将数据追加到已存在的数据表的尾部。

3. 数据表的删除

如果数据库的数据表不再需要，可单击选中后按 Delete 键删除。在执行删除操作时,系统会提示对删除操作进行确认,单击"是"按钮则删除,单击"否"按钮则放弃删除操作。

3.7 操作实例:商务管理数据库的创建

在完成数据库设计以后,即可开始在 Access 中创建数据库。数据库的创建需要从建立数据表开始,完成数据表建立后,再建立表之间的关系,在所有数据表之间建立联系,即完成数据库的建立。

3.7.1 创建数据表

本数据库一共包含九个数据表,主要包括三方面的信息:员工信息、商品信息和订单信息,而商品信息中包含商品属性、供应商信息等,订单信息中包含订单数据、客户关系等。

1. "部门"表

"部门"表用于存放公司各部门的基本信息,以"部门编号"为主键,如表 3.6 所示。

表 3.6 "部门"表

字段名称	数据类型	字段大小	主键/索引	说　明
部门编号	文本	2	主键	
部门名称	文本	12		
部门简介	备注			
联系电话	文本	20		
办公地址	文本	20		
主管编号	文本	7		存放本部门主管的编号

"部门"表的结构与数据视图如图 3.30 所示。

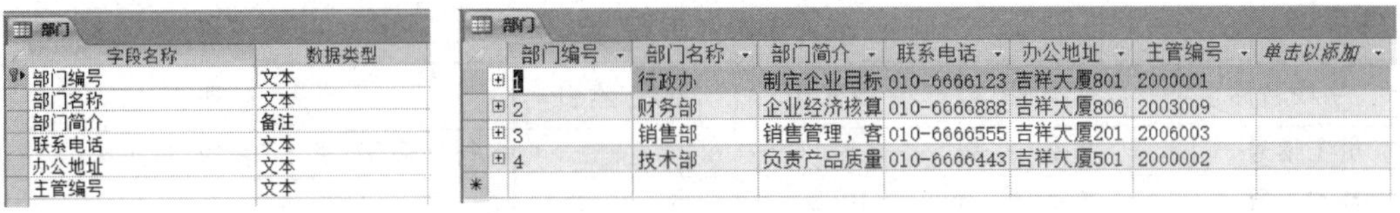

图 3.30 "部门"表的结构与数据视图

2. "员工"表

"员工"表用于存放员工的基本信息,以"员工编号"为主键,如表 3.7 所示。

表 3.7 "员工"表

字段名称	数据类型	字段大小	主键/索引	说　明
员工编号	文本	7	主键	员工入职年份+顺序号
姓名	文本	10		
性别	文本	1		有效性规则:只能为男或女

续表

字段名称	数据类型	字段大小	主键/索引	说　明
出生日期	日期/时间			员工年龄不得小于18周岁
民族	文本	10		
入职日期	日期/时间			入职日期为系统日期
职务	文本			
婚否	是/否			
联系方式	文本	20		员工手机号
住址	文本	20		
部门编号	文本	2	外键	来自部门表的编号字段
照片	OLE对象			员工近照

"员工"表的结构与数据视图如图3.31所示。

图3.31　"员工"表的结构与数据视图

3. "工资"表

"工资"表用于存放员工的工资信息，以"员工编号"为主键，如表3.8所示。

表3.8　"工资"表

字段名称	数据类型	字段大小	主键/索引	说　明
员工编号	文本	7	主键	行来源于"员工"表的"员工编号"
基本工资	数字	10.2		
岗位津贴	数字	10.2		
效益工资	数字	10.2		
养老保险	计算			（基本工资+岗位津贴）×8%
医疗保险	计算			（基本工资+岗位津贴）×2%
失业保险	计算			（基本工资+岗位津贴）×1%
住房公积金	计算			（基本工资+岗位津贴）×10%
扣款	数字	8.2		
其他	数字	8.2		

"工资"表的结构与数据视图如图3.32所示。

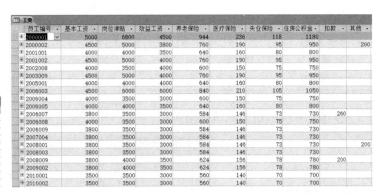

图 3.32 "工资"表的结构与数据视图

4. "商品类型"表

"商品类型"表用于存放各类商品的基本信息,以"类型编号"为主键,如表 3.9 所示。

表 3.9 "商品类型"表

字段名称	数据类型	字段大小	主键/索引	说　　明
类型编号	文本	10	主键	
类型名称	文本	20		
商品类型说明	备注			

"商品类型"表的结构与数据视图如图 3.33 所示。

图 3.33 "商品类型"表的结构与数据视图

5. "商品"表

"商品"表用于存放各种商品的基本信息,以"商品编号"为主键,如表 3.10 所示。

表 3.10 "商品"表

字段名称	数据类型	字段大小	主键/索引	说　　明
商品编号	文本	10	主键	
商品名称	文本	20		
销售价格	货币			
购入价	货币			
库存	数字			
类型编号	文本	10		行来源于"商品类型"表的"类型编号"
商品描述	备注			

续表

字段名称	数据类型	字段大小	主键/索引	说　明
商品照片	OLE 对象			
供应商编号	文本	10	外键	行来源于"供应商"表的"供应商编号"

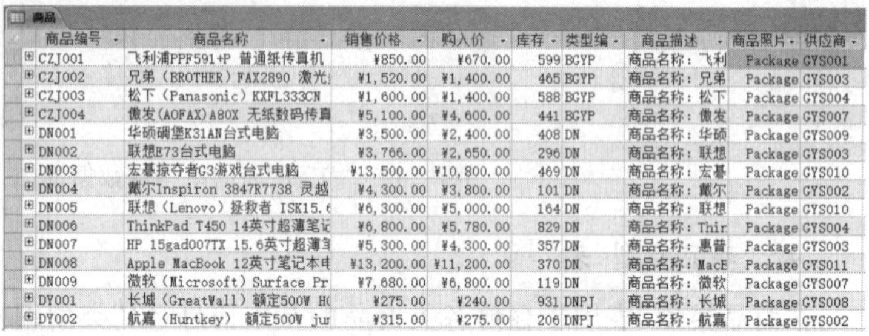

"商品"表的结构与数据视图如图 3.34 所示。

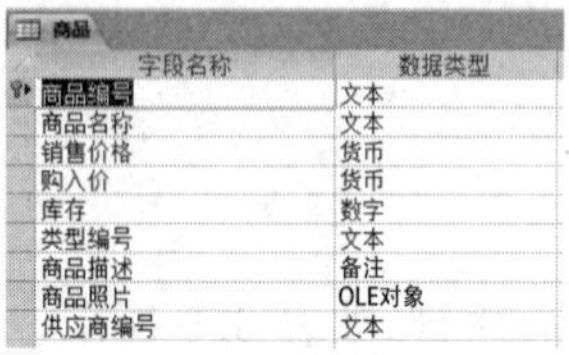

图 3.34　"商品"表的结构与数据视图

6. "供应商"表

"供应商"表用于存放每个供应商的基本信息，以"供应商编号"为主键，如表 3.11 所示。

表 3.11　"供应商"表

字段名称	数据类型	字段大小	主键/索引	说　明
供应商编号	文本	长整型	主键	
供应商名称	文本	20		
地址	文本	20		
所属区域	文本	10		值列表：华东、华南、华中、华北、西南、东北
联系电话	文本	20		
联系人	文本	20		
公司主页	文本			

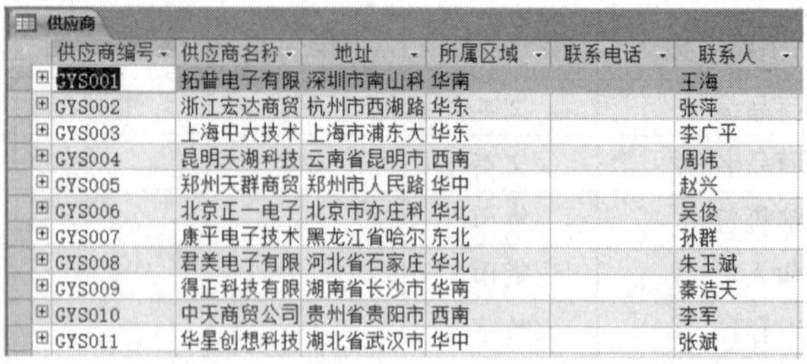

"供应商"表的结构与数据视图如图 3.35 所示。

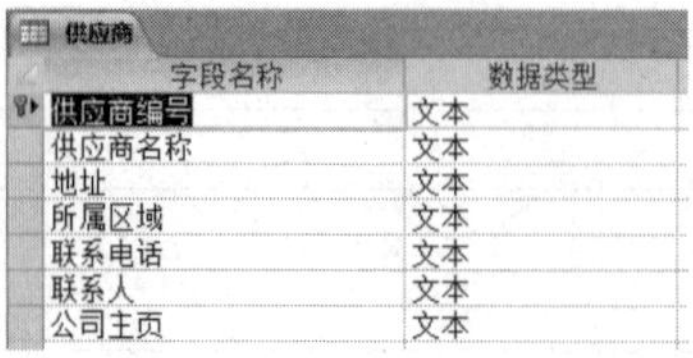

图 3.35　"供应商"表的结构与数据视图

7. "客户"表

"客户"表用于存放公司的所有客户信息,以"客户编号"为主键,如表 3.12 所示。

表 3.12 "客户"表

字段名称	数据类型	字段大小	主键/索引	说　明
客户编号	文本	6	主键	
客户名称	文本	20		
地址	文本	20		
所属区域	文本	10		值列表:华东、华南、华中、华北、西南、东北
联系电话	文本	12		
联系人	文本	12		

"客户"表的结构与数据视图如图 3.36 所示。

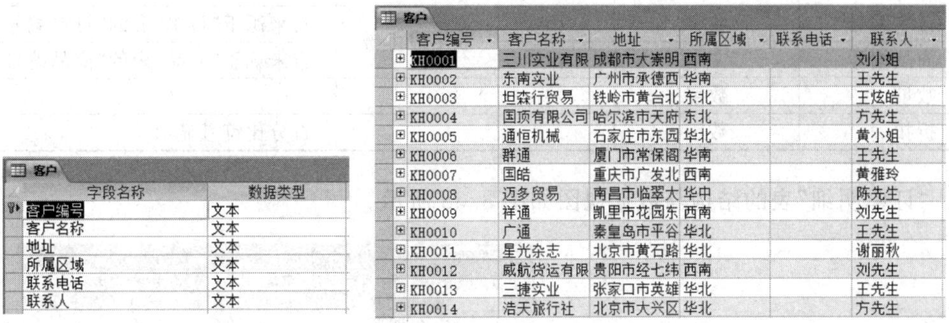

图 3.36 "客户"表的结构与数据视图

8. "订单"表

"订单"表用于存放订单的基本信息,以"订单编号"为主键,如表 3.13 所示。

表 3.13 "订单"表

字段名称	数据类型	字段大小	主键/索引	说　明
订单编号	数字		主键	
客户编号	文本	10		行来源于"客户"表的"客户编号"
订购日期	日期/时间			系统日期
员工编号	文本	7		行来源于"员工"表的"员工编号"
送货方式	文本	10		值列表:送货上门、自行提货
付款方式	文本	10		值列表:现金、银行卡、支票
订单状态	是/否			完成:真;未完:假

"订单"表的结构与数据视图如图 3.37 所示。

9. "订单明细"表

"订单明细"表中用于存放每个订单中每种商品的交易情况,因此,每个订单中有可能在订单明细中有多条记录,但同一订单编号对应的每种商品是唯一的,因此,本表以"订单编号+商品编号"为双字段主键,如表 3.14 所示。

订单编号	客户编号	订购日期	员工编号	送货方式	付款方式	订单状态
1	KH0025	2013-01-01	2011005	送货上门	支票	T
2	KH0086	2013-01-02	2010010	自行提货	支票	T
3	KH0085	2013-01-02	2012006	自行提货	支票	T
4	KH0079	2013-01-02	2010010	送货上门	支票	T
5	KH0042	2013-01-05	2002008	送货上门	银行卡	T
6	KH0008	2013-01-08	2012003	送货上门	银行卡	T
7	KH0023	2013-01-09	2012002	送货上门	银行卡	T
8	KH0022	2013-01-11	2006003	送货上门	现金	T
9	KH0073	2013-01-11	2012004	自行提货	现金	T
10	KH0083	2013-01-12	2009002	自行提货	现金	T
11	KH0007	2013-01-12	2006008	自行提货	银行卡	T
12	KH0063	2013-01-13	2009002	自行提货	支票	T
13	KH0056	2013-01-13	2012005	自行提货	支票	T
14	KH0052	2013-01-13	2012003	送货上门	银行卡	T
15	KH0036	2013-01-15	2012002	自行提货	支票	T

订单

字段名称	数据类型
订单编号	数字
客户编号	文本
订购日期	日期/时间
员工编号	文本
送货方式	文本
付款方式	文本
订单状态	是/否

图 3.37 "订单"表的结构与数据视图

表 3.14 "订单明细"表

字段名称	数据类型	字段大小	主键/索引	说　明
订单编号	数字	10	双字段主键	行来源于"订单"表的"订单编号"
商品编号	文本	10		行来源于"商品"表的"商品编号"
数量	数字			
折扣	数字			百分比符号显示

"订单明细"表的结构与数据视图如图 3.38 所示。

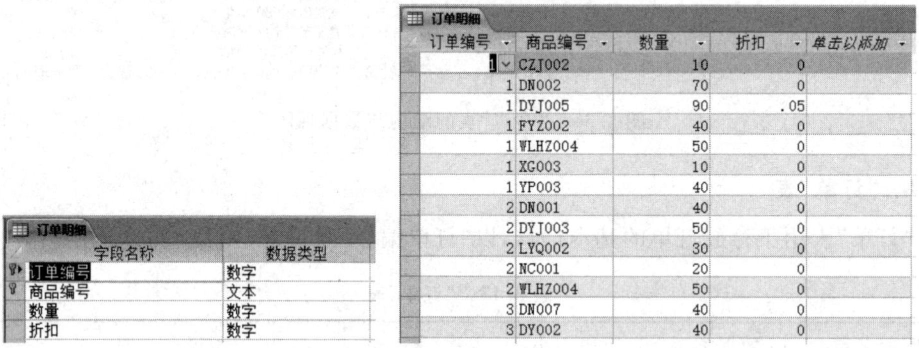

订单编号	商品编号	数量	折扣	单击以添加
1	CZJ002	10	0	
1	DN002	70	0	
1	DYJ005	90	.05	
1	FYZ002	40	0	
1	WLHZ004	50	0	
1	XG003	10	0	
1	YP003	40	0	
2	DN001	40	0	
2	DYJ003	50	0	
2	LYQ002	30	0	
2	NC001	20	0	
2	WLHZ004	50	0	
3	DN007	40	0	
3	DY002	40	0	

订单明细

字段名称	数据类型
订单编号	数字
商品编号	文本
数量	数字
折扣	数字

图 3.38 "订单明细"表的结构与数据视图

3.7.2 建立表间联系

数据表建立后，需要建立表之间的联系，本数据库的表之间的联系建立原则如下："员工"表与"工资"表之间通过"员工编号"建立一对一联系，"员工"表与"订单"表之间通过"员工编号"建立一对多联系，"部门"表与"员工"表之间通过"部门编号"建立一对多联系，"订单"表与"订单明细"表之间通过"订单编号"建立一对多联系，"商品"表与"订单明细"表之间通过"商品编号"建立一对多联系，"商品类型"表与"商品"表之间通过"类型编号"建立一对多联系，"供应商"表与"商品"表之间通过"供应商编号"建立一对多联系，"客户"表与"订单"表之间通过"客户编号"建立一对多联系，所有联系均建立参照完整性。

建立表间联系的具体操作过程如图 3.39 所示。

所有数据表建立完成后，切换到"数据库工具"选项卡

单击"关系"按钮，打开 "关系" 窗口

单击第一个表，按住Shift键单击最后一个表，选中所有表

单击"添加"按钮，将所有数据表添加到"关系" 窗口中

鼠标指针指向"员工"表的"员工编号"，按住鼠标左键，拖向"工资"表的"员工编号"字段上方，松开鼠标左键，打开"编辑联系"对话框，选中"实施参照完整性"复选框，单击"创建"按钮，通过两个关键字段建立两表之间一对一的关系

按相同的方式，将"员工"表和"订单"表通过"员工编号"建立关系，由于是关键字与外键之间的联系，因此建立的是一对多的联系

通过相同的操作方式，将数据库中所有表之间建立相应联系

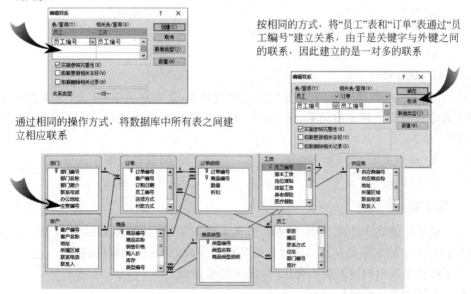

图 3.39　建立表间联系的操作过程

　　注意：在打开"关系"窗口时，如果系统没有弹出"显示表"窗口，可在"设计"选项卡的"关系"组中单击"显示表"按钮。在往"关系"窗口中添加表时，可以一次性添加所有的表，也可以双击表逐一添加。如果某个表由于操作时多次添加，也可在"关系"窗口中单击该表，按 Delete 键删除即可。

　　在表间联系的建立过程中，如果参照完整性不能实施，可返回数据表查看是否是因为表中数据不满足参照完整性。如果是，先修改数据表数据，再实施参照完整性设置。

3.8　习题

　　1. 选择题

　　(1) 如果字段"成绩"的取值范围为 0～100，则错误的有效性规则是（　　　）。

　　　　A. ＞＝0 and ＜＝100　　　　　　　　B. ［成绩］＞＝0 and ［成绩］＜＝100

　　　　C. 成绩＞＝0 and 成绩＜＝100　　　　D. 0＜＝［成绩］＜＝100

　　(2) 用于存放数据库数据的是（　　　）。

　　　　A. 表　　　　　　　　　　　　　　　　B. 查询

　　　　C. 窗体　　　　　　　　　　　　　　　D. 报表

　　(3) 表的组成内容包括（　　　）。

　　　　A. 查询和字段　　　　　　　　　　　　B. 字段和记录

　　　　C. 记录和窗体　　　　　　　　　　　　D. 报表和字段

　　(4) 如果在创建表中建立需要随机编号的字段，其数据类型应当为（　　　）。

　　　　A. 自动编号类型　　　　　　　　　　　B. 货币类型

　　　　C. 日期/时间类型　　　　　　　　　　D. 数字类型

　　(5) 日期/时间型数据用（　　　）括起来。

　　　　A. 逗号　　　　　　　　　　　　　　　B. 单引号

　　　　C. 双引号　　　　　　　　　　　　　　D. ♯

　　(6) 在 Access 数据库中，为了保持表之间的联系，要求在子表(从表)中添加记录时，如果主表中没有与之相关的记录，则不能在子表(从表)中添加该记录。为此需要定义的联系是（　　　）。

　　　　A. 输入掩码　　　　　　　　　　　　　B. 有效性规则

　　　　C. 默认值　　　　　　　　　　　　　　D. 参照完整性

　　2. 填空题

　　(1) 如果在创建表中建立需要存放图片文档的字段，其数据类型应当为＿＿＿＿＿＿。如果在创建表中建立需要存放二进制数据文档的字段，其数据类型应当为＿＿＿＿＿＿。

　　(2) 检查字段中的输入值不合法时，提示的信息是＿＿＿＿＿＿。

　　(3) 可以加快排序操作的是＿＿＿＿＿＿。

　　(4) 在表设计视图中，若要将某个表中多个字段定义为主键，需要先按住＿＿＿＿＿＿键，逐个单击所需字段后，再单击"主键"按钮。

（5）在 Access 表中，可以定义三种主关键字，它们是_____。

3. 操作题

（1）创建教学管理数据库，并创建数据库中的 5 个数据表，它们的结构如表 3.15 所示。

表 3.15　教学管理数据库中的表

表名	字段名称	数据类型	字段大小	说　　明
学生	学号	文本型	10	主键
	姓名	文本型	10	
	性别	文本型	1	只能是男或女
	出生日期	日期/时间型		
	政治面貌	文本型	10	
	学院名称	文本型	20	
	班级	文本型	20	
	个人爱好	文本型	255	
	照片	OLE 型		
教师	教师编号	文本型	10	主键
	姓名	文本型	10	
	性别	文本型	1	
	出生日期	日期/时间型		
	参加工作时间	日期/时间型		
	学院名称	文本型	20	
	职称	文本型	10	
	简历	备注型		
	照片	OLE 型		
课程	课程编号	文本型	6	主键
	课程名称	文本型	20	
	课程性质	文本型	10	采用值列表：必修、限选、任选
	学分	数字型	整型	
选课	学号	文本型	10	来源于"学生"表
	课程编号	数字型	长整型	来自"课程"表
	成绩	数字型	单精度	允许为空值，如果没有完成课程，成绩为 NULL
工资	教师编号	文本型	10	来源于"教师"表
	基本工资	数字型	单精度	
	任务工资	数字型	单精度	
	津贴	数字型	单精度	
	扣款	数字型	单数度	
	公积金	计算字段		公积金＝(基本工资＋任务工资＋津贴)×13%

选课表的学号和课程编号为组合关键字，即每个学生只能选修。

（2）在数据库中建立表之间的联系。

（3）输入数据。

第 4 章
查 询

在数据库中创建数据表,是将众多的数据按照关系数据库的相关原则,按主题有效地进行保存,但这不是创建数据库的最终目的,数据库管理系统的最终目的是为了灵活、方便、快捷地使用数据,对数据库中的数据进行各种分析和处理,从中提取需要的数据和信息,这才是建立数据库的最终目的。查询就是将一个或多个数据表中满足特定条件的数据检索出来,形成一个动态的数据表以供使用。查询不仅可以基于数据表来创建,还可以基于查询来创建,同时,查询不仅可以根据指定条件来进行数据的查找,还可以对数据进行计算、统计、排序、筛选、分组、更新和删除等各种操作。

查询不仅是作为用户查看数据的工具,同时,用户还常用查询来为其他对象提供数据源,如窗体、报表等。因此,查询在数据库管理系统中起着重要的作用。

知识体系:

☞ 查询对象的概念

☞ 常量、变量和表达式

☞ 选择查询的创建

☞ 交叉表查询的创建

☞ 操作查询的创建

☞ 参数查询及特殊类型查询的创建

学习目标:

☞ 理解查询的概念及实质

☞ 掌握查询的多种创建方法

☞ 掌握多表查询、条件查询等较复杂查询的设计和创建方法

☞ 掌握交叉表查询的创建和使用方法

☞ 学会使用操作查询对数据表进行操作

☞ 学会使用参数控制查询条件

☞ 了解重复项查询和不匹配查询的创建方法

4.1 查询的功能及类型

查询是 Access 数据库中重要的对象,它可以按一定的条件从 Access 数据表或已建立的查询中查找需要的数据。

4.1.1 查询的功能

查询是对数据库表中的数据进行查找,产生动态表的过程。在 Access 中可以方便地创建查询,在创建查询的过程中需要定义查询的内容和规则,运行查询时系统将在指定的数据表中查找满足条件的记录,组成一个类似数据表的动态表。

1. 选择字段

在查询中,可以选择表中的部分字段建立一个新表,相当于关系运算中的投影运算。例如,利用查询可以在员工表中选择员工编号、姓名等字段组成一个新的表。

2. 选择记录

通过在查询中设定条件,可以查找满足条件的记录,这相当于关系运行中的选择运算。例如,在员工表中查找所有性别为"女"的员工记录。

3. 编辑记录

编辑记录主要包括添加记录、修改记录和删除记录等。在 Access 中,可以利用查询添加、修改和删除表中的记录,如将员工表中的"汉族"改为"汉"。

4. 计算

查询不仅可以查找满足指定条件的记录,而且还可以通过查询建立各种统计计算,如统计各每个部门的员工人数、员工的订单情况、商品的销售情况等。

5. 建立新表

利用查询结果可以建立一个新的表,并且永久保存。如将销售部门的员工信息存放在一个新的数据表中。

6. 为报表和窗体建立查询

为了将一个或多个表中合适的数据用于生成报表或在窗体中显示,可以先根据需要建立一个所需数据的查询,将查询的结果作为报表或窗体的数据源。在每次运行报表或窗体时,查询就会从基础数据表中获取最新的数据提供给报表或窗体。

4.1.2 查询的类型

Access 数据库提供的查询种类较多,通常根据查询在执行方式上的不同将查询分为以下几种类型。

1. 选择查询

选择查询是最常用的查询类型,它是根据用户定义的查询内容和规则,从一个或多个表中提取数据进行显示。

在选择查询中,还可以对记录进行分组,并对分组后的记录进行总计、计数、平均及其他类型的计算等。

选择查询能够帮助用户按照希望的方式对一个或多个表中的数据进行查看,查询的结果显示与数据表视图相同,但查询中不存放数据,所有的数据均存在于基础数据表中,查询中看到的数据集是一个动态集。当运行查询时,系统会从基础数据表中获取数据。

2. 交叉表查询

交叉表查询是将某个数据表中的字段进行分组，一组作为查询的行标题，一组作为查询的列标题，然后在查询的行与列交叉处显示某个字段的统计值。交叉表查询是利用表中的行或列来进行数据统计的。它的数据源是一张基础表。

3. 参数查询

选择查询是在建立查询时就将查询准则进行定义，条件是固定的。参数查询是在运行查询时利用对话框来提示用户输入查询准则的一种查询。参数查询可以根据用户每次输入的值来确定当前的查询条件，以满足查询的要求。

如要根据员工编号来查询某个员工的基本信息。利用参数查询则可在每次查询时输入要查询的员工编号，即可找到满足条件的记录。

4. 动作查询

动作查询的查询内容和规则的设定与选择查询相同，但它们有一个很大的不同是，选择查询是按照指定的内容和条件查找满足要求的数据，将查找到的数据进行展示；而动作查询是在查询中对所有满足条件的记录进行编辑等操作，动作查询会对基础数据表产生影响或生成新的数据表，如生成表查询，即会生成一个新的数据表，更新查询，则会根据更新条件对原数据表中的数据进行修改。

Access 的动作查询有以下几种。

（1）生成表查询。利用一个或多个表中的全部或部分数据生成一个新的数据表。生成表查询通常用于重新组织数据或创建备份表等。

（2）删除查询。删除查询是将满足条件的记录从一个或多个数据表中删除。此操作会将基础数据表中的记录删除掉。

（3）更新查询。更新查询是对一个或多个表中的一组记录进行修改的查询。如对工资表中所有员工的基本工资涨 10% 等，可利用更新查询来实现。

（4）追加查询。追加查询是从一个或多个数据表中将满足条件的记录找出，并追加到另一个或多个数据表的尾部的操作。追加查询可用于多个表的合并等。

5. SQL 查询

SQL 查询就是利用 SQL 语句来实现的查询。SQL 查询将在第 5 章中详细介绍，本章不再赘述。

4.2　表达式

在 Access 中，表达式广泛地应用于表、查询、窗体、报表、宏和事件过程等。表达式由运算对象、运算符和括号组成，运算对象包括常量、内置或用户自定义函数和对象标识符。Access 中的对象标识符可以是数据表中的字段名称、窗体、报表名称、控件名称、属性名称等。

4.2.1　常量

常量分为系统常量和用户自定义常量,系统常量如逻辑值 True(真值)、False(假值)和 Null(空值)。注意,空值不是空格或空字符串,也不是 0,而是表示没有值。用户自定义常量又常称为字面值,如数值 12345、字符串 ABCD 和日期♯2016/08/18♯等。

Access 的常量类型包括数值型、文本型、日期型和逻辑型。

1. 数值型

数值型常量包括整数和实数。整数如 123;实数用来表示包含小数的数或超过整数表示范围的数,实数既可通过定点数来表示,也可用科学计数法进行表示。实数如 12.3或 0.123E+2。

2. 文本型

文本型常量是由字母、汉字和数字等符号构成的字符串。定义字符常量时需要使用定界符,Access 中字符定界符有两种形式:单引号(' ')和双引号(" "),如字符串'ABC'或"ABC"。

如果在字符串常量中出现与定界符相同的字符时,需要用连续的两个符号来表示,因此定界符最好采用与符号串中出现符号不同的符号。如"AB'C"字符串中出现单引号,在表示时最好用双引号作为定界符,即"AB'C",如果一定要用单引号作为定界符,字符串中的单引号符号需用两个连续的单引号表示,即'AB''C'。

3. 日期型

日期型常量即用来表示日期型数据。日期型常量用"♯"作为定界符,如 2008 年 7 月18 日,表示成常量即为♯08-7-18♯,也可表示为♯08-07-18♯。在年、月、日之间的分隔符也可采用/作为分隔符,即♯08/7/18♯或♯08/07/18♯。

对于日期型常量,年份输入为后两位时,如果输入的年份在 00～29 范围内,则系统默认为 2000—2029 年;如果输入的年份为 30～99,则系统默认为 1930—1999 年。如果要输入的日期数据不在默认的范围内,则应输入四位年份数据。

4. 逻辑型

逻辑型常量有两个值,真值和假值,用 True(或-1)表示真值,用 False(或 0)表示假值。系统不区分 True 和 False 的字母大小写。

注意:在数据表中输入逻辑值时,如果需要输入值,则应输入-1 表示真,0 表示假,不能输入 True 或 False。

4.2.2　Access 常用函数

系统设计人员提供了上百个内置函数以供用户使用。在 Access 使用过程中,函数名称不区分大小写。根据函数的数据类型,将常用函数分为数学型、文本型、日期时间型、逻辑型和转换函数等。本节将对一部分常用函数进行介绍,如果需要更多的函数,请查阅帮助或系统手册。

1. 数学函数

在进行算术运算时,常常用到数学函数。常用数学函数功能及示例如表 4.1 所示。

表 4.1　常用数学函数功能及示例

函　　数	功　　能	示　　例	函数值
Abs(number)	求绝对值	Abs(−12.5)	12.5
Exp(number)	e 指数	Exp(2.5)	12.1825
Int(number)	返回不大于原值的整数	Int(8.7) Int(−8.4)	8 −9
Fix(number)	无论自变量为正或负,均舍去小数部分,返回整数	Fix(8.7) Fix(−8.4)	8 −8
Log(number)	自然对数	Log(3.5)	1.253
Rnd(number)	产生 0~1 的随机数。自变量可默认	Rnd(2)	0~1 的随机数
Sgn(number)	符号函数。当自变量的值为正时,返回1;自变量的值为 0 时,返回 0;自变量的值为负时,返回−1	Sgn(5) Sgn(0) Sgn(−5.6)	1 0 −1
Sqr(number)	平方根。自变量非负	Sqr(6)	2.449
Round(number, precision)	四舍五入函数。第二个参数的取值为非负整数,用于确定所保留的小数位数	Round(12.674,0) Round(12.674,2)	13 12.67

注意：number 可以是数值型常量、数值型变量、返回数值型数据的函数和数学表达式。

2. 字符函数

在对字符信息处理时,常常用到字符函数进行处理。常用字符函数功能及示例如表 4.2 所示。

表 4.2　常用字符函数功能及示例

函　　数	功　　能	示　　例	函数值
Left(stringexpr,n)	求左子串函数。从表达式左侧开始取 n 个字符	Left("北京",1) Left("Access",2)	北 Ac
Right(stringexpr,n)	求右子串函数。从表达式右侧开始取 n 个字符	Right(♯2016-07-22♯,3) Right(1234.56,3)	−22 .56
Mid(stringexpr,m[,n])	求子串函数。从表达式中截取字符,m、n 是数值表达式,由 m 值决定从表达式值的第几个字符开始截取,由 n 值决定截取几个字符。n 缺省,表示从第 m 个字符开始截取到尾部	Mid("中央财经大学",3,2) Mid("中央财经大学",3)	财经 财经大学
Len(stringexpr)	求字符个数。函数返回表达式值中的字符个数。表达式可以是字符、数值、日期或逻辑型	Len("♯2016-7-22♯") Len("中央财经大学") Len(True)	11 6 2

续表

函 数	功 能	示 例	函数值
UCase(stringexpr)	将字符串中小写字母转换为大写字母函数	UCase("Access") UCase("学习 abc")	ACCESS 学习 ABC
LCase(stringexpr)	将字符串中大写字母转换为小写字母函数	LCase("Access")	access
Space(number)	生成空格函数。返回指定个数的空格符号	"@@"＋Space(2)＋"@@"	@@　@@
InStr(C1,C2)	查找子字符串函数。在 C1 中查找 C2 的位置,即 C2 是 C1 的子串,则返回 C2 在 C1 中的起始位置,否则返回 0	InStr("One Dream","Dr") InStr("One Dream","Dor")	5 0
Trim(stringexpr)	删除字符串首尾空格函数	Trim(" AA"＋" BB ")	"AA　BB"
RTrim(stringexpr)	删除字符串尾部空格函数	RTrim("数据库")	"数据库"
LTrim(stringexpr)	删除字符串首部空格函数	LTrim("数据库")	"数据库"
String(n,stringexpr)	字符重复函数。将字符串的第一个字符重复 n 次,生成一个新字符串	String(3,"你好")	你你你

注意:每个汉字也作为一个字符。

3. 日期和时间函数

对于日期和时间信息的处理,常常要用到日期和时间函数。常用日期时间函数功能及示例如表 4.3 所示。

表 4.3　常用日期时间函数功能及示例

函 数	功 能	示 例	函 数 值
Date()	日期函数。返回系统当前日期。无参函数	Date()	2016-07-22
Time()	时间函数。返回系统当前时间。无参函数	Time()	下午 03:33:51
Now()	日期时间函数。返回系统当前日期和时间,含年、月、日、时、分、秒。无参函数	Now()	2016-07-22 下午 03:33:51
Day(dateexpr)	求日函数。返回日期表达式中的日值	Day(date())	22
Month(dateexpr)	求月份函数。返回日期表达式中的月值	Month(date())	7
Year(dateexpr)	求年份函数。返回日期表达式中的年值	Year(date())	2016
Weekday(dateexpr)	求星期函数。返回日期表达式中的这一天是一周中的第几天。函数值取值范围是 1~7,系统默认星期日是一周中的第 1 天	Weekday(date())	6

函　数	功　能	示　例	函数值
Hour(timeexpr)	求小时函数。返回时间表达式中的小时值	Hour(Time())	15
Minute(timeexpr)	求分钟函数。返回时间表达式中的分钟值	Minute(Time())	33
Second(timeexpr)	求秒函数。返回时间表达式中的秒值	Second(Time())	51
DateDiff(interval, date1,date2)	求时间间隔函数。返回值为日期 2 减去日期 1 的值。日期 2 大于日期 1，得正值，否则得负值。时间间隔参数的不同将确定返回值的不同含义。具体使用参见表 4.4		

注意：以上的时间均是以系统时间"2016-07-22 下午 03:33:51"为时间标准。

对于 DateDiff 函数，根据 interval 参数的不同，可以得出两个日期之间的间隔，具体使用如表 4.4 所示。

表 4.4　DateDiff 函数用法及示例

时间间隔参数	含　义	示　例	函数值
yyyy	函数值为两个日期相差的年份	DateDiff （" yyyy"，# 2012-07-22 #，#2013-05-08#）	1
q	函数值为两个日期相差的季度	DateDiff("q"，# 2012-07-22 #，#2013-05-08#）	3
m	函数值为两个日期相差的月份	DateDiff("m"，# 2012-07-22 #，#2013-05-08#）	10
y,d	函数值为两个日期相差的天数，参数 y 和 d 作用相同	DateDiff("d"，# 2012-07-22 #，# 2013-05-08#）	290
w	函数值为两个日期相差的周数（满 7 天为一周），当相差不足 7 天时，返回 0	DateDiff("w"，# 2012-07-22 #，# 2013-05-08#） DateDiff("w"，# 2012-07-22 #，# 2013-07-26#）	41 0

4. 转换函数

在信息处理过程中，常常需要对信息进行处理，如字符和数值之间进行转换等。常用转换函数功能及示例如表 4.5 所示。

表 4.5　常用转换函数功能及示例

函　数	功　能	示　例	函数值
Asc(stringexpr)	返回字符串第一个字符的 ASCII 码	Asc("ABC")	65
Chr(charcode)	返回 ASCII 码对应的字符	Chr(66)	"B"
Str(number)	将数值转换为字符串。如果转换结果是正数，则字符串前添加一个空格	Str(12345) Str(−1234)	" 12345 " "−1234 "

续表

函　　数	功　　能	示　　例	函数值
Val(stringexpr)	将字符串转换为数值型数据	Val("12.3A") Val("124d.3A")	12.3 124

4.2.3　运算符与表达式

表达式是由运算符和括号将运算对象连接起来的式子。常量和函数可以看成是最简单的表达式。表达式通常根据运算符的不同将表达式分为算术表达式、字符表达式、关系表达式和逻辑表达式。

1. 算术运算符与算术表达式

算术表达式是由算术运算符和数值型常量、数值型对象标识符、返回值为数值型数据的函数组成。它的运算结果仍为数值型数据。

算术运算符及相关表达式如表 4.6 所示。

表 4.6　算术运算符功能及示例

运算符	功　　能	表达式示例	表达式值
－	取负值，单目运算	$-4\wedge2$ $-4\wedge2+-6\wedge2$	16 52
∧	幂	$4\wedge2$	16
*、/	乘、除	$16*2/5$	6.4
\	整除	$16*2\backslash5$	6
Mod	模运算（求余数）	87 Mod 9 87 Mod -9 -87 Mod 9 -87 Mod -9	6 6 -6 -6
＋、－	加、减	$8+6-12$	2

在进行算术运算时，要根据运算符的优先级来进行。算术运算符的优先级顺序如下：先括号，在同一括号内，单目运算的优先级最高，然后先幂，再乘除，再模运算，后加减。

注意：在算术表达式中，当"＋"运算符两侧的数据类型不一致，一侧是数值型数据，一侧是数值字符串时，完成的是算术运算，当两侧均为数值符号串时，系统完成的是连接运算，而不是算术运算。

在使用算术运算符进行日期运算时，可进行的运算只有以下两种情况。

(1)"＋"运算：加号可用于一个日期与另一个整数（也可以是数字符号串或逻辑值）相加，得到一个新日期。

例如，表达式♯2016-07-22♯＋56 的值为 2016-09-16；表达式♯2016-07-22♯＋True

的值为 2016-07-21；表达式 ♯2016-07-22♯＋"5"的值为 2016-07-27。

（2）"－"运算：减号可用于一个日期减去一个整数（也可以是数字符号串或逻辑值），得到一个新日期；减号也可用于两个日期相减，差为这两个日期相关的天数。

例如，表达式 ♯2016-07-22♯－♯2016-5-1♯的值为 82；表达式 ♯2016-07-22♯－82的值为 2016-05-01。

2. 字符运算符与字符表达式

字符表达式是由字符运算符和字符型常量、字符型对象标识符、返回值为字符型数据的函数等构成的表达式，表达式的值仍为字符型数据。

字符运算符及相关表达式如表 4.7 所示。

表 4.7　字符运算符功能及示例

运算符	功　　能	表达式示例	表达式值
＋	连接两个字符型数据。返回值为字符型数据	"123"＋"123" "总计："＋10＊35.4	123123 ♯错误
＆	将两个表达式的值进行首尾相接。返回值为字符型数据	"123" ＆ "123" 123 ＆ 123 "打印日期" ＆ Date() "总计：" ＆ 10＊35.4	123123 123123 打印日期 2016-07-22 总计：354

这里假设系统日期为 2016-07-22。

注意：

（1）"＋"运算符的两个运算量都是字符表达式时才能进行连接运算。

（2）"＆"运算符是将两个表达式的值进行首尾相接。表达式的值可以是字符、数值、日期或逻辑型数据。如果表达式的值为非字符型，则系统先将它转换为字符，再进行连接运算。可用来将多个表达式的值连接在一起。

3. 关系运算符与关系表达式

关系表达式可由关系运算符和字符表达式、算术表达式组成，它的运算结果为逻辑值。关系运算时是运算符两边同类型的元素进行比较，关系成立，则表达式的值为真（True）；否则为假（False）。

关系运算符及相关表达式如表 4.8 所示。

表 4.8　关系运算符功能及示例

运算符	功　　能	表达式示例	表达式值
＜	小于	25＊4＞120	False
＞	大于	"a"＞"A"	False
＝	等于	"abc"＝"Abc"	True
＜＞	不等于	4＜＞5	True
＜＝	小于等于	3＊3＜＝8	False
＞＝	大于等于	True＞＝False	False
Is Null	左侧的表达式值为空	"　" Is Null	False

续表

运算符	功　能	表达式示例	表达式值
Is Not Null	左侧的表达式值不为空	"　" Is Not Null	True
In	判断左侧的表达式的值是否在右侧的值列表中	"中" In ("大","中","小") Date() In (♯2016-07-01♯,♯2016-07-31♯) 20 In (10,20,30)	True False True
Between…And	判断左侧的表达式的值是否在指定的范围内。闭区间	Date() Between ♯2016-07-01♯ And ♯2016-07-31♯ "B" Between "a" And "z" "54" Between "60" And "78"	True True False
Like	判断左侧的表达式的值是否符合右侧指定的模式符。如果符合,返回真值;否则为假	"abc" Like "abcde" "123" Like "♯2♯" "x4e 的 2" Like "x♯[a-f]? [! 4-7]" "n1" Like "[NPT]?"	False True True True

这里假设系统日期为 2016-07-22。

注意:关系运算符适用于数值、字符、日期和逻辑型数据比较大小。Access 允许部分不同类型的数据进行比较运算。在关系运算时,遵循以下规则。

(1) 数值型数据按照数值大小比较。

(2) 字符型数据按照字符的 ASCII 码比较,但字母不区分大小写。汉字默认按拼音顺序进行比较。

(3) 日期型数据,日期在前的小,在后的大。

(4) 逻辑型数据,逻辑值 False(0)大于 True(-1)。

(5) Like 在模式符中支持通配符。在模式符中可使用通配符"?"表示一个字符(字母、汉字或数字),通配符"*"表示零个或多个字符(字母、汉字或数字),通配符"♯"表示一个数字。在模式符中使用中括号([ ])可为 Like 左侧该位置的字符或数字限定一个范围。如[a-d],即表示 a、b、c、d 中的任何一个符号;若在中括号内指定的字符或数字范围前使用"!",则表示不在该范围内,如[! 2-4],即除 2、3、4 之外的任意数字。

(6) 在运算符 Like 前面可以使用逻辑运算符 Not,表示相反的条件。

4. 逻辑运算符与逻辑表达式

逻辑表达式可由逻辑运算符和逻辑型常量、逻辑型对象标识符、返回逻辑型数据的函数和关系运算符组成,其运算结果仍是逻辑值。

逻辑运算符及相关表达式如表 4.9 所示。

表 4.9　逻辑运算符功能及示例

运算符	功　能	表达式示例	表达式值
Not	非	Not 3+4=7	False
And	与	"A">"a" And 1+3*6>15	False
Or	或	"A">"a" Or 1+3*6>15	True

续表

运算符	功　　能	表达式示例	表达式值
Xor	异或	"A">"a"Xor 1＋3＊6＞15	True
Eqv	逻辑等价	"A">"a"Eqv 1＋3＊6＞15	False

注意：逻辑表达式的运算优先级从高到低是括号、Not、And、Or、Xor、Eqv。

表达式运算的规则是：在同一个表达式中，如果只有一种类型的运算时，则按各自的优先级进行运算；如果有两种或两种以上类型的运算时，则按照函数运算、算术运算、字符运算、关系运算、逻辑运算的顺序来进行。

4.3　选择查询

创建查询的方法一般有两种：查询向导和设计视图。利用查询向导，可创建不带条件的查询。如果要创建带条件的查询，则必须在查询设计视图中进行设置。

4.3.1　利用向导创建查询

利用向导来创建查询比较方便，用户只需在向导的引导下选择一个或多个表中的多个字段，即可完成查询，但查询向导不能够设置查询的条件。

1. 基于单表的简单查询向导

切换到"创建"选项卡，在"查询"功能组中单击"查询向导"按钮，打开"新建查询"对话框，在对话框中选择"简单查询向导"，选择要查询的数据表，此时数据表的所有字段将出现在"可用字段"列表中，将要查询的字段选中，单击 ＞ 按钮添加到"选定字段"列表中，若单击 ＞＞ 按钮，则将所有可用字段添加到"选定字段"列表中。如果字段选择错误，则可单击 ＜ 按钮或 ＜＜ 按钮从选定列表中删除。当要查询的字段选择结束后，单击"下一步"按钮，对查询进行命名，单击"完成"按钮，完成查询的设置。

这里从"员工"数据表中查询员工的员工编号、姓名、出生日期、性别、民族、入职日期和职务信息，具体操作过程如图 4.1 所示。

2. 基于多表的查询向导

在查询中，如果查询的字段涉及多个表，而且表之间存在一对多的关系时，在使用查询向导时，系统会在查询向导中提示查询是采用明细显示还是汇总方式显示。如图 4.2 所示即为查询员工的订单情况，包括员工的员工编号、姓名、所在部门、订单编号和他的客户名称。数据来源于"员工"表、"订单"表、"客户"表和"部门"表，表之间存在一对多的关系。

注意：如果在向导的第二步选择了"汇总"方式显示数据，则需要对汇总的方式进行设置，最后的结果则是按汇总后的方式进行显示的。

查询创建完毕后会保存在查询对象组下，要运行查询，只需双击要运行的查询，或选择快捷菜单中的"打开"命令，即可运行查询。

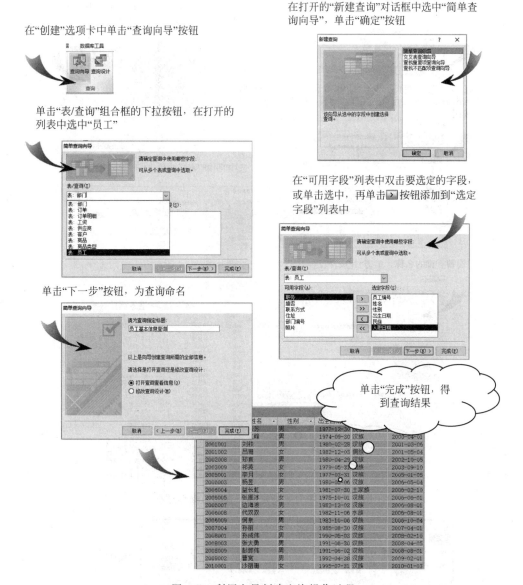

图4.1 利用向导创建查询操作过程

4.3.2 利用设计视图创建查询

利用向导创建查询时,只能单纯地从数据表中选取需要的字段,而不能设置任何条件,但现实中对数据的查询往往需要设定条件和范围,在这种情况下只能利用查询设计器来完成。

1. 查询设计视图

查询设计视图如图4.3所示。窗口分为上下两部分,两部分的大小是可以通过鼠标拖动中间的分隔线进行调整的。当鼠标指针移至中间的分隔线时,鼠标指针变成双向箭

在"创建"选项卡中单击"查询向导"按钮

在打开的"新建查询"对话框中选中"简单查询向导"，单击"下一步"按钮

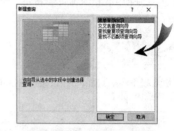

在"员工"表、"部门"表、"订单"表和"客户"表中分别选出需要的字段至"选定字段"列表，单击"下一步"按钮

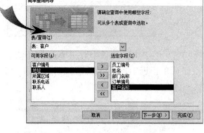

选中"明细"方式，单击"下一步"按钮

设置查询的名称，单击"完成"按钮

完成的查询

图 4.2　利用向导创建多表查询的操作过程

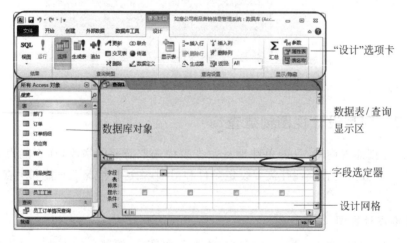

"设计"选项卡

数据表/查询显示区

数据库对象

字段选定器

设计网格

图 4.3　查询设计视图

头,按下鼠标左键拖动,即可调整上下部分的大小。

查询设计视图上半部分窗口是数据表/查询显示区,用来显示查询的数据源,可以是数据表或查询。

查询设计视图的下半部分窗口是查询的设计网格,用来设置查询的要求。在查询设计网格中,有七个已经命名的行,各自的作用如表4.10所示。

表 4.10　查询设计网格中行的作用

行　名	作　用
字段	用来设置与查询相关的字段(包括计算字段)
表	显示每列字段来源于哪个表或查询
总计	用于确定字段在查询中的运算方法。"总计"行在默认窗口中不出现,只有单击了"总计"工具按钮后才会出现
排序	用来设置查询输出的动态数据集是否按该字段排序,是升序还是降序
显示	用来设置输出的动态集中是否显示该字段列,复选框选中则显示,未选中则不显示
条件	用来设置查询的条件,即输出的动态数据集必须满足相应的条件
或	用来设置查询的条件,在"或"行的条件与在"与"行的条件之间是逻辑或的关系

注意：如果要设置的准则多于两行,可在"或"行下方行中继续输入。同一行之间的关系是逻辑与的关系,不同行之间的关系是逻辑或的关系。

2. 使用设计视图创建查询

在"创建"选项卡的"查询"功能组中双击"查询设计"按钮,打开查询设计视图,同时将弹出"显示表"对话框,该对话框有三个选项卡：表、查询和两者都有。在"表"选项卡上将显示本数据库中所有的数据表;在"查询"选项卡中将显示数据库当前已经存在的所有查询;在"两者都有"选项卡中将显示所有的数据表和查询。

查询的数据源即通过"添加表"对话框进行添加,查询的数据源可以是数据表和已创建的查询两类。在对话框中选择要添加的数据表或查询,添加有两种方式：双击要添加的对象名;单击选中要添加的对象名,再单击"添加"按钮。添加的数据表或查询将出现在数据表/查询显示区。数据源添加完毕,单击"确定"按钮关闭"显示表"对话框。

注意：在添加数据源过程中如果不小心将不需要的表或查询对象添加到了数据源中,可选中后按Delete键删除,对数据库没有影响。另外,如果打开查询设计器时没有弹出"显示表"对话框,可在设计视图中右击打开快捷菜单,或在"设计"选项卡的"查询设置"组中单击"显示表"按钮即可打开"显示表"对话框。

数据源添加完毕,即可进行查询内容和规则的设定了。首先要设置的是查询相关的字段。通常包括字段的添加字段、删除字段、插入字段、改变字段顺序等操作。

(1)添加字段。在查询设计器的设计网格中添加与查询相关的字段。添加方法如下。

① 双击字段列表框中的字段名,则该字段将被添加到设计网格中。

② 在字段列表框中选中要添加的字段。如果要选中单个字段,可用鼠标单击该字

段；要选中多个连续的字段，先选中第一个字段，再按住 Shift 键单击最后一个字段；要选中多个不连续的字段，可先选中第一个字段，再按住 Ctrl 键逐一单击其他要选中的字段；要选中整个表中的所有字段，只需双击字段列表框的标题栏即可。当字段选择结束后，用按下鼠标左键将选中的字段拖动到设计网格中。

注意：以上的字段选中操作只能在一个字段列表框中实现，如果要选择多个数据表中的字段，只能多次完成。

③ 在设计网格中将插入光标置于字段格中，单元格的右侧将出现下三角按钮，单击该按钮，则当前查询的数据源中所有的字段均会出现在列表中，单击即选中所需字段。

注意：在字段列表框中的第一行是一个"＊"，该符号代表该列表中的所有字段。如果要在查询中显示该数据表中的所有字段，可以将"＊"字段添加到设计网格的字段格中。

（2）删除字段。在查询设计网格中删除多选的单个或多个字段，只需将插入光标置于要选定的列上方的字段选定器上，鼠标指针变为向下的黑色加粗箭头时，单击选中该列，按 Delete 键或单击"查询设置"组的"删除列"命令。如果要删除多个连续的字段，将鼠标指针指向第一个要删除的字段选定器，按下鼠标左键拖过所有要求选定的字段，再删除即可。

（3）插入字段。将插入光标置于要插入字段的列位置，单击"查询设置"组的"插入列"按钮，即插入一个空列。

（4）改变字段顺序。在设计网格中字段的顺序即是查询结果中字段显示的顺序，如果需要调整字段顺序，可选中要调整的字段列，按下鼠标左键拖动到要插入字段的位置，松开鼠标即完成字段位置的移动。

查询设计完成后，单击快速访问工具栏的"保存"按钮 ，系统将弹出"另存为"对话框，在对话框中输入查询的名称，单击"确定"按钮保存查询。

查询的保存也可通过关闭查询设计器来保存，即单击设计器窗口的"关闭"按钮 ，系统将弹出对话框是否保存查询，单击"是"按钮对查询进行保存。

保存查询后，在查询设计视图状态下单击"结果"工具组的"视图"按钮，即可切换到数据表视图下面查看查询的结果。

注意：查询保存在查询对象卡上后，如果要修改查询的名称，可在查询名称上右击，在弹出的快捷菜单中选择"重命名"命令，即可修改查询名。

图 4.4 所示即为利用查询设计器创建查看员工的员工编号、姓名和出生日期的查询操作示例。

查询的结果可通过单击"视图"按钮来查看，也可通过单击"运行"按钮查看查询结果。

3. 查询设计网格的使用

在查询设计网格中，除了查询的内容，即选择字段外，还可对查询规则进行相应的设定。通常会涉及的有排序、显示和条件规则等。

1）设置排序

在查询的结果中如果希望记录按照指定的顺序排序，可以对在查询设计网格中的"排序"行进行排序设置。

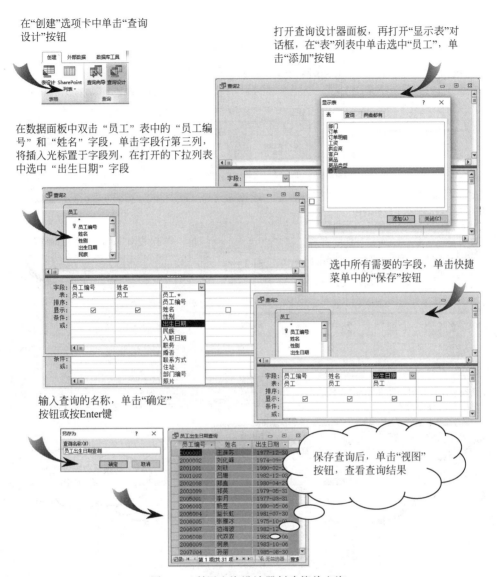

在"创建"选项卡中单击"查询设计"按钮

在数据面板中双击"员工"表中的"员工编号"和"姓名"字段,单击字段行第三列,将插入光标置于字段列,在打开的下拉列表中选中"出生日期"字段

打开查询设计器面板,再打开"显示表"对话框,在"表"列表中单击选中"员工",单击"添加"按钮

选中所有需要的字段,单击快捷菜单中的"保存"按钮

输入查询的名称,单击"确定"按钮或按Enter键

保存查询后,单击"视图"按钮,查看查询结果

图 4.4 利用查询设计器创建简单查询

如果排序的字段是多个,系统将按照字段列表的顺序进行排序,第一个字段值相同时,再按第二个字段的值进行排序。

例如,希望查看员工销售的商品情况,包括员工编号、姓名、商品名称、销售数量和价格。这里员工编号、姓名来自"员工"表,商品名称和价格来自"商品"表,数量来自"订单明细"表,但"员工"表与"商品"表和"订单明细"表之间没有联系,需要将"订单"表添加到数据面板中作为中间表,才能使数据表之间产生联系,以保证查询结果有效。查询结果还可进行排序操作。

具体操作过程如图 4.5 所示。

2) 设置查询条件

在查询过程中,还可以对查询的结果进行限定。如上所示的查询中,如果希望只查找

打开查询设计器

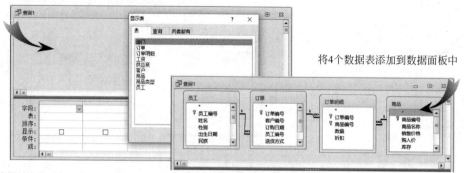

将4个数据表添加到数据面板中

将相关字段添加到字段列表中

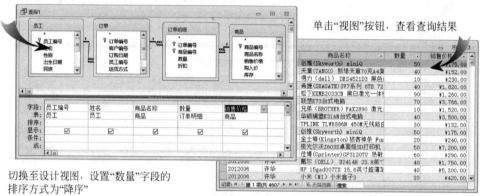

单击"视图"按钮，查看查询结果

切换至设计视图，设置"数量"字段的
排序方式为"降序"

切换至数据表视图，
查看结果

图 4.5　多表查询操作过程

销售数量在 80~90（含 80 与 90）的销售记录，那么，可以通过条件限定输出数据的范围。
具体操作过程如图 4.6 所示。

注意：查询条件还可用"between 80 and 90"。

在上一个的查询基础上，如果只想显示女员工的商品销售情况，但在输出结果中不显
示性别，则需要将"性别"字段添加到查询设计网格中，取消该字段的"显示"选中状态即可
实现。具体操作过程如图 4.7 所示。

打开查询设计器

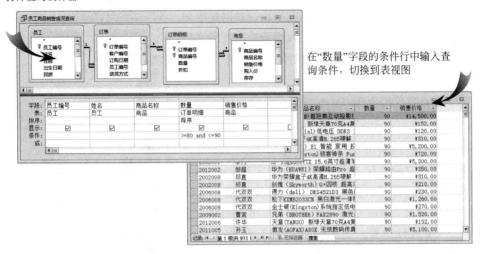

在"数量"字段的条件行中输入查
询条件,切换到表视图

图 4.6 查询条件的设置

将要修改的查询打开,添加"性别"字段,在"条件"行
设置属性为"女",取消选中"显示"行的复选框

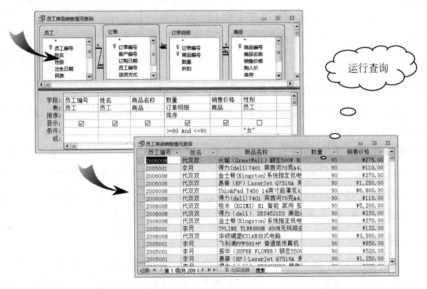

运行查询

图 4.7 查询的显示设置

4.3.3 查询属性

在设计好查询的内容和基本规则后,可以利用"属性表"来对查询进行进一步的设置。在查询设计视图状态,单击"设计"选项卡的"显示/隐藏"功能组的"属性表"按钮,或在查询设计器窗口中右击,在快捷菜单中选择"属性"命令,即可打开"属性表"对话框,如图 4.8 所示。在该对话框中可以对查询进行相应的设置。以下对一些常用的属性进行简单的介绍。

1．输出所有字段

若该属性值设置为"是"，则不论在查询设计网格中如何设置字段及它们是否显示，所有在数据源中出现的字段均会在查询结果中输出。系统默认的属性值是"否"。

2．上限值

在查询的数据表视图下，会显示满足查询条件的所有数据，如果想对查询的结果进行限定，只显示部分的数据，可设定"上限值"。

上限值是对输出记录的范围进行限定的。设定上限值可在"查询属性"对话框的"上限值"属性中进行设置，也可在"设计"选项卡的"查询设置"功能组的"返回"All　　 中进行设置。上限值可以用百分数来限定输出记录的百分比，也可以用固定的整数来限定输出记录的条数。系统提供了一组固定的值：All 为默认的上限值，所有记录均输出；5 表示输出前 5 条记录；25％表示输出记录的前 25％……如果要输出的记录范围是列表中没有提供的，可以直接在"上限值"框中输入记录条数或百分数，按 Enter 键即可。

属性表	×
所选内容的类型：查询属性	
常规	
说明	
默认视图	数据表
输出所有字段	否
上限值	All
唯一值	否
唯一的记录	否
源数据库	(当前)
源连接字符串	
记录锁定	不锁定
记录集类型	动态集
ODBC 超时	60
筛选	
排序依据	
最大记录数	
方向	从左到右
子数据表名称	
链接子字段	
链接主字段	
子数据表高度	0cm
子数据表展开	否
加载时的筛选器	否
加载时的排序方式	是

图 4.8　"属性表"对话框

3．唯一值

如果该属性值设置为"是"，则查询的显示结果将去掉重复的记录；如果该属性值设置为"否"，则查询的显示结果中即使出现了重复的记录，也将重复显示出来。

例如，要查询公司已有签署订单的员工的编号和姓名，由于员工多签有多个订单，则查询结果中将出现多条记录，如果只关注有哪些员工签署了订单，则只需关注其是否有订单信息，而不是签过多少，因此结果表中需要使用"唯一值"属性。如果"唯一值"属性设置为"否"，则将显示重复的多条记录。具体操作过程如图 4.9 所示。

4．记录集类型

该属性决定是否允许用户在查询结果中修改数据、删除和增加记录。默认的属性是"动态集"，即允许用户在查询的结果中修改数据、删除和增加记录。如果不允许用户在查询结果中对数据进行修改，则应将"记录集类型"属性设置为"快照"。

4.3.4　添加计算字段

在查询中，人们会常常关心数据表中的某些信息，而不是数据表的某个字段的完全信息，这就需要采用添加计算字段的方式来实现。

例如，要查看员工表中所有员工的工龄，并从高到低排列。

在创建查询时，由于数据表中没有员工的工龄字段，但有员工的入职日期，这样可以

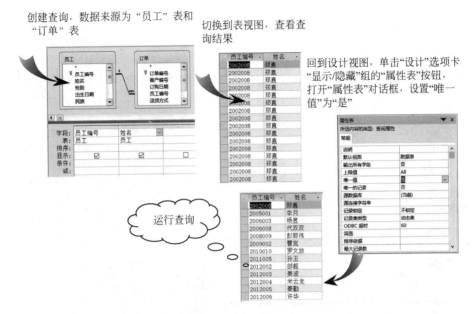

图 4.9　查询属性设置过程

利用 year 函数从员工的入职日期中提取入职年份,然后与系统日期的年份进行差值计算,即可得到员工的工龄,将此表达式作为查询的一个新字段。具体操作过程如图 4.10所示。

在查询设计网格中添加一个计算字段,系统会自动给该字段命名为"表达式 1";如果有两个计算字段,则会自动命名为"表达式 2";若有更多的字段,则会自动按相同的规则顺序命名。要为计算字段的列标题命名,可采用在表达式的前面添加标题名的方式,用西文冒号将列标题与表达式分隔。如"工龄:Year(Date())−Year([入职日期])"。

注意:计算字段是在查询时系统利用基础数据表中的数据通过表达式的计算而显示出来的结果,它不会影响数据表的值,同样它也不会保存在数据库中,只有运算该查询时,系统通过运算才能得到该数据列。

4.3.5　总计查询

在建立总计查询时,人们更多的是关心记录的统计结果,而不是具体的某个记录。如每个部门的员工人数、男女员工人数、员工签单金额、商品销售额等。在查询中,除了查询满足某些特定条件的记录外,还常常需要对查询的结果进行相应的计算,如求最大值、最小值、计数、求均值等。

总计查询分为两类:对数据表中的所有记录进行总计查询和对记录进行分组后再分别进行总计查询。

注意:不能在总计查询的结果中修改数据。

1. 总计项

要创建总计查询时,需要根据查询的要求选择统计函数,即在查询"设计网格"的"总

创建基于"员工"表的查询，在字段第四列输入公式
"Year(Date())–Year([入职日期])"，按Enter键

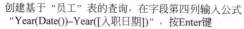

运行查询或切换视图

切换到设计视图，将公式前面的"表达式1"
替换为"工龄"

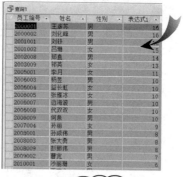

运行查询

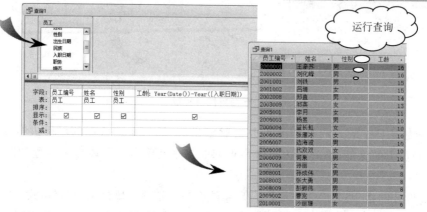

图 4.10　创建计算字段查询的操作过程

计"行中选择总计项。Access 提供的总计项共有 12 个，其功能如表 4.11 所示。

表 4.11　总计项名称及功能

总　计　项			功　　能
类　别	名　　称	对应函数	
函数	合计	Sum	求某字段(或表达式)的累加项
	平均值	Avg	求某字段(或表达式)的平均值
	最小值	Min	求某字段(或表达式)的最小值
	最大值	Max	求某字段(或表达式)的最大值
	计数	Count	对记录计数
	标准差	StDev	求某字段(或表达式)的标准差
	方差	Var	求某字段(或表达式)的方差
其他总计项	分组	Group By	定义要执行计算的组
	第一条记录	First	求在表或查询中第一条记录的字段值
	最后一条记录	Last	求在表或查询中最后一条记录的字段值
	表达式	Expression	创建表达式中包含统计函数的计算字段
	条件	Where	指定不用于分组的字段准则

2. 总计查询

创建总计查询的操作方式与普通的条件查询相同,唯一的区别是需要设计总计行,即在查询设计视图下,单击"设计"选项卡的"显示/隐藏"组的"汇总"按钮,在设计网格中添加总计行,在总计行中对总计的方式进行选择。

在进行总计查询时,打开查询设计器,将查询相关的数据源添加到数据区域中,单击"设计"选项卡的"显示/隐藏"组的"总计"按钮,在设计网格中添加一个总计行,同时,在总计行中将自动出现"Group By",将插入光标置于总计行,在右侧将出现一个下三角按钮,单击该按钮,将出现总计项列表,在列表中单击选项即可选中总计方式。

例如,要统计员工人数,可采用如图 4.11 所示的操作。

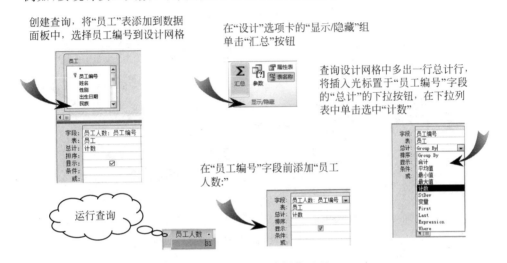

图 4.11 总计查询操作过程

在设置了总计项后可单击工具栏中的"视图"按钮 ▦ ,即可查看查询结果。由于查询经过了计算,Access 将自动创建默认的列标题,即由总计项字段名和总计项名组成。若要对列标题进行定义,可在"字段"行中完成,即在总计字段名前插入要命名的新字段名,用西文冒号与原字段名分隔,如上示例中即将统计字段的列标题修改为"员工人数:员工编号"。

注意:如果在统计一个表中的记录条数时,可选择表中的任何一个字段作为统计字段,但要注意,如果该字段的值为空时该记录不参加总计。如果要统计查询结果中的记录数据,选用关键字段作为计数字段是更为保险的。

在上面的例子里,如果选择"联系方式"字段,则统计结果就不正确,因为表中某些员工没有联系方式,他对应的联系方式字段的值即为空。如图 4.12 所示,即采用联系方式为统计字段的结果,与实际数据不符。

在查询时,如果要对查询的记录进行条件设置,可设置条件列,在条件列中进行条件设置。图 4.13 所示为统计女员工人数的查询设计视图,即为在员工计数的基础上添加条件列完成查询。

例如,要统计商品中库存的最大值和最小值。在查询中,因为库存是保存在商品表中

图 4.12　以"联系方式"字段创建总计查询

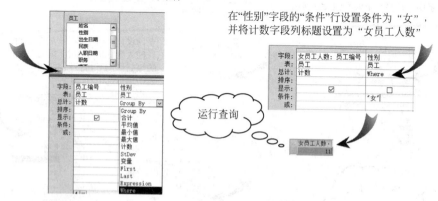

图 4.13　在总计查询中添加条件操作过程

的，因此对"商品"表创建查询，将库存两次添加到查询设计网格中，单击"汇总"按钮，添加总计行，分别设置它们的汇总方式为最大值和最小值，具体操作过程如图 4.14 所示。

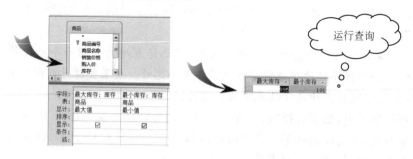

图 4.14　创建最大库存和最小库存的总计查询

3. 分组总计查询

在查询中，常常不仅需要对某一个字段进行统计，同时还希望将记录进行分组，再对分级后的值进行统计。这样在分组时，只需在查询中添加一列分组列，对分组后的结果进行统计。

例如,要统计各部门的员工人数,则需要添加一个按部门的分组,即以部门为分组,统计员工的人数,具体操作过程如图 4.15 所示。

创建查询,将"员工"表和"部门"表添加到数据面板,
将"部门名称"和"员工编号"添加到查询字段中

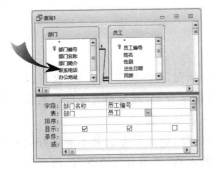

在"设计"选项卡的"显示/隐藏"组中
单击"汇总"按钮

查询设计网格中多出一行总计行,将插入光标
置于"员工编号"字段的"总计"的下拉按钮,在
下拉列表中单击选中"计数"

运行查询

在"员工编号"字段前为计数字段
添加列标题 "员工人数"

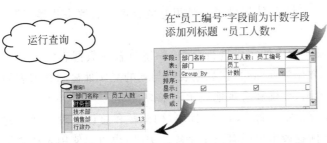

图 4.15 总计查询操作过程

例如,希望了解员工的销售情况,那么希望了解他的销售额状态,但订单中不存在销售额,订单明细中也只有商品编号和销售数量,而销售价格在"商品"表中,即要怎样才能统计到员工的销售额呢,那就需要创建一个基于订单情况的查询,并利用"销售价格×数量"来计算商品的销售额,再按员工姓名进行总计,即可得到该员工所有的销售额,具体操作过程如图 4.16 所示。

将相关数据表添加至数据面板,将姓名添加到设计网格,并
设计计算字段:销售价格*数量*(1-折扣),为该计算字段添加
显示名为"销售额",单击"汇总"按钮,添加总计行,姓名为
分组字段,销售额为合计字段

运行查询

图 4.16 多表总计查询操作过程

在查询过程中，虽然查询数据只涉及"员工"表、"商品"表和"订单明细"表，但由于"员工"表与其他两个表没有联系，因此必须将"订单"表添加到数据面板中，使数据表之间产生联系，以保证计算数据有效。

注意：在多表查询时，一定要注意数据表之间的关系，即在数据区域中的所有数据表一定要相互相关。

4.4　交叉表查询

Access 中进行简单查询时，可以根据条件查看满足某些条件的记录，也可以根据需求在查询中进行计算。在前面的查询中，完成的是简单查询，通过设置条件将数据表中的数据进行查询、投影和纵向的总计等，并在查询结果中展示数据。

但在有些时候，人们希望对数据进行多角度的统计，前面的方法就不能很好地解决相应的问题。如需要查看每个部门的男女员工各自的人数，采用分组查询时，每个部门名称也会重复出现。因此，在 Access 中，系统提供了一种很好的查询方式解决此类问题，即交叉表查询。

交叉表查询是将来源于某个表中的字段进行分组，一组放置在数据表的左侧作为行标题，一组放置在数据表的上方作为列标题，在数据表行与列的交叉处显示数据表的计算值。这样可以使数据关系更清晰、准确和直观地展示出来。

在创建交叉表查询时，需要指定三种字段：行标题、列标题和总计字段。列标题和总计值均只能有一个字段，而行标题最多可以有三个字段。另外，也可以使用表达式生成行标题、列标题或要总计的值。

创建交叉表查询有两种方式：交叉表查询向导和查询设计视图。

4.4.1　利用向导创建交叉表查询

使用交叉表查询向导创建查询时要求查询的数据源只能来源于一个表或一个查询，如果查询数据涉及多表，则必须先将所有相关数据建立一个查询，再用该查询来创建交叉表。

利用交叉表查询向导的操作方法是：在"创建"选项卡的"查询"组单击"查询向导"按钮，在打开的"新建查询"对话框中单击选中"交叉表查询向导"，根据向导的提示进行设置即可创建相关的查询。

例如，需要创建一个交叉表查询，显示每个部门的男女员工人数。该查询所涉及的数据均可取自"员工"表，因此，可直接采用交叉表查询向导来实现。具体操作过程如图 4.17 所示。

注意：在交叉表查询向导中，系统允许最多有三个行标题，只能有一个列标题。在交叉处的总计方式，系统提供了五个函数：Count、First、Last、Max 和 Min。

交叉表查询向导，查询的数据源只能来源于一个对象、表或查询，而在对"员工"表的查询中，由于"员工"表中没有部门名称，只有部门编号，查询结果不利于查看，希望以部门名称和性别对数据进行查询汇总，则只能通过先生成交叉表查询所需的数据源，然后再利

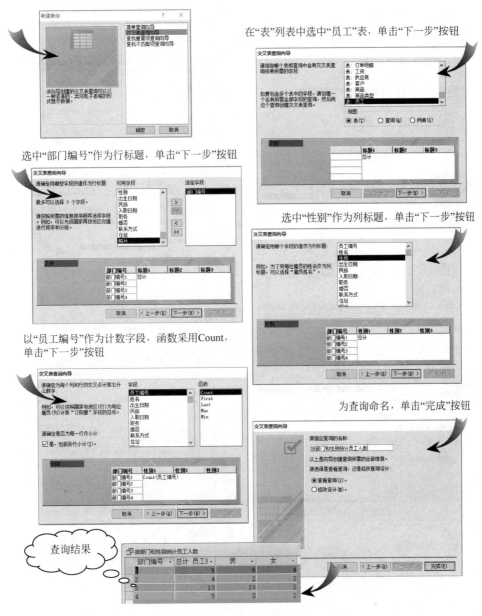

图 4.17 利用交叉表查询向导创建查询的操作过程

用查询作为交叉表的查询数据源,即可完成相应的查询。具体操作过程如图 4.18 所示。

在利用交叉表查询向导创建交叉查询时,如果不需要在结果表中显示行汇总数据,可在向导的选择汇总字段的位置将行小计的复选框中的选中标志取消,则查询结果中不再显示汇总信息。如果在向导创建过程中忘了取消小计行的选中状态,也可回到查询的设计视图,在设计网格中将总计列删除,同样可以达到相同的效果。

创建交叉表查询用数据源，选中"部门名称" "员工编号"和"性别"字段

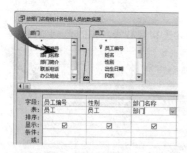

选中"部门名称"作为行标题，单击"下一步"按钮

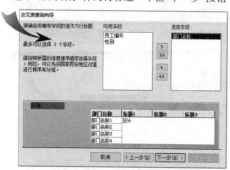

选中"员工编号"作为总计字段，单击"下一步"按钮

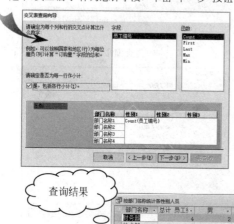

打开"交叉表查询向导"对话框，在"查询"列表中选中创建好的数据源，单击"下一步"按钮

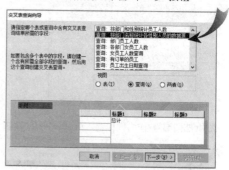

选中"性别"作为列标题，单击"下一步"按钮

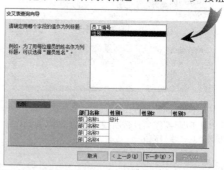

命名查询，单击"完成"按钮

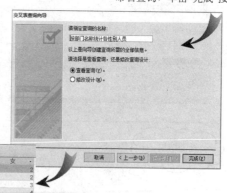

查询结果

图 4.18 利用查询作为数据源创建交叉表

4.4.2 利用设计视图创建交叉表查询

在交叉表查询中，除了运用交叉表查询向导创建交叉查询外，还可利用查询设计视图创建交叉表查询。操作的方法是打开查询设计器，将与查询相关的数据表或查询添加到数据区域中，再选择"设计"选项卡"查询类型"组的"交叉表"命令，或在查询设计器区域右击，在弹出的快捷菜单中选择"交叉表查询"命令，查询设计视图转变为交叉表设计网格。

在设计网格中添加上"总计"行和"交叉表"行。"总计"行用于设计交叉表中各字段的功能,是用于分组还是用于计算,在"交叉表"行中用于定义该字段是"行标题""列标题",还是"值"或"不显示"。如果某字段设置为不显示,则它将不在交叉表的数据表视图中显示,但它会影响查询的结果,通常可用来设置查询的条件等。

要按部门查看男、女职工最高基本工资情况,可采用交叉表查询,数据源来自"部门"表、"员工"表和"工资"表。具体操作过程如图 4.19 所示。

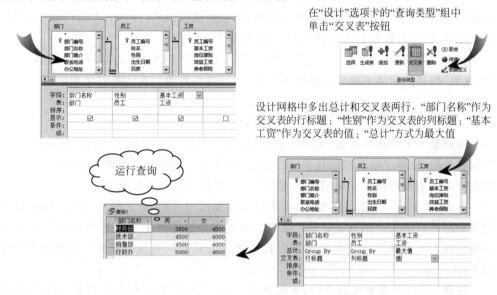

图 4.19 利用查询设计器创建交叉表查询操作

在创建交叉表查询时,还可对查询的数据进行条件设置,如要查询各部门已婚男女员工的人数,则需要添加条件。在交叉查询中添加条件,与其他查询添加条件相似。具体操作过程如图 4.20 所示。

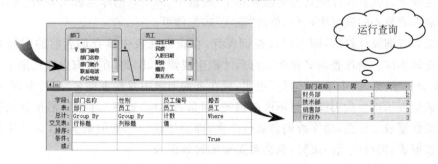

图 4.20 在交叉查询中添加条件的操作过程

4.5 动作查询

在对数据库进行维护时，常常需要大量地修改数据，如备份数据表、在数据表中删除不符合条件的数据、对数据表中的数据进行批量修改等操作。Access 提供了相应的操作查询，可以轻松地完成相应的操作。

Access 提供的动作查询一共有四种：生成表查询、追加查询、更新查询和删除查询。

动作查询与选择查询、交叉表查询等不同的地方在于它会对数据表进行修改，而其他的查询是将数据表中的数据进行重新组织，动态地显示出来。因此，在运行动作查询时一定要注意，它会对数据表进行修改，部分操作是不可逆的。

动作查询的操作必须是通过单击"设计"选项卡中"结果"组的"运行"按钮来完成，单击"视图"按钮的切换不能完成操作查询的运行，这与普通的查询是有区别的。

4.5.1 生成表查询

查询是一个动态数据集，关闭查询，则动态数据集就不存在了，如果要将该数据集独立保存备份，或提交给其他的用户，则可通过生成表查询将动态数据集保存在一个新的数据表中。生成表查询可以利用一个或多个表的数据来创建新数据表。

例如，要生成一个员工体检表，在表中只需要部门名称、员工编号、姓名、性别和年龄，则可利用表查询来产生所需要的数据表。操作方法是先产生一个相关数据的查询，然后利用生成表查询操作将该查询结果以数据表的方式永久地保存起来。具体操作过程如图 4.21 所示。

注意：在生成表查询操作中，系统日期 Now() 也可用 Date() 来代替，员工的年龄字段的取值也可用周岁来计算，可采用"Int((Now()-[出生日期])/365)或(Now()-[出生日期])\365"来实现，后者即是用整除的方式。

在创建生成表查询时，先创建一个所需数据的查询，然后在"设计"选项卡"查询类型"中单击"生成表"按钮，也可在查询设计器区域右击，在弹出的快捷菜单"查询类型"级联菜单中选择"生成表查询"命令，打开"生成表"对话框，在该对话框中，对要生成的数据表的名称进行定义，同时还可选择要生成的数据表的存放位置，系统默认的是当前数据库，如果要使生成的数据表保存到其他的数据库中，则选中"另一数据库"，在下方的"文件名"文本框中输入要放入的数据库名称，单击"确定"按钮即可。

生成表查询设计好后，即可将该查询保存，在查询列表中该查询名前的图标为🔳，与普通查询不同。动作查询必须在运行后才能生成新表，因此，在查询设计视图下，在"设计"选项卡的"结果"组中单击"运行"按钮，或在查询列表中双击查询名，运行查询，系统将弹出对话框提示该生成表操作是不可撤销的，问是否继续，选择"继续"，则在数据表中生成一个新数据表。注意，动作查询每运行一次，即会生成一个新的数据表，如果原来已经生成了数据表，则再生成一次时，就会覆盖原来的数据表。

在生成表查询创建新数据表时，新表中的字段自动继承查询数据源的基表中字段的类型及字段大小属性，但不继承其他字段属性。同时，一旦新表生成了，则与原数据表无

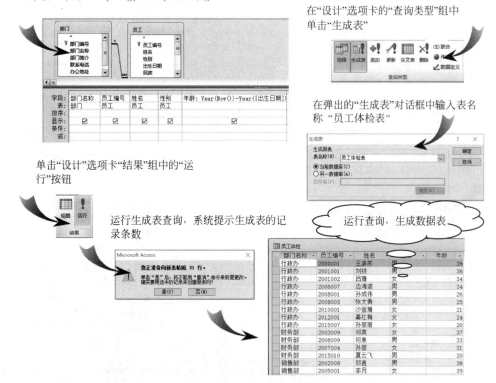

图 4.21 生成表查询操作过程

关了,当基础数据表的数据发生变化时,生成的数据表的数据不会发生变化。

4.5.2 更新查询

更新查询可以根据条件对一个或多个数据表中的一批数据进行更新,大大提高了数据的维护效率和准确性。

例如,在新创建的"员工体检"表中添加一个文本型字段"体检时间",用于放置员工体检的时间。根据工作安排,公司对员工体检的时间安排是,男员工周五上午体检,女员工周四上午体检。要完成在数据表中添加各员工的体检时间的操作,可通过更新查询来实现。可先将所有男员工的体检时间设置为周五上午,然后再将所有女员工的体检时间更新为周四上午,具体操作过程如图 4.22 所示。

注意:更新查询操作时,可以一次更新一个字段的值,也可以一次更新多个字段的值。更新操作要有效,必须运行该更新查询。同时,在更新查询运行时,每运行一次,就会对目标数据表中的数据的值进行一次更改,而且该操作是不可逆的。因此,在运行更新查询时,必须注意,在对数据表中的数据进行增值或减值更新操作时,如果多次运行,则可能会造成数据表中数据的出错。

更新查询既可以用来实现数据表中数据的更新操作,也可以用于数据表中各字段之间的横向计算。假设要更新"工资"表中的"其他",其他=(基本工资+岗位津贴)×5%,

打开查询设计器，将"员工体检"表添加到数据面板，
将"体检时间"和"性别"字段添加到查询网格

在"设计"选项卡的"查询类型"组中单击
选中"更新"按钮

单击"结果"组的"运行"按钮，运行查询，将所
有男员工的体检时间添加到"员工体检"表中

在"体检时间"字段的"更新到"栏添加"周五上
午"，"性别"字段的"条件"栏添加"男"

再在查询设计器中进行修改，在"体检时间"字段
的"更新到"栏添加"周四上午"，"性别"字段
的"条件"栏添加"女"

单击"结果"组的"运行"按钮，运行查询，将所有
女员工的体检时间添加到"员工体检"表中

打开"员工体检"表，
查看结果

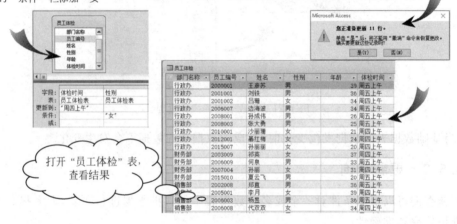

图 4.22　更新查询操作过程

具体操作过程如图 4.23 所示。

　　注意：在表中进行横向计算时，公式中字段对象不能是计算字段，否则无法完成。

　　在利用更新查询修改数据时，一定要注意有的时候是不能多次运行的，否则会造成错误。如图 4.24 所示，该查询完成的是将销售代表的基本工资增加 500 元的操作，如果运行一次，销售代表的基本工资增加 500 元，那如果运行两次呢？多次运行呢？请思考。

4.5.3　追加查询

　　追加查询即是根据条件将一个或多个表中的数据追加到另一个数据表尾部的操作，通常可以使用该操作来实现数据的备份等。

　　假设创建了一个销售部员工基本信息的数据表，表中包含四个字段：员工编号、姓名、性别和出生日期。现在要将员工表中的所有销售部门员工的信息追加到该表中，可通

创建一个基于工资表的更新查询，添加"其他"字段到查询网格中，"更新到"栏为 "([基本工资]+[岗位津贴])*0.05"

单击"结果"组的"运行"按钮，完成数据的更新

更新后的数据表

图 4.23 利用更新查询实现横向计算的操作过程

创建一个基于"员工"表和"工资"表两个表的查询，"职务"字段"条件"栏为"销售代表""基本工资"字段"更新到"栏为"[基本工资]+500"

在"设计"选项卡的"结果"组中单击"运行"按钮，运行更新查询

更新后的部分数据表

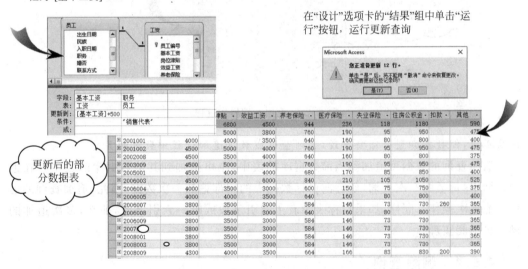

图 4.24 更新销售代表基本工资查询设计视图

过追加查询来实现，但员工所属部门的名称在员工表中不能直接获得，这里需要添加部门表来实现销售部门员工的选取，具体操作过程如图 4.25 所示。

注意：在追加查询操作中，是将一个或多个数据表中的数据追加到另一个表中，既可以向空表中追加数据，也可以向已有数据表中追加数据。追加数据是否成功，在于要追加的数据是否可放入目标表的相应字段中。目标表的相应字段的字段名可以与源数据的字

先创建"销售部员工信息"空表，再创建查询，将"部门"表
和"员工"表添加到查询，并将需要的字段添加到设计网格，
这里"部门名称"字段为条件，不显示

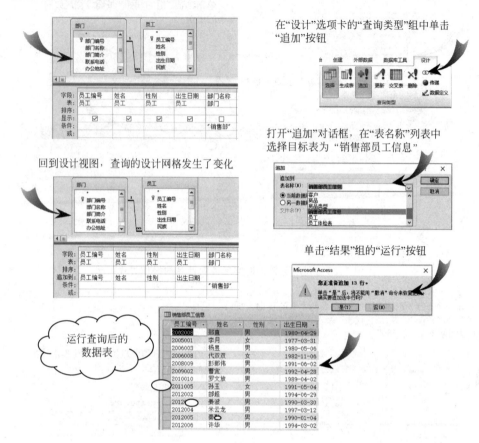

图 4.25　追加查询操作过程

段名不同，但数据类型一定要一致，否则会造成数据追加过程中数据的丢失。

　　追加查询的数据可追加到当前数据库的表中，也可追加到其他数据库的表中。在追加查询中，每运行一次查询，就会向目标数据表的尾部追加一次数据，因此，追加查询的运行不能多次操作。同样，如果目标表中有主索引字段或唯一索引字段，那么，多次追加的操作也不能实现。

4.5.4　删除查询

　　删除查询是从一个或多个数据表中删除满足条件的记录，这里删除的是记录，而不是数据表中某个字段的值，如果要删除某个字段的值，可利用更新查询来实现。

　　删除查询是将数据表中满足指定条件的记录从数据表中删除。操作方法是打开查询设计器，将要删除记录的数据表添加到查询的数据区域中，再单击"设计"选项卡"查询类型"组中的"删除"按钮，或在查询设计器区域右击，在弹出的快捷菜单的"查询类型"级联菜单中选择"删除查询"命令，切换到删除查询设计视图，此时，在设计网格中会出现一个

新的行"删除",在该行中出现 Where,则下方的"条件"行中将设置删除条件,单击工具栏中的"运行"按钮,即可运行删除查询,将满足条件的记录从数据表中删除。

例如,要将销售部员工信息表中的女员工记录删除,则可利用删除查询来实现,具体操作过程如图 4.26 所示。

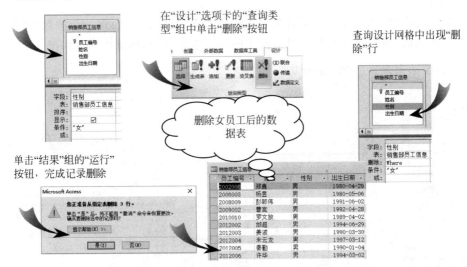

图 4.26　删除女员工记录动作查询过程

注意:删除查询可以从一个数据表中删除记录,也可以从多个相互关联的数据表中删除记录。如果要从多个表中删除相关记录,则应满足以下条件。

(1) 在"关系"窗口中定义相关表之间的关系。

(2) 在"关系"窗口中选中"实施参照完整性"复选框。

(3) 在"关系"窗口中选中"级联删除相关记录"复选框。

删除查询是永久删除记录的查询,此操作不可逆,因此,在运行删除查询时,一定要慎重,以免由于误操作带来不可挽回的损失。

4.6　参数查询

在前面创建的查询中,不管采用何种方式实现的查询,它的查询条件和方式都是固定的,如果希望根据某个字段或表达式不同的值来查询结果,则必须使用参数查询。

严格地说,参数查询不能算是单独的一类查询,它是建立在选择查询、交叉表查询或动作查询基础上的。在建立选择查询、交叉表查询和动作查询后,通过设置条件可将它修改为参数查询。

参数查询是利用对话框,提示用户输入参数,查询符合输入条件的记录。Access 可以创建单个参数的查询,也可以创建多个参数的查询。

4.6.1 单参数查询

创建单参数查询，即是在查询设计网格中指定一个参数，在执行参数查询时，根据提示输入参数值完成查询。

创建参数查询的操作方法是在"设计网格"的"条件"行中，利用方括号将查询参数的提示信息括起来，通常也将括号内的内容称作参数名，同时将括号及其括起来的内容作为查询的条件参数。

例如，前面已经创建了一个查看员工工龄的查询，现在需要创建一个参数查询，在输入一个工龄值时，查询的结果显示具有此工龄的员工姓名，具体操作过程如图 4.27 所示。

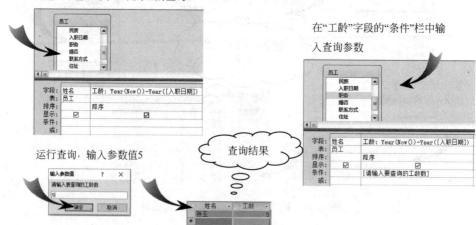

图 4.27　按照工龄查询员工姓名的参数查询

注意：建立参数查询后，如果要运行该参数查询，方式与普通的查询运行是相同的，唯一不同的是在运行中会弹出一个"输入参数值"对话框，要求输入参数值，输入后单击"确定"按钮，则查询的结果是参数值限定后的结果。

4.6.2 多参数查询

在参数查询过程中，查询的条件常常是多个，因此，在创建参数查询时，不仅可以创建单参数查询，还可以根据需要创建多参数查询。如果创建了多参数查询，在运行查询时，则必须根据对话框提示依次输入多个参数值。

例如，要创建一个查询，可实现输入员工入职日期的范围，就可显示在此范围内入职的员工信息。入职日期的范围是通过指定入职日期的起止日期来实现的，它们均由参数来实现。具体操作过程如图 4.28 所示。

注意：在字段列表中，＊表示所有字段，如果要显示所有字段，可直接将它添加到设计网格中而不需要逐一添加所有字段。在此查询中，由于两个入职日期字段是作为查询条件，因此要取消它们的显示状态。

在参数查询时，参数名即是在弹出的"输入参数值"对话框中的提示信息，它的命名方

创建一个基于"员工"表的查询，在设计网格中将字段列表中的*添加到设计网格，两次添加入职日期，并分别设置两个参数作为查询的条件提示，"条件"列不显示

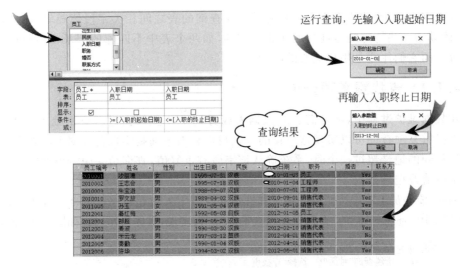

图 4.28　双参数查询操作过程

式通常是以用户理解为目的的，没有特别的要求。这里要注意，如果想让字段名成为参数名，则必须在"查询参数"对话框中进行定义才行，否则系统不会认为它是参数。具体的操作方法是在查询设计视图下，选择"设计"选项卡"显示/隐藏"组的"参数"命令即可打开，如图 4.29 所示。在"查询参数"对话框中可对参数的名称和类型进行定义。

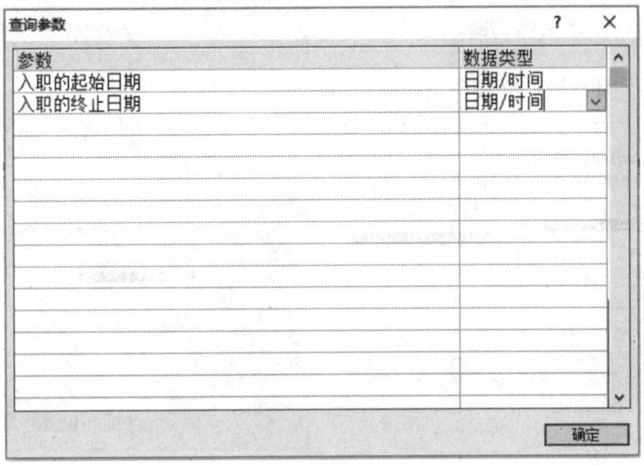

图 4.29　"查询参数"对话框

　　如果"查询参数"对话框除可以定义与字段同名的参数外，还可对参数的数据类型进行定义，如果不定义，则系统按照默认的数据格式处理数据，如越长的数字符号文本，或数字符号前有 0 符号出现时，均应进行预先定义以保证数据能够正常输入。

　　除此之外，在运行多参数查询时，系统通常会根据参数在查询设计网格的"条件"行中的位置从左到右顺序显示参数提示，但是如果要想改变参数值的输入顺序，是可以在"查询参数"对话框中进行调整的，即需要先执行的参数先定义，后执行的参数后定义。

4.7　其他类型的查询

在查询中，前面的所有查询均是通过参与查询的表之间相关字段值相等来进行匹配的，因此其中一些特殊的特性可能无法查询到，如两个表中不匹配的记录、出现重复值的记录等。而它们往往是用户关心的问题。

4.7.1　查找重复项查询

在数据维护过程中，常常需要对数据表或查询中一些数据进行查重处理，Access 提供的查找重复项查询可以实现这个目的。查找重复项查询是实现在数据表或查询中指定字段值相同的记录超过一个时，系统确认该字段有重复值，查询结果中将根据需要显示重复的字段值及记录条数。

例如，要在员工表中按照部门编号和性别查找员工人数超过一人的部门和男女员工人数，即可采用"查询向导"的"查找重复项查询向导"来实现，具体操作过程如图 4.30 所示。

单击"创建"选项卡"查询"组的"查询向导"按钮，打开"新建查询"对话框，选择"查找重复项查询向导"选项

选择"员工"表作为查询数据源

选中"部门编号"和"性别"字段作为查重字段

以"员工编号"作为计数字段

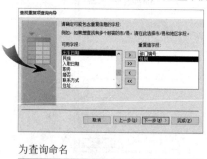

为查询命名

查询结果

图 4.30　查找重复项查询操作过程

注意：在使用"查找重复项查询向导"时，由于数据源只能来源于一个对象，而员工表中又没有部门名称，所以查询的结果只有部门编号和性别及人数，从结果看，没有一个部门的女员工人数多于一个的。

如果希望查询的结果是部门名称、性别和人数等，可采用的方法是先创建一个含部门名称、性别、员工编号字段的查询，再以些查询作为向导的数据源，即可在查询结果中显示部门名称。

例如，要查找部门各性别员工人数多于一人的部门名称、性别和员工人数，可通过操作图 4.31 完成。

首先创建一个具有"部门名称""性别"和"员工编号"字段的查询

打开"查找重复项查询向导"对话框，以预先创建的查询作为本查询的数据源

选择"部门名称"和"性别"作为查找重复项字段

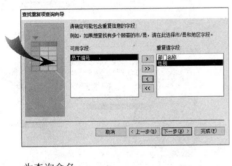

以"员工编号"作为计数字段

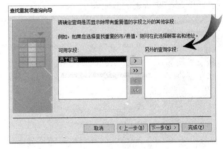

为查询命名

查询结果

图 4.31　多表相关数据重复项查询操作过程

注意：查找重复项的数据源只能来源于一个，表或查询，如果要查找重复项的数据来自多个表，则需要先创建一个基于查找重复项字段的查询，然后再以该查询作为数据源进行重复项查询。

4.7.2 查找不匹配项查询

在数据管理中,常常要对一些不匹配的数据进行查询,如没有订单的员工姓名,即员工表存在的员工,但在订单表中没有他的记录,同样,如没有交易信息的客户,即客户表中有的客户,但订单表中不存在该客户的记录等,这类查询利用前面的普通查询是无法实现的,需要借助于查找不匹配项查询来实现。

查找不匹配项的查询是在两个表或查询中完成的,即对两个视图下的数据的不匹配情况进行查询。Access 提供了"查找不匹配项查询向导"来实现该操作。

例如,要查找没有订单的员工姓名,即可采用"查找不匹配项查询向导"来实现,具体操作过程如图 4.32 所示。

打开"新建查询"对话框，选中"查找不匹配查询向导"

将"员工"表作为查询的主表

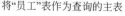

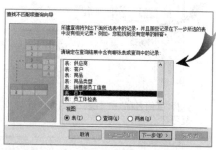

将"订单"表作为查询的匹配表

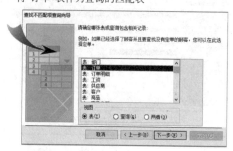

两表的匹配字段为"员工编号"

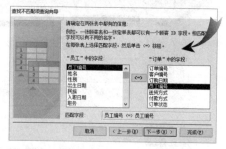

查询结果为"姓名"字段

为查询命名

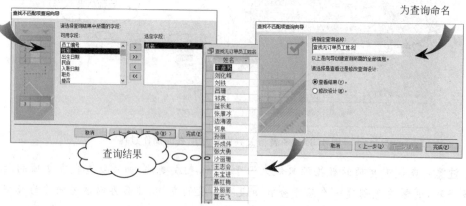

图 4.32　查找不匹配项查询操作过程

注意：在查找不匹配项记录的查询中，实现的是查找第一张基础数据表中的匹配字段在第二张表中不存在记录的操作，因此，一定要明确查找的不匹配项的目标。如果上例的查找不匹配项查询中，将订单表作为查询的第一张表，即查询的基础表，则查询的结果会是什么呢？

4.8 操作实例：数据查询

查询是数据库建立的重要目的，数据表用于存放基本数据，而保存的数据有一个很重要的目的就是目标查询和统计等，是用于业务的技术支持和目标决策的。如何更好地使用数据，也是查询的重要目的。

在此，围绕商品销售创建几例查询，以对商品、员工、客户等进行了解。

1. 按商品类型统计销售额

作为企业，常常关心的是商品销售额，哪类商品销售情况好，哪类商品销售情况不好，这就需要对销售金额进行总计查询，并对销售金额进行降序排列。具体操作过程如图4.33所示。

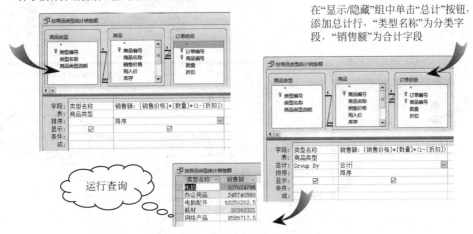

图 4.33　按商品类型统计销售额

如果希望查询的结果中销售额保留两位小数，以方便查看，可对"销售额"字段的属性进行设置，具体操作过程如图 4.34 所示。

2. 按年份统计员工的销售额

如果要了解每个员工总的销售额，即可采用总计查询来进行，但如果需要了解每年每个员工的销售情况，则需要进行交叉表查询才能清晰明确地将每个员工的销售情况进行展示，如图 4.35 所示，即是完成按年份统计员工的销售额的查询。

注意：在"订单"表中有订购日期，如果需要订购年份，即可通过 Year() 函数来实现，

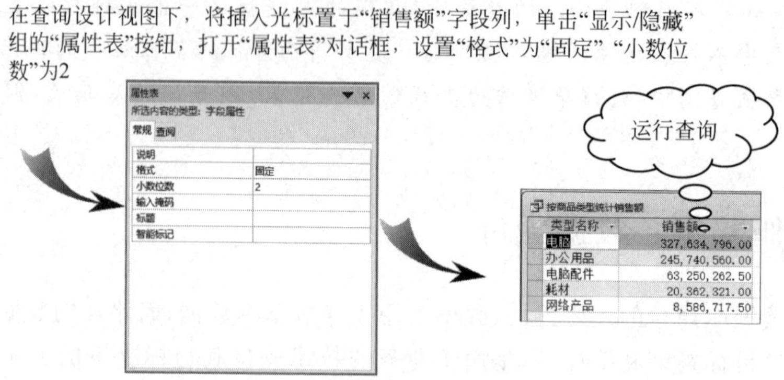

在查询设计视图下，将插入光标置于"销售额"字段列，单击"显示/隐藏"组的"属性表"按钮，打开"属性表"对话框，设置"格式"为"固定""小数位数"为2

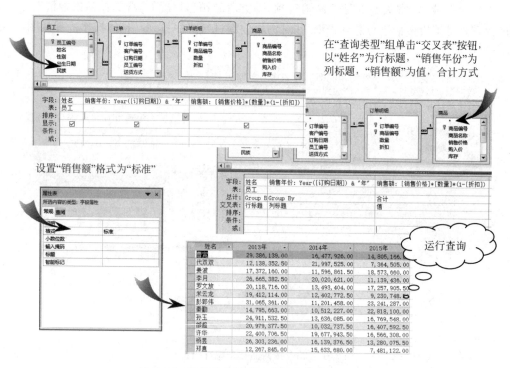

图 4.34　设置查询结果显示格式的操作过程

创建一个基于"员工"表"订单"表"订单明细"表和"商品"表的查询，将"姓名"字段添加到设计网格，并添加两个计算字段"销售年份"和"销售额"

在"查询类型"组单击"交叉表"按钮，以"姓名"为行标题，"销售年份"为列标题，"销售额"为值，合计方式

设置"销售额"格式为"标准"

图 4.35　按年份统计员工的销售额查询过程

为了清晰地表达年份，在此用了表达式"Year([订购日期]) & "年""，这里连接符采用的是 & 运算符，因为 Year() 函数返回的是数值型数据，要与字符"年"进行连接，不能用连接符＋。

3. 销售总额在前五名的客户名称和销售额

要了解公司的客户情况，通常是从与之的交易额来观察。要了解客户的交易额，可通过销售金额来完成，但如果客户很多，则通常会关注一些重要客户，只想了解最好的或最

差的,是可以通过"返回"设置来实现的,"返回"可以设置具体的记录条数,也可按百分比来进行设置,"返回"值的设置是基于对要"返回"的字段的排序开始的。

图 4.36 所示为统计销售总额在前五名的客户名称和销售额情况查询的操作过程。

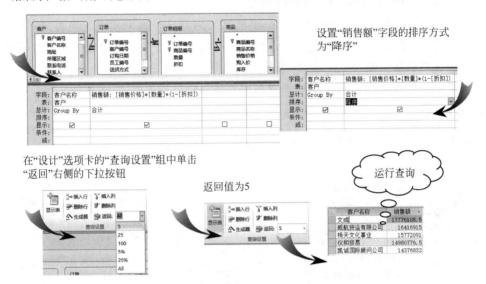

图 4.36 销售总额前五名客户查询过程

4. 查询订单数量最少的 10 个客户

要查看与客户交易的频度,往往可以通过与他们的交易次数来确定。这里通过总计查询,统计客户的订单数目,再将订单数最少的 10 个客户展示出来,具体操作过程如图 4.37 所示。

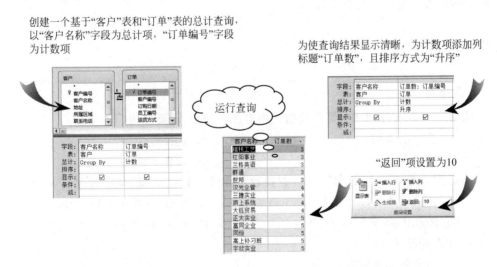

图 4.37 订单数量最少的 10 个客户查询

注意：在查询设计中，数据源的选择一定要符合查询的要求，既不能少添加数据表，使数据不能完全获得，但也不能随意将无关的数据表添加到查询数据源中，这样会使查询结果出现错误。此处如果将订单明细表添加到查询数据源中，查询的结果会怎样？是不是希望获得的查询结果？

5. 提供商品种数在前 20% 的供应商

要查询供应商提供商品种数的情况，仍然可采用总计查询来实现。当要显示的结果不是所有，而是部分时，可以通过"返回"下拉列表来选择，如果下拉列表中没有所要的值，可以直接在列表框中输入具体的值，按 Enter 键即可。

查找商品种数在前 20% 的供应商查询的具体操作过程如图 4.38 所示。

创建基于"供应商"表和"商品"表的总计查询，"供应商名称"为总计字段，"商品编号"为计数字段，为显示结果清晰明了，为计数字段添加列标题为"商品种数"

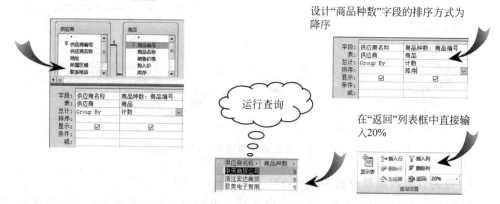

图 4.38　商品种数在前 20% 的供应商查询过程

注意：在总计查询中，如果要总计的对象与记录的条数有关，则一定要用非空字段作为计数字段，否则总计结果会出错。

4.9　习题

1. 选择题

(1) 在 Access 数据库中，要往数据表中追加新记录，需要使用(　　)。

　　A. 交叉表查询　　　　　　　　　　B. 选择查询

　　C. 参数查询　　　　　　　　　　　D. 动作查询

(2) 数据表中有一个"姓名"字段，查找姓名最后一个字为"菲"的条件是(　　)。

　　A. Right(姓名,1)="菲"　　　　　　B. Right([姓名]:1)="菲"

　　C. Right([姓名],1)=[菲]　　　　　D. Right([姓名],1)="菲"

(3) 在查询设计视图中(　　)。

　　A. 只能添加数据库表

　　B. 可以添加数据库表，也可以添加查询

C. 只能添加查询

D. 以上说法都不对

(4)利用对话框提示用户输入参数的查询过程称为( )。

    A. 选择查询   B. 参数查询

    C. 动作查询   D. SQL 查询

(5)以下叙述中,错误的是( )。

    A. 查询是从数据库的表中筛选出符合条件的记录,构成一个新的数据集合

    B. 查询的种类有选择查询、参数查询、交叉查询、动作查询和 SQL 查询

    C. 创建复杂的查询不能使用查询向导

    D. 可以使用函数、逻辑运算符、关系运算符创建复杂的查询

(6)要修改表中一些数据,可以使用的查询是( )。

    A. 生成表查询   B. 删除查询

    C. 更新查询   D. 追加查询

2. 填空题

(1)要查找“姓名”字段头两个字为“欧阳”,采用的条件是_____,在 Access 的数据库中已建立 tBook 表,若查找“图书编号”是 112266 和 113388 的记录,应在查询设计视图条件行中输入_____。

(2)将表 A 的记录复制到表 B 中,且不删除表 B 中的记录,可以使用的查询是_____。

(3)在 Access 查询中,属于动作查询的有_____、_____、_____和_____。

(4)查询是在数据表中按条件查找数据,生成_____。

3. 操作题

在“教学管理”数据库中,创建以下查询。

(1)查看学生的年龄情况,结果包括学号、姓名、性别、年龄。

(2)统计每个学院的学生人数,结果包括学院名称、人数。

(3)统计每门课程的选课人数,结果包括课程名称、人数。

(4)显示选课人数在四人以上的课程名称,结果包括课程名称、选课人数。

(5)计算学生的平均成绩,结果包括学号、姓名、平均成绩。

(6)创建参数查询,输入月份号,显示该月出生的所有教师的姓名、学院名称、出生月份。

(7)查询每门课程的最高分、最低分和平均分,结果包括课程名称、最高分、最低分、平均分。

(8)显示基本工资排在前 10%的教师信息,结果包括教师编号、姓名、学院名称、职称。

(9)查询所有姓“王”的学生信息,结果包括学号、姓名、性别、学院名称。

(10)查看各个学院每门课程的选修人数(提示:用交叉表完成)。

(11)给所有职称为教授的教师的岗位工资增加 30%。

(12)查找没有选课的学生,结果包括学院名称、姓名。

(13)查找没有开课的教师信息,结果包括教师编号、姓名、学院名称。

第 5 章
结构化查询语言

    SQL(Structured Query Language,结构化查询语言)是 DBMS 提供的对数据库进行操作的语言,已经成为关系数据库语言的国际标准。1986 年美国国家标准协会(ANSI)公布了第一个 SQL 标准 SQL-86,将 SQL 解释为 Structured Query Language。国际标准化组织通过了 SQL 并于 1989 年公布了经过增补的 SQL-89,1992 年公布了 SQL-92,即 SQL2。

    SQL 支持数据操作,用于描述数据的动态特性。SQL 包括四个主要功能:数据查询语言(Data Query Language)、数据定义语言(Data Definition Language)、数据操纵语言(Data Manipulation Language)、数据控制语言(Data Control Language)。

    SQL 语言的优点在于 SQL 不是面向过程的语言,使用 SQL 语言只需描述做什么,而不需要描述如何做,为使用者带来极大的方便。

    使用 SQL 时,必须使用正确的语法。语法是一组规则,根据需要、按照约定的规则将语言元素正确地组合在一起,就构成了 SQL 语句,帮助用户完成任务。

知识体系:

☞SELECT 语句的语法结构及各子句的功能

☞数据定义语句

☞数据操作语句

学习目标:

☞掌握利用 SELECT 语句完成单表和多表查询

☞掌握 SELECT 各子句的使用

☞学会利用数据定义语句进行数据表的创建、修改及删除等

☞掌握利用 SQL 语句完成数据的追加、删除及修改

本章所用数据库为吉祥商贸数据库,数据库表之间的关系如图 5.1 所示。

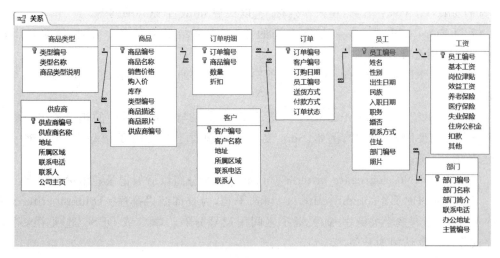

图 5.1　吉祥商贸数据库表关系

5.1　数据查询语言

5.1.1　SELECT 语句

SQL 的核心是从一个或多个表中返回指定记录集合的 SELECT 语句。SELECT 语句的基本形式为 SELECT-FROM-WHERE。

命令格式：

```
SELECT [predicate] { * | table.* | [table.]field1 [AS alias1]
                            [, [table.]field2 [AS alias2] [, ...]]}
    FROM   table_names
    [WHERE search_criteria]
    [GROUP  BY groupfieldlist
         [ HAVING  aggregate_criteria]]
    [ORDER  BY  column_criteria [ASC | DESC]]
```

相关参数说明如下。

（1）SELECT：查询命令动词。参数决定包含于查询结果表中的字段（列）。多个字段名时，用逗号分隔。

（2）Predicate：可选项，是下列谓词之一，[ALL | DISTINCT]或 TOP n[PERCENT]。它决定数据行被处理的方式。ALL 指定要包含满足后面限制条件的所有行。DISTINCT 会使查询结果中的行是唯一的（删除重复的行）。默认为 ALL。TOP n[PERCENT]只返回结果集的前 n 行或 n 百分比行。

（3）*：表示选择全部字段。

（4）table：表的名称，表中包含要选择的字段。

（5）field1、field2：字段的名称，该字段包含了用户要获取的数据。如果数据包含多个字段，则按列举顺序依次获取它们。

（6）alias1、alias2：名称，用来作列标头，以代替 table 中原有的列名。

（7）FROM table_names：指定查询的源，当查询结果来自多个表时，表名（table_names）之间用逗号分隔。

（8）WHERE search_criteria：可选子句，指明查询的条件。search_criteria 是一个逻辑表达式。

（9）GROUP BY groupfieldlist：可选子句，将记录与指定字段中的相等值组合成单一记录。如果使用合计函数，例如，Sum 或 Count，蕴含于 SELECT 语句中，会创建一个各记录的总计值。

（10）HAVING aggregate_criteria：可选子句，对分组以后的记录显示进行限定。

（11）ORDER BY column_criteria：可选子句，为查询结果排序。column_criteria 为排序关键字，当有多个关键字时，关键字之间用逗号分隔。ASC 或 DESC 选项用来指定升序或降序。默认值为升序。

值得强调的是，上述命令结构中包含了子句，每一个子句执行一个 SELECT 语句的功能，有些子句在 SELECT 语句中是必须出现的，如表 5.1 所示。

表 5.1　SQL 命令子句

SQL 子句	执行的操作	是 否 必 需
SELECT	列出查询的字段	是
FROM	列出包含查询字段或查询条件字段的表	是
WHERE	指出查询条件	否
ORDER BY	对结果排序，指出排序的依据	否
GROUP BY	在包含聚合函数的 SQL 语句中，列出未在 SELECT 子句中汇总的字段	仅在存在这类字段时才是必需的
HAVING	在包含聚合函数的 SQL 语句中，指定应用于 SELECT 语句中汇总的字段的条件	否

SELECT 语句的一般形式如下。

```
SELECT field_1
    FROM table_1
    WHERE criterion_1
    ;
```

Access 忽略 SQL 语句中的换行符。不过，考虑让每个子句使用一行（如上所示）有助于提高 SQL 语句的可读性。

每个 SQL 语句都以分号（;）结束。分号可以出现在最后一个子句的末尾或者单独出现在 SQL 语句末尾处的一行。

5.1.2　简单查询

查询是对数据库表中的数据进行查找，产生一个动态表的过程。在 Access 中可以方便地创建查询，在创建查询的过程中定义要查询的内容和规则，运行查询时，系统将在指定的数据表中查找满足条件的记录，组成一个新表。

1. 选择字段

使用 SELECT 语句,可以选择表中的部分字段,建立一个新表。相当于关系运算中的投影运算。SELECT 语句的最短的语法如下。

```
SELECT fields FROM table
```

下面的例 5.1 完成一个简单的、从单一表格中查询数据的例子。

例 5.1 查询员工姓名、性别和民族。

```
SELECT 姓名,性别,民族 FROM 员工;
```

完成这个例题以后,应该掌握书写 SQL 语句、运行 SQL 语句以及保存 SQL 语句的方法和操作,掌握查询设计视图中的视图切换,如图 5.2 所示。

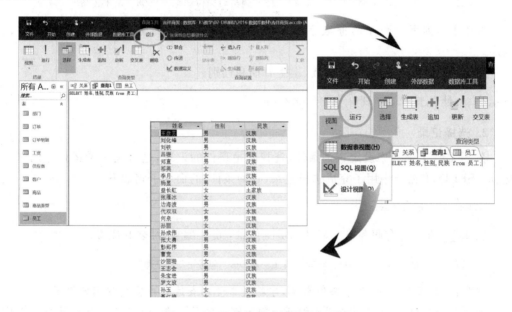

图 5.2 SQL 命令的书写及运行环境

例 5.2 查询员工中所有字段和记录。本例说明如果查询所有字段,简便的方法是使用通配符 ＊。

```
SELECT * FROM 员工;
```

如果在查询的结果中含有重复的记录,去掉重复记录的方法是在 SELECT 语句中使用 DISTINCT 关键字。如例 5.3,每个员工会有多份订单,就会出现员工编号重复的情况。使用 DISTINCT,使记录唯一。

例 5.3 在"订单"表中,查询有订单员工的员工编号。

```
SELECT  DISTINCT  员工编号  FROM  订单;
```

可以尝试一下,如果本命令中删除 DISTINCT,结果会如何?

注意:DISTINCT 不能对含有备注型字段、超链接型字段和 OLE 对象型字段的记录进行去重操作。

在 SQL 查询中,可以完成计算,并给出计算结果,例如,通过出生日期计算出年龄;如例 5.4 所示。

例 5.4 查询员工的姓名和年龄。

```
SELECT  姓名, Year(now())-Year(出生日期)  AS 年龄 FROM  员工;
```

本例命令中查询项目使用表达式"Year(now())－Year(出生日期)",这是一个计算出每名员工年龄的表达式;其中"AS 年龄"表示为所有的计算结果定义一个属性。

例 5.5 如果所有员工的岗位津贴在原来基础上增加 10%,重新计算岗位津贴并列出清单:员工编号,调整后岗位津贴。

```
SELECT  员工编号,岗位津贴*(1+0.5)  AS  调整后岗位津贴  FROM  员工工资;
```

查询中所列字段顺序与原表字段顺序无关,如例 5.6,通过查询可得到新的字段顺序。

例 5.6 查询员工的姓名、民族、出生日期和性别。

```
SELECT 姓名,民族,出生日期,性别  FROM  员工;
```

2. 选择记录

在 SELECT 命令中设定查询条件,查找满足条件的记录,这就是关系运行中的选择运算。SELECT 命令中用于完成选择记录(查询条件)的命令子句如下。

```
[WHERE search_criteria]
```

例 5.7 查询所有职务是工程师的员工信息:员工编号、姓名和职务。

```
SELECT  员工编号,姓名,职务  FROM  员工  WHERE  职务="工程师";
```

注意:"工程师"是一个字符型常量,字符型常量在表达式中需要使用定界符。

此命令由"WHERE 职务="工程师""构成筛选条件。命令执行时,首先从员工表中找到满足条件"职务="工程师""的记录,然后从中选择员工编号、姓名和职务三个字段构成一个新的关系。

例 5.8 在"商品"表中查询"购入价"大于等于 10000 元的商品信息,查询字段包括商品编号、商品名称、购入价、销售价格。

```
SELECT  商品编号,商品名称,购入价,销售价格
    FROM 商品  WHERE 购入价>=10000;
```

注意:10000 是一个数值常量,本例说明数值型常量在表达式中的表现形式。

例 5.9 在"员工"表中查询所有少数民族女性员工信息,查询字段包括姓名、性别和民族。

```
SELECT 姓名,性别,民族 FROM 员工 WHERE 性别="女" AND 民族<>"汉族";
```

这是一个包含两个查询条件且两个条件必须同时满足的查询,所以两个条件由一个

与运算连接。

例 5.10 在"商品"表中查询销售价格在 10000 元以上（包括 10000 元）和 100 元以下（不包括 100 元）的商品编号、商品名称和销售价格信息。

```
SELECT  商品编号,商品名称,销售价格
    FROM 商品 WHERE 销售价格>= 10000   or 销售价格<100;
```

本例查询销售价格较高和销售价格较低的商品信息,是一个包含两个查询条件的查询,两个条件满足其中之一即可,因此,两个查询条件由一个或运算连接。

例 5.11 在"员工"表中查询所有未婚记录。在"员工"表中,婚否是一个逻辑型字段。注意下面两条命令,给出两种表达式形式。

```
SELECT  *   FROM  员工  WHERE  婚否 = False;
```

比较下面的命令:

```
SELECT  *   FROM  员工  WHERE  NOT  婚否
```

在查询中还可以使用运算符,运算符 IN 和 NOT IN 用于检索属于(IN)或不属于(NOT IN)指定集合的记录。

如果在数值的列表中找到了满足条件的值,则 IN 运算符返回 True;否则返回 False。也可以加上逻辑运算符 NOT 来计算相反的条件。

例 5.12 在"员工"表中查询苗族和土家族员工所有信息。

```
SELECT  *   FROM  员工  WHERE  民族  IN  ('苗族','土家族');
```

比较下面的命令:

```
SELECT  *   FROM  员工  WHERE  民族 = '苗族'  OR  民族 = '土家族';
```

例 5.13 在"工资"表中查询扣款为"空"值的记录信息,字段包括员工编号、扣款。

```
SELECT  员工编号,扣款  FROM  工资  WHERE  扣款  IS NULL;
```

比较下面的命令:

```
SELECT  员工编号,扣款  FROM  工资  WHERE ISNULL(扣款);
```

上述两条命令完成查询"空"值的功能,前一条命令使用了查询谓词 IS NULL,用"成绩 IS NULL"的形式构成筛选成绩为"空"(不确定)的条件；后一条命令使用了函数 ISNULL(成绩)。试比较下面的命令:

```
SELECT 员工编号,扣款 FROM 工资 WHERE 扣款 = 0;
```

5.1.3 多表查询

关系不是孤立的,所以表也不是孤立的,表之间是有联系的。多表查询是指 SELECT 命令的查询内容或查询条件同时涉及数据库中相关的多个表。

例 5.14 查询有扣款的员工编号、姓名和扣款。

分析：由于扣款信息在"工资"表中，姓名在"员工"表中，这个查询就需要从两个表中查询信息，员工编号在"员工"表和"工资"表中都有，两个表之间是由员工编号相联接的。

```
SELECT  员工.员工编号,姓名,扣款  FROM  员工,工资
    WHERE  员工.员工编号＝工资.员工编号  AND  扣款  IS NOT NULL;
```

这是一个涉及两个表的查询任务，查询所要求的结果来自两个表，所以有"FROM 员工,工资"；而这两个表之间是有联系的，这种联系是通过父表的主关键字和子表的外部关键字建立的，所以有命令子句 WHERE 中的筛选条件"WHERE 员工.员工编号＝工资.员工编号"。由于"员工"表和"工资"表都有"员工编号"字段，因此在 SELECT 子句中要用前缀的形式"员工.员工编号"或"工资.员工编号"指明取自哪个表中的员工编号；本例是"员工"表和"工资"表以"员工编号"相等进行的等值联接。

例 5.15　查询华北地区现金付款客户信息。

```
SELECT  DISTINCT  客户. * FROM  客户,订单
    WHERE (客户.客户编号＝订单.客户编号)
    AND (付款方式＝"现金" AND  所属区域＝"华北");
```

注意：DISTINCT 在这条命令中所起到的作用。

下面举例说明信息来自三个表的查询。

例 5.16　查询 2015 年 12 月 1 日以后销售，折扣为 10％的商品信息，包括商品名称、订单编号、订购日期、数量和折扣。

```
SELECT 商品名称,订单.订单编号,订购日期,数量,折扣
    FROM 商品,订单,订单明细
    WHERE (商品.商品编号＝订单明细.商品编号
        AND 订单.订单编号＝订单明细.订单编号)
        AND (折扣＝0.1 AND 订购日期>＝♯2015－12－01♯);
```

本例所查询信息分布在"商品"表、"订单"表和"订单明细"表中，因此，FROM 子句后面出现三个表，当 FROM 子句中出现多个表时，WHERE 子句必须有多个表之间的连接条件，并且条件之间是 AND 运算；同前例，由于"订单编号"字段出现在多个表中，需要前缀指明取自哪个表，本例为"订单.订单编号"。

例 5.17　查询订单中数量在 60～80（含 60 和 80）的商品名称、订单编号、数量和折扣。

```
SELECT  商品名称,订单编号,数量,折扣 FROM 商品,订单明细
    WHERE 商品.商品编号＝订单明细.商品编号 AND 数量 BETWEEN 60 AND 80;
```

比较下面的命令：

```
SELECT  商品名称,订单编号,数量,折扣 FROM 商品,订单明细
    WHERE  商品.商品编号＝订单明细.商品编号  AND  数量>＝60  AND  数量<＝80;
```

例 5.18　查询 2015 年 1 月 20 日到 2 月 20 日期间的员工订单信息，包括姓名、订单编号、订购日期、送货方式。

```
SELECT   姓名,订单编号,订购日期,送货方式 FROM 员工,订单
    WHERE 订单.员工编号 = 员工.员工编号
        AND 订购日期 BETWEEN #2015-01-20# AND #2015-02-20#;
```

例 5.19 查询商品名称前两个汉字为"华为"的商品信息。

```
SELECT  *  FROM  商品  WHERE  商品名称  LIKE  '华为*';
```

比较下面的命令:

```
SELECT  *  FROM  商品  WHERE  LEFT(商品名称,2) = "华为";
```

运算符 LIKE 用于模糊查询,通配符 * 代表 0 或多个字符;通配符? 代表 1 个字符。除此以外,运算符 LIKE 还有表 5.2 的模糊查询用法。

表 5.2　模糊查询表达式示例

意　义	样　例	返回 True	返回 False
字符范围	LIKE [a-z]	F,p,j	2, &
范围之外	LIKE [! a-z]	9, &, %	b,a
非数字	LIKE [! 0-9]	A,a,&,~	0, 1, 9
组合字	LIKEa [! b-m]#	An9,az0,a99	abc,aj0

例 5.20 查询商品名称中含有"复印纸"三个字的所有商品信息。

```
SELECT  *  FROM  商品  WHERE  商品名称  LIKE  '*复印纸*';
```

如果对上述例子中所有逻辑表达式做非运算,就可以获得否定(不是、不等于、不包含)的查询结果。

可以用 SELECT…INTO 语句将查询结果保存到一个新的表中,语句格式如下:

```
SELECT field1[, field2[, ...]] INTO newtable FROM source_table;
```

例 5.21 查询供应商名称中不含有"电子"两个汉字的供应商信息,查询结果保存到一个新表中,表名为 T21。

```
SELECT * INTO t21 FROM 供应商  WHERE 供应商名称 NOT LIKE ("*电子*");
```

本命令执行后,可以在表对象中看到 T21,请打开表 T21,查看其中记录。

5.1.4　排序

SELECT 命令中用于对查询结果排序的命令子句如下:

```
[ORDER BY < fieldname1 > [ASC | DESC] [, < fieldname 2 > [ASC | DESC] ...]]
```

完成排序功能的 ORDER BY 子句只能用于 SELECT 命令的最终查询结果。如果含有子查询,只能对外层查询的结果进行排序。命令中的选项 ASC 表示升序排序;DESC 表示降序排序,默认为升序排序。排序关键字可以是属性名或属性在表中的排列序号 1、2 或 3 等。

按排序关键字在 ORDER BY 子句中出现的顺序,排序关键字分为第一排序关键字、第二排序关键字、第三排序关键字等;只有在第一排序关键字相同的情况下,第二排序关键字才会有效。依次类推,只有第二排序关键字相同时,第三排序关键字才会起作用。

例 5.22　查询所有财务人员信息,查询结果按员工编号排序。

```
SELECT  *  FROM 员工  WHERE  职务 = "财务人员"  ORDER BY  员工编号;
```

例 5.23　查询所有员工的信息,查询结果按性别排序,性别相同者按出生日期降序排序。

```
SELECT  *  FROM  员工  ORDER BY  性别,出生日期  DESC;
```

比较下面的命令:

```
SELECT  *  FROM 员工  ORDER BY  3, 4 DESC;
```

例 5.24　查询员工的姓名、性别、职务、基本工资、岗位津贴信息,并且按职务升序排序,相同职务按岗位津贴降序排序。

```
SELECT 姓名,性别,职务,基本工资,岗位津贴
    FROM 员工,工资 WHERE 员工.员工编号 = 工资.员工编号
    ORDER BY 职务,岗位津贴 DESC;
```

当仅需要查询满足条件的部分记录时,需要用到[TOP *n* [PERCENT]]选项与 ORDER BY 子句共同使用,并且[TOP *n* [PERCENT]]选项只能与 ORDER BY 子句共同使用才会有效。

例 5.25　查询销售价格最高的前三个商品的类型名称,商品名称、销售价格、购入价。

```
SELECT TOP 3 类型名称,商品名称,销售价格,购入价
    FROM 商品类型,商品
    WHERE 商品类型.类型编号 = 商品.类型编号
        ORDER BY 销售价格 DESC;
```

例 5.26　商品按购入价升序排序后,查询前 20% 商品信息。

```
SELECT TOP 20 PERCENT * FROM 商品 ORDER BY 购入价;
```

5.1.5　子查询

在 SQL 查询语言中,一个 SELECT-FROM-WHERE 语句称为一个查询块,把一个查询块嵌套在另一个查询块的 WHERE 子句或 HAVING 子句的条件中的查询,就构成子查询。

子查询的一般求解方法是由里向外处理,即每一个子查询在上一级查询处理之前求解,子查询的结果用于建立其父查询的查询条件。外层查询依赖于内层查询的结果,内层查询与外层查询无关。通常的情况是,当查询的结果出自一个表,条件涉及多个表时,使

用子查询。

创建子查询的语法格式：

comparison [ANY | ALL | SOME] (sqlstatement)
expression [NOT] IN (sqlstatement)

相关参数说明如下。

(1) comparison：一个表达式及一个比较运算符，将表达式与子查询的结果作比较。

(2) sqlstatement：SELECT 语句，遵从与其他 SELECT 语句相同的格式及规则。它必须放在括号之中。

(3) expression：用以搜寻子查询结果集的表达式。

例 5.27　查询华北区域"自行提货"的客户信息。

```
SELECT  *  FROM  客户
    WHERE 所属区域 = "华北"  AND  客户编号
        IN (SELECT 客户编号 FROM 订单 WHERE 送货方式 = "自行提货");
```

本例题查询华北区域"自行提货"的客户信息，查询结果来自"客户"表，查询条件来自"订单"表；外层查询为"客户"表，子查询(内查询)为"订单"表；命令首先执行子查询，从"订单"表中查询出所有"自行提货"的客户编号作为外层查询的条件，外层查询找到符合条件的客户。外层查询依赖于内层查询的结果，内层查询与外层查询无关。

例 5.28　查询没有订单的员工信息。

```
SELECT * FROM 员工 WHERE 员工编号 NOT IN (SELECT 员工编号 FROM 订单);
```

一个员工的员工编号不出现在"订单"表中，说明这名员工没有订单。子查询(SELECT 员工编号 FROM 订单)的结果是一个集合：所有有订单的员工编号。"WHERE 员工编号 NOT IN (SELECT 员工编号 FROM 订单)"表示员工编号不在这个集合中，就是没有订单的员工。

例 5.29　查询始终采用非支票付款的客户信息。

```
SELECT 客户.*  FROM  客户
    WHERE 客户编号 NOT IN (SELECT 客户编号 FROM 订单 WHERE 付款方式 = "支票")
        AND 客户编号 IN  (SELECT 客户编号 FROM 订单);
```

本例题为两个子查询并列，前一个子查询"客户编号 NOT IN (SELECT 客户编号 FROM 订单 WHERE 付款方式＝"支票")"确保查询得到的客户从来没有使用过支票；后一个子查询"客户编号 IN (SELECT 客户编号 FROM 订单)"确保客户是有订单的。

例 5.30　查询前 10 个订单中，与复印纸在同一个订单上的商品信息(与复印纸一同销售的商品)。

```
SELECT * FROM 商品
    WHERE 商品名称 NOT LIKE " * 复印纸 * "
        AND 商品编号 IN
            (SELECT DISTINCT 商品编号 FROM 订单明细 WHERE 订单编号
```

```
IN (SELECT DISTINCT 订单编号 FROM 订单明细
        WHERE LEFT(商品编号,3) = "FYZ" AND 订单编号<=10));
```

例 5.31　查询与员工吕珊同学同年出生的员工信息。

```
SELECT  *  FROM  员工  WHERE  YEAR(出生日期) =
    (SELECT  YEAR(出生日期)  FROM  员工  WHERE  姓名 = '吕珊');
```

此命令的子查询结果仍然是一个集合，不过这个集合只有一个值，这个命令也可以用下面的形式完成：

```
SELECT  *  FROM 员工  WHERE  YEAR(出生日期)
    IN  (SELECT  YEAR(出生日期)  FROM  员工  WHERE 姓名 = '吕珊');
```

当子查询的结果是一个值时，可以用 IN 也可以用等号（＝）；但是当子查询的结果是一组值时，只能用 IN。

5.1.6　分组查询

利用 SELECT 命令还可以进行分组查询，分组查询是一种分类统计，命令格式为如下。

```
SELECT [ALL | DISTINCT | DISTINCTROW]
    Aggregate_function(field_name) AS  alias_name
    [,select_list ]
    FROM  table_names
    [WHERE   search_criteria ]
    GROUP  BY groupfieldlist
        [ HAVING  aggregate_criteria]
        [ORDER  BY  column_criteria [ASC | DESC]]
```

相关参数说明如下。

（1）Aggregate_function 为聚集函数，用于对数据做简单的统计，常用的聚集函数包括以下几种。

① AVG(字段名)——计算数值字段的平均值。
② MIN(字段名)——找到指定选项的最小值。
③ MAX(字段名)——找到指定选项的最大值。
④ SUM(字段名)——计算数值字段的总和。
⑤ COUNT(字段名)——计数，统计选择项目的个数。SELECT 命令中的 COUNT（＊）形式将统计查询输出结果的行数。

（2）在 SELECT 命令中使用 GROUP BY 子句，可以按一个字段（列 GroupColumn）或多个字段分组（分类），并利用前面列出的聚集函数进行分类统计。

（3）用 HAVING 子句可以进一步限定分组条件。HAVING 子句总是跟在 GROUP BY 子句之后，不可以单独使用。

SELECT 命令中的 HAVING 子句和 WHERE 子句并不矛盾，查询过程中先用 WHERE 子句限定元组，然后进行分组，最后用 HAVING 子句限定分组。

例 5.32 查询前 20 张订单的平均数量。

```
SELECT 订 单编号,AVG(数量) AS 平均数量 FROM 订单明细
    WHERE 订单编号<= 20 GROUP BY 订单编号;
```

例 5.33 统计各部门人数。

```
SELECT 部门编号,COUNT( * ) AS 人数 FROM 员工 GROUP BY 部门编号;
```

例 5.34 按送货方式统计订单数量。

```
SELECT 送货方式,COUNT( * ) AS 数量 FROM 订单 GROUP BY 送货方式;
```

例 5.35 统计员工的订单数量。

```
SELECT 员工编号,COUNT( * ) AS 订单数量 FROM 订单 GROUP BY 员工编号;
```

例 5.36 统计订单数量大于 65(含 65)的员工信息。

```
SELECT * FROM 员工
    WHERE 员工编号 IN (SELECT 员工编号 FROM 订单
    GROUP BY 员工编号 HAVING COUNT( * )>= 65);
```

5.1.7 联接查询

关系数据操作的主要操作之一是联接操作,两个表中记录按一定条件联接后,生成第三个表。所谓两个表的联接是用第一个表的每一条记录遍历第二个表的所有记录,当在第二个表中找到满足联接条件的记录时,把记录联接在一起,写入第三个表(联接查询的结果)。

SELECT 命令支持表的联接操作,联接的类型为普通联接(INNER JOIN)、左联接(LEFT JOIN)和右联接(RIGHT JOIN),命令格式如下。

```
SELECT [predicate] select_list
    FROM table1 {INNER | LEFT | RIGHT } JOIN table2
        ON join_criteria
    [WHERE search_criteria ]
    [ORDER BY column_criteria [ASC | DESC]]
```

需要注意的是,在这个命令子句中,所要联接的表和其联接类型是由 FROM 给出的,联接的条件是由 ON 给出的,ON 条件指出当两个表在公共字段上的值相匹配时,进行联接。

使用 SQL 的 WHERE 子句,可以创建等值连接,连接字段的表达式与 JOIN 命令的 ON 子句一样。使用 WHERE 子句编写 SQL 语句来创建关系比使用 JOIN 语句要简单得多。WHERE 子句也比 JOIN…ON 结构更灵活,原因是可以使用诸如 BETWEEN … AND、LIKE、<、>、= 和<>等操作符。当在 JOIN 语句的 ON 子句中用等号(=)代替时,这些操作符会产生错误消息。

1. 普通联接

命令选项 INNER JOIN 为普通联接,也称为内部联接。普通联接的结果是只有满足

联接条件的记录才会出现在查询结果中。

例 5.37 完成"员工"表和"订单"表的普通联接。

```
SELECT * FROM 员工 INNER JOIN 订单 ON 员工.员工编号 = 订单.员工编号;
```

2. 左联接

左联接的查询结果是返回第一个表全部记录和第二个表中满足联接条件的记录。第一个表中所有没在第二个表中找到相应联接记录的那些记录，其对应第二个表的字段值为 NULL。

例 5.38 完成"员工"表和"订单"表的左联接。结果中包含了"员工"表的全部记录，包括没有订单的员工记录。

```
SELECT * FROM 员工 LEFT JOIN 订单 ON 员工.员工编号 = 订单.员工编号;
```

3. 右联接

右联接的查询结果是返回第二个表全部记录和第一个表中满足联接条件的记录。同样，第二个表不满足联接条件的记录，其对应第一个表的字段值为 NULL。

例 5.39 完成"员工"表和"订单"表的右联接。

```
SELECT * FROM 员工 RIGHT JOIN 订单 ON 员工.员工编号 = 订单.员工编号;
```

比较上述三种联接的结果。

5.1.8 联合查询

联合查询的作用是可以将多个相似的选择查询结果合并为一个集合。具体操作是使用联合查询运算 UNION，就可以把两个或更多个 SELECT 查询的结果集合并为一个结果集。只使用 SQL 语句就可以创建联合查询。UNION 查询的通用格式如下。

```
SELECT   select_statement
    UNION   SELECT select_statement
    [UNION   SELECT select_statement
    [UNION ...]
```

联合查询的要求：联合查询中合并的选择查询必须具有相同的输出字段数、采用相同的顺序并包含相同或兼容的数据类型。在运行联合查询时，来自每组相应字段中的数据将合并到一个输出字段中，这样查询输出所包含的字段数将与每个 SELECT 语句相同。注意，根据联合查询的目的，"数字"和"文本"数据类型兼容。

例 5.40 查询所属区域为"西南"的供应商和客户。

```
SELECT   供应商编号   AS BH,供应商名称   AS XM,所属区域
      FROM   供应商   WHERE   所属区域 = "西南"
    UNION
    SELECT   客户编号   AS BH,客户名称   AS XM,所属区域
      FROM   客户   WHERE   所属区域 = "西南";
```

5.2 数据定义语言

通过在 SQL 视图中编写数据定义语言来创建和修改表、限制、索引和关系。本节介绍了数据定义语言，以及如何使用这类语言创建表、限制、索引及关系。数据定义语言 DDL 的关键字和用途以及数据类型与关键字的对应关系如表 5.3 与表 5.4 所示。

表 5.3 数据定义语言 DDL 的关键字和用途

关 键 字	用 途
CREATE	创建一个尚不存在的索引或表
ALTER	修改现有的表或列
DROP	删除现有的表、列或限制
ADD	向表中添加列或限制
COLUMN	与 ADD、ALTER 或 DROP 配合使用
CONSTRAINT	与 ADD、ALTER 或 DROP 配合使用
INDEX	与 CREATE 配合使用
TABLE	与 ALTER、CREATE 或 DROP 配合使用

表 5.4 数据类型与关键字的对应关系

数 据 类 型	关 键 字
长整型	long
整型	short
单精度	single
双精度	double
货币	currency、menoy
文本	char、varchar
文本	text
二进制（OLE 对象）	binary
自动编号	counter
备注	memo
日期时间	datetime
日期	date
逻辑（是否）	yes、no

5.2.1 创建表 CREATE

可以使用 CREATE TABLE 命令创建表。

创建一个新表。在创建表的同时可以定义表的字段名、字段类型、小数位数、是否支持"空"值、参照完整性规则等。命令格式如下。

```
CREATE [TEMPORARY] TABLE  table_name
        (field1 type [(size)] [NOT NULL] [index1]
        [,field2 type[( size )] [NOT NULL] [ index2 ] [,...]]
        [CONSTRAINT multifieldindex [, ...]])
```

建立 TEMPORARY 表时，只能在建表的会话期间看见它。会话期终止时它就被自动删除。TEMPORARY 表能被不止一个用户访问。

建立新的数据库 S_SCORE，并完成下列操作。

例 5.41　用 CREATE 命令建立 mytable1 表。

```
CREATE TABLE mytable1
        (FirstName TEXT, LastName TEXT, DateOfBirth DATETIME);
```

例 5.42　用 CREATE 命令建立 mytable2 表，其中 ID 字段为自动编号主键。

```
CREATE TABLE mytable1
        (ID COUNTER PRIMARY KEY, MyText TEXT (10));
```

建立新的数据库 S_SCORE，并完成下列操作。

例 5.43　用 CREATE 命令建立 student 表，学号为主键，效果如图 5.3 所示。

```
CREATE TABLE student
        (学号 TEXT(8) PRIMARY KEY,姓名 TEXT(10),性别 TEXT(1),出生日期 DATETIME);
```

例 5.44　创建 score 表，其中，学号和课程编号为双字段主键，并与 student 表建立联系，效果如图 5.3 所示。

```
CREATE TABLE score
        (学号 TEXT(8) REFERENCES student(学号),课程编号 TEXT(6),
        成绩 NUMBER ,PRIMARY KEY(学号,课程编号));
```

说明：在定义语句中，文本型字段类型可用 TEXT、CHAR 或 VARCHAR 表示，可指定长度，不指定长度时，默认为 255。

图 5.3　例 5.43 和例 5.44 效果

例 5.45 建立 Cars 表(用于后面修改和删除示例)。

CREATE TABLE Cars (fName TEXT(30),lName char, Year TEXT(4), Price CURRENCY)

5.2.2 修改表 ALTER

ALTER 命令用于修改已创建好的表。命令格式如下。

ALTER TABLE table_name predicate

其中,predicate 可以是下列任意一项:

ADD COLUMN field type[(size)] [NOT NULL] [CONSTRAINT constraint]

ADD CONSTRAINT multifield_constraint

ALTER COLUMN field type[(size)]

DROP COLUMN field

DROP CONSTRAINT constraint

相关参数说明如下。

(1) ADD COLUMN:在表中添加新的字段。需要指定字段名、数据类型,还可以(对文本和二进制字段)指定长度。

(2) ADD CONSTRAINT:添加多重字段索引。

(3) ALTER COLUMN:改变字段的数据类型,需要指定字段名、新数据类型,还可以指定长度。

(4) DROP COLUMN:删除字段。

(5) DROP CONSTRAINT:删除多重字段索引。

例 5.46 在例 5.43 所建 student 表中增加一个 notes 字段,类型为文本型,长度为 25。

ALTER TABLE student ADD COLUMN notes TEXT(25);

例 5.47 在 student 表中增加一个 condition 字段,类型为文本型,长度为 40,效果如图 5.4 所示。

ALTER TABLE student ADD COLUMN condition TEXT(40);

例 5.48 将 student 表中的 condition 字段的长度修改为 6,效果如图 5.4 所示。

ALTER TABLE student ALTER COLUMN condition text(6);

例 5.49 删除 student 表中的 notes 字段。

ALTER TABLE student DROP COLUMN notes;

例 5.50 修改 Cars 表中 year 字段数据类型。

ALTER TABLE Cars ALTER COLUMN year date;

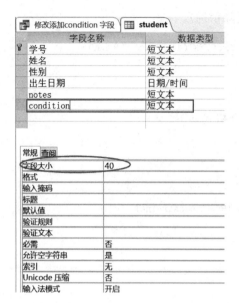

图 5.4　例 5.48 和例 5.49 效果

5.2.3　删除表 DROP

DROP 命令从数据库中删除已存在的表，或从表中删除已存在的索引，命令格式如下。

```
DROP {TABLE table_name | INDEX  index_name   ON 表}
```

相关参数说明如下。

(1) table_name：指定从数据库中删除的表。

(2) index_name：指定删除的索引。

例 5.51　删除前面例题中建立的 Cars 表。

```
DROP TABLE Cars;
```

这种删除将是不可恢复的。

5.3　数据操纵语言

数据操纵语言（DML）命令实现的功能包括追加、更新和删除。

5.3.1　追加 INSERT

追加就是添加一个或多个记录至一个表中。

1. 多重记录追加查询

```
INSERT INTO target[(field1[, field2 [, ...]])]
    SELECT field1 [, field2 [, ...]]
        FROM tableexpression
```

2. 单一记录追加查询

```
INSERT INTO target [( field1 [, field2 [, ...]])]
    VALUES ( value1 [, value2 [, ...]])
```

例 5.52 向例题 5.43 创建的表 student 中插入一条完整的记录。

```
INSERT INTO student
    VALUES('05350001','齐心','女',♯1988-01-01♯,"","");
```

数据列表中各数据的排列顺序必须与目标表 student 的字段名排列顺序一致。另外请注意各种类型数据的表示方法。

例 5.53 向 score 表中追加一条记录。

```
INSERT INTO score VALUES("05350001","100001",85);
```

5.3.2 更新 UPDATE

更新命令改变指定表中满足条件记录的字段值。更新命令的格式如下：

```
UPDATE table_name
    SET column_name = value [, column_name = value[, ...]]
    WHERE updatecriteria
```

相关参数说明如下。

(1) table_name：用于指明被更新的表。如果被更新的表不是当前数据库中的表,则需要用[<数据库名>!]选项指明包含被更新表的数据库。

(2) SET column_name = value：指明需要修改的字段(列)和新的值(表达式)。

(3) WHERE updatecriteria：用于指明被更新的记录。如果使用 WHERE 子句,只有满足条件的记录才会被更新。如果命令中缺省 WHERE 子句,则将更新所有记录的指定字段值。

UPDATE 命令只能够更新单个表的记录。

例 5.54 对岗位津贴低于 800 元的教师,在其原有岗位津贴的基础上增加 20%,重新计算岗位津贴(此例在操作之前,先将 salary 表复制为 salary1 表)。

```
UPDATE score SET  成绩 = 成绩 * (1 + 0.2);
```

5.3.3 删除 DELETE

删除命令删除指定表中满足条件的记录。删除命令的格式如下：

```
DELETE  FROM  table_name
      [WHERE  delete_criteria ]
```

相关参数说明如下。

(1) FROM table_name：指定删除记录的表。如果不是当前数据库表,需要用[数据库名!]指定数据库。

（2）WHERE　delete_criteria：指定删除记录的条件。缺省 WHERE 子句，将删除表中所有记录。

例 5.55　删除 score 表中学号是 05350001 的记录。

```
DELETE  FROM  score  WHERE  学号 = "05350001";
```

当使用删除命令删除记录之后，不能取消此操作，即删除是不能恢复的。因此，在删除记录之前，应先使用相同的条件做选择查询，确认删除的记录，然后再删除记录。

此外，应随时注意维护数据的备份。如果误删除了记录，可以从备份副本中将数据恢复。

5.4　习题

1. 选择题

（1）在 SQL SELECT 语句中用于实现选择运算的短语是（　　）。

　　A. FOR　　　　　　　　　　　　B. WHILE

　　C. WHERE　　　　　　　　　　　D. CONDITION

（2）与表达式"工资　BETWEEN　1210　AND　1240"功能相同的表达式是（　　）。

　　A. 工资>=1210　AND　工资<=1240

　　B. 工资>1210　AND　工资<1240

　　C. 工资<=1210　AND　工资>1240

　　D. 工资>=1210　OR　工资<=1240

（3）与表达式"仓库号　NOT　IN("wh1", "wh2")"功能相同的表达式是（　　）。

　　A. 仓库号="wh1" AND 仓库号="wh2"

　　B. 仓库号！="wh1" OR 仓库号♯ "wh2"

　　C. 仓库号<>"wh1" OR 仓库号！="wh2"

　　D. 仓库号<>"wh1" AND 仓库号<>"wh2"

（4）SQL SELECT 语句中，有关 HAVING 的描述正确的是（　　）。

　　A. HAVING 子句必须与 GROUP BY 子句同时使用，不能单独使用

　　B. 使用 HAVING 子句的同时不能使用 WHERE 子句

　　C. 使用 HAVING 子句的同时不能使用 COUNT( )等函数

　　D. 使用 HAVING 子句不能限定分组的条件，使用 GROUP BY 子句限定分组条件

（5）若要在某表"姓名"字段中查找以"李"字开头的所有人名，则查询条件应是（　　）。

　　A. like "李?"　　　　　　　　　　B. like "李 * "

　　C. like "李［ ］"　　　　　　　　　D. like "李♯"

2. 填空题

（1）在 SQL SELECT 语句中将查询结果存放在一个表中应该使用的子句是_____。

（2）CREATE TABLE 命令创建一个_____。

（3）SQL 语言集数据查询、数据操纵、数据定义和数据控制功能于一体，其中 SELECT 语句实现的功能是_____。

（4）SQL 语言的 SELECT 语句中，WHERE 子句中的表达式是一个_____。

（5）在 SQL 语言的 SELECT 语句中，为了去掉查询结果中的重复记录，应使用关键字_____。

3. 操作题

利用 SQL 命令完成以下查询要求。

（1）查看学生的年龄情况，结果包括学号、姓名、性别、年龄。

（2）统计每个学院的学生人数，结果包括学院名称、人数。

（3）统计每门课程的选课人数，结果包括课程名称、人数。

（4）显示选课人数在四人以上的课程名称，结果包括课程名称、选课人数。

（5）计算学生的平均成绩，结果包括学号、姓名、平均成绩。

（6）创建参数查询，输入月份号，显示该月出生的所有教师的姓名、学院名称、出生月份。

（7）查询每门课程的最高分、最低分和平均分，结果包括课程名称、最高分、最低分、平均分。

（8）显示基本工资排在前 10% 的教师信息，结果包括教师编号、姓名、学院名称、职称。

（9）查询所有姓"王"的学生信息，结果包括学号、姓名、性别、学院名称。

（10）查看各个学院每门课程的选修人数（提示：用交叉表完成）。

（11）给所有职称为教授的教师的岗位工资增加 30%。

（12）查找没有选课的学生，结果包括学院名称、姓名。

（13）查找没有开课的教师信息，结果包括教师编号、姓名、学院名称。

第 6 章
窗体

学习了查询和 SQL 后,同学们已经能够较为方便地进行数据的应用了,并且可以创建各种各样的、满足不同需求的查询,并存储起来,供数据管理人员应用。作为一个普通的数据管理人员,他确实能够通过运行不同的查询得到不同的数据,可是每当要得到一种数据时,他就必须去运行一个指定的查询,那么完成一项业务就得依次运行一系列的查询,过于烦琐,且数据的显示均是以数据表的形式表现,不够美观、个性化。另一方面,一旦数据源有所调整,或者查询条件有了变化,现有的查询由于只能完成相对固定的功能,而数据管理人员又没有开发能力,于是所有的业务将处于混乱状态。这就提出了一个问题,有没有支持人机交互的一种工具,使并不熟悉 Access 软件的用户能够方便地输入数据、编辑数据、显示和查询表中的数据。回答是肯定的,这就是"窗体"。

在 Access 数据库应用系统中,窗体对象是应用系统提供的最主要的操作界面对象,它是一种为人机操作而设计的界面。利用窗体不仅可以方便地进行各项操作,还可以将整个数据库中的功能组织起来,形成一个完整的应用系统。

人机界面设计的优劣将直接反映一个计算机应用系统的设计水平,对于计算机数据库应用系统的设计尤其如此。因此,为数据库应用系统设计操作性能良好的操作界面是一项至关重要的内容。

知识体系:

☞窗体对象的概念

☞使用向导创建窗体

☞使用窗体设计视图创建窗体

☞修饰窗体

☞学会使用窗体控件

☞设计系统控制窗体

☞了解面向对象的基本概念

学习目标:

☞理解窗体的概念和作用

☞掌握窗体的向导创建方法

☞掌握使用窗体设计视图创建窗体

☞掌握窗体控件的应用方法

☞了解窗体的修饰功能

☞学会制作控制窗体

☞学会制作相对综合的窗体

6.1 窗体概述

窗体本身并不存储数据,但应用窗体可以方便地对数据库中的数据进行输入、浏览和修改等。窗体中包含很多控件,可以通过这些控件对表、查询、报表等对象进行操作,也可执行宏和 VBA 程序等。

6.1.1 窗体的功能

窗体是 Access 数据库应用中的一个非常重要的对象,作为用户和 Access 应用程序之间的接口,窗体可以用于显示表和查询中的数据,输入和修改数据表中的数据、展示相关信息等,Access 窗体采用的是图形界面,具有用户友好的特性,它能够显示备注型字段和 OLE 对象型字段的内容,如图 6.1 所示。

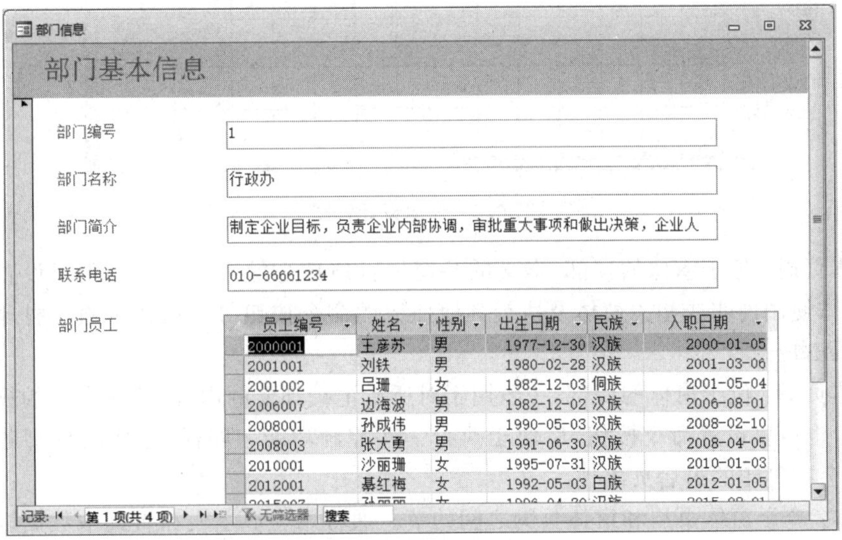

图 6.1 "部门及员工基本信息"窗体

窗体的主要作用是接收用户输入的数据或命令,编辑、显示数据库中的数据,构造方便、美观的输入/输出和控制界面。

6.1.2 窗体的结构

窗体有多种形式,不同的窗体能够完成不同的功能。窗体中的信息主要有两类:一类是设计者在设计窗体时附加的一些提示信息,例如,一些说明性的文字或一些图形元素,如线条、矩形框等,使得窗体比较美观,或者是在窗体上放置的命令按钮等,用于控制窗体的功能,这些信息对数据表中的每一条记录都是相同的,不随记录而变化;另一类是所处理表或查询的记录,这些信息往往与所处理记录的数据密切相关,当记录变化时,这些信息也随之变化。利用控件,可以在窗体的信息和窗体的数据来源之间建立连接。

窗体由多个部分组成,每个部分称为一个"节"。多数窗体只有主体节,如果需要,也可包括窗体页眉、窗体页脚、主体、页面页眉和页面页脚几个部分,如图 6.2 所示。

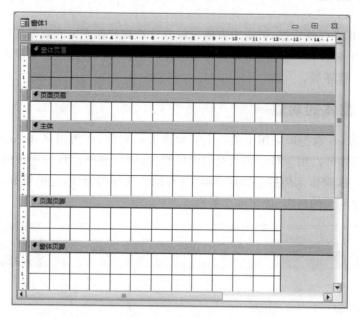

图 6.2　窗体设计视图

窗体页眉:位于窗体的顶部,定义的是窗体页眉部分的高度。一般用于设置窗体的标题、窗体使用说明或相关窗体及执行其他任务的命令按钮等。窗体页眉在打印时只会在第一页出现。

窗体页脚:位于窗体的底部,一般用于对所有记录都要的内容、使用命令的操作说明等信息。也可以设置命令按钮,以便于执行一些控制功能。同样,窗体的页脚若在打印时,也只会在打印的最后页出现。

主体:介于窗体页眉和窗体页脚之间的节。通常用于显示表和查询中数据以及静态数据元素(例如标签和标识语)的窗体控件都将显示在窗体主体。

页面页眉:用于设置窗体在打印时的页头信息,如标题、用户要在每一页上方显示的内容。

页面页脚:用于设置窗体在打印时的页脚信息。如日期、页码或用户要在每一页下方显示的内容。

注意:页面页眉和页面页脚只能在打印时输出,窗体在屏幕显示时不显示页面页眉和页面页脚内容。

在窗体的设计窗口中还包含垂直标尺和水平标尺,用于确定窗体上的对象的大小和位置。

窗体中各节之间有一个节分隔线,拖动该分隔线可以调整各节的高低。

6.1.3 窗体的类型

Access 提供了八种类型的窗体,它们分别是纵栏式窗体、多项目窗体、数据表窗体、主/子窗体、图表窗体、数据透视表/数据透视图窗体、分割窗体和导航窗体。

1. 纵栏式窗体

纵栏式窗体是在一个窗体界面中显示一条记录,显示记录按列分隔,每列在左边显示字段名,右边显示字段内容。在纵栏式窗体中,可以随意地安排字段,可以使用 Windows 的多种控制操作,还可以设置直线、方框、颜色、特殊效果等。

2. 多项目窗体

在窗体集中显示多条记录内容。如果要显示的数据很多,多项目窗体可以通过垂直滚动条来浏览。数据多项目窗体类似于数据表。

3. 数据表窗体

数据表窗体从外观上看与数据表和查询显示数据的界面相同,通常情况下,数据表窗体主要用于子窗体,用来显示一对多的关系。

4. 主/子窗体

窗体中的窗体称作子窗体,包含子窗体的窗体称作主窗体。主窗体和子窗体通常用于显示多个表或查询中的数据,这些表和查询中的数据具有一对多的关系,如图 6.1 所示。在主窗体中某一条记录的信息,在子窗体中与主窗体当前记录相关的记录信息。

主窗体为纵栏式窗体,子窗体可以显示为数据表窗体,也可显示为表格式窗体。子窗体中还可包含子窗体。

主/子窗体包括一对多窗体、父/子窗体或分层窗体。

5. 图表窗体

图表窗体是利用 Microsoft Graph 以图表方式显示用户的数据信息。图表窗体的数据源可以是数据表,也可以是查询。

6. 数据透视表/数据透视图窗体

数据透视表窗体是为了指定的数据表或查询为数据源产生的一个 Excel 数据分析表而建立的窗体形式。数据透视表窗体允许用户对内的数据进行操作,也可改变透视表的布局,以满足不同的数据分析方式。

7. 分割窗体

分割窗体不同于主/子窗体的组合,它的两个视图连接到同一个数据源,并且总是相互保持同步。如果在窗体的一个部分中选择了一个字段,则会在窗体的另一部分中选择相同的字段。可以从任一部分添加、编辑或删除数据。

分割窗体同时提供数据的两种视图:窗体视图和数据表视图。使用分割窗体可以在一个窗体中同时利用两种窗体类型的优势。例如,可以使用窗体的数据表部分快速定位记录,然后使用窗体部分查看或编辑记录。窗体部分以醒目而实用的方式呈现出数据表部分。

8. 导航窗体

导航窗体是一个管理窗体，是 Access 2010 新的浏览控件，通过该窗体可对数据库中的所有对象进行查看和访问。导航窗体是只包含导航控件的窗体，用来对数据库应用进行管理。

导航窗体在浏览器状态下无效。

6.1.4　窗体的视图

窗体的视图有三种：窗体视图、设计视图和布局视图。

窗体视图是窗体的工作视图，用于显示数据、交互操作的视图，在该视图下可以对数据表或查询中的数据进行浏览或修改等操作。

设计视图是用于创建窗体或修改窗体结构的视图。设计视图提供了窗体结构的更详细视图。在设计视图下可以看到窗体的页眉、主体和页脚部分。窗体在设计视图中显示时实际并没有运行。因此，在进行设计方面的更改时，将无法看到基础数据。但是，窗体的设计往往在设计视图中执行要比在布局视图中执行容易。

布局视图是用于修改窗体的最直观的视图，可用于在 Access 中对窗体进行几乎所有需要的更改。在布局视图中，窗体实际正在运行。因此，用户看到的数据与用户使用该窗体时显示的外观非常相似。不过，用户还可以在此视图中对窗体设计进行更改。由于用户可以在修改窗体的同时看到数据，因此，它是非常有用的视图，可用于设置控件大小或执行几乎所有其他影响窗体的外观和可用性的任务。

6.2　创建快速窗体

Access 创建窗体有两种方式：利用向导创建窗体或利用设计视图创建窗体。利用向导创建窗体的好处是可以根据向导提示一步一步地完成窗体的创建工作。利用设计视图创建窗体，则是需要设计者利用窗体提供的控制工具来创建窗体，同时将控制与数据进行相应的联系，以达到窗体设计的要求。

6.2.1　自动窗体

自动窗体即创建一个选定表或查询中所有字段及记录的窗体，窗体的创建是一次完成，中间不能干预。且主窗体中的左侧是以字段名作为该行的标签。

1. 利用"窗体"按钮创建自动窗体

要对数据表或查询数据进行展示，制作数据表的输入或浏览窗体，可通过"窗体"按钮来完成窗体的制作。

例如，要创建一个显示商品类型和其商品基本信息子表数据的窗体，可采用"窗体"按钮创建自动窗体的方式来实现。具体操作过程如图 6.3 所示。

注意：利用"窗体"按钮创建自动窗体时，只能选择一个数据对象作为窗体的数据源，如果这个对象是数据表，且该表中含有子表，则自动窗体是以选中表为主窗体，子表数据

在"表"对象列表中单击选中"商品类型"表

在"创建"选项卡的"窗体"组中单击"窗体"按钮

生成自动窗体，显示商品类型及相应的商品信息

图 6.3 利用"窗体"按钮创建自动窗体

为子窗体的模式构建。

如果有多个表与用于创建窗体的表具有一对多关系，Access 将不会向该窗体中添加任何数据表。

在 Access 数据库窗口中，对象的显示有两种方式，选项卡方式或重叠窗口方式，如果要将显示方式调整为选项卡方式，是可以通过 Access 选项来进行设置的，具体操作过程如图 6.4 所示。

2. 其他窗体的自动创建

自动窗体创建，除了利用"窗体"按钮创建自动窗体外，还提供了多个项目、数据表、分割窗体、模式对话框、数据透视表和数据透视图的窗体自动创建。操作方法与"窗体"按钮方法相似。

例如，要利用自动窗体创建一个分割窗体对客户信息进行查看。具体操作过程如图 6.5 所示。

分割窗体是可以同时提供数据的两种视图：窗体视图和数据表视图。分割窗体不同于主/子窗体的组合，它的两个视图连接到同一数据源，并且总是相互保持同步。如果在窗体的一个部分中选择了一个字段，则会在窗体的另一个部分中选择相同的字段。可以从任一部分添加、编辑或删除数据。

注意：在创建自动窗体时，数据源只能有一个，如果要创建窗体的数据来自多个数据表，可先创建一个相关数据的查询，然后再以查询作为自动窗体的数据源。

6.2.2 利用向导创建窗体

使用"窗体"按钮或其他窗体功能创建自动窗体，虽然可以快速地创建窗体，但所创建

图 6.4　文档窗口显示方式设置

的窗体仅限于单调的窗体布局，不能对数据源中的数据的展示情况进行控制，即前面的方式会自动将数据源中的所有字段按表或查询的顺序进行一一展示，不能改变顺序或减少字段的展示，同时，也不能将多个数据表或查询中的数据在同一个窗体中进行展示，有一定的局限性。如果要对拟在窗体中显示的字段进行选择，则可以利用"窗体向导"来创建窗体。

　　例如，要创建一个员工基本情况以及他的订单情况的窗体，可以利用"窗体向导"来完成，具体操作过程如图 6.6 所示。

　　在利用向导创建窗体时，如果所涉及的数据源与多个表相关，则需要预先建立数据库中数据表之间的关系，否则会造成数据表之间的数据无关而使数据源中数据出错。

　　如果窗体所涉及的数据字段来源于多个表，同时，它们之间存在一对多的关系，则在窗体向导中将会出现"请确定查看数据的方式"向导，在此，可对数据查看的方式进行选择，如果选择按"一方"查看，则窗体会产生子窗体；如果选择按"多方"查看，则窗体不会产生子窗体。另外，如果窗体的数据源来源于一个数据表或查询，或数据虽然来源于多个

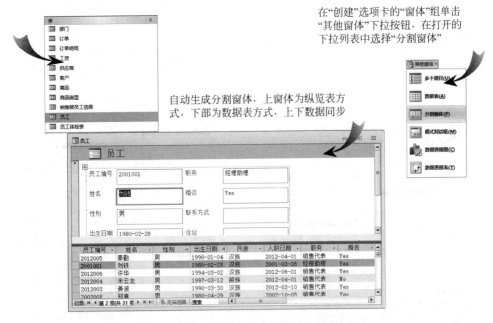

图 6.5　自动创建"分割窗体"的操作过程

表,但表之间的关系是一对一的,则不会出现子窗体。

注意:如果建立的窗体中带有子窗体,则会在窗体对象卡中产生两个窗体对象,对象名系统会根据所设定的窗体标题而定。子窗体一旦建立,则不应该对它更名,否则会造成与主窗体间的链接出错,当然也不能将子窗体删除,如果删除,则打开主窗体时会出现错误。

在利用向导创建窗体时,可以更加自主地选择在窗体中显示的字段,将不想要的字段放弃,使窗体的效率更高。这里要注意 Access 对窗体的格式进行设置是基于字段的宽度等,可能与窗体中的实际数据显示宽度有区别,如果有些字段显示太宽,或有些字段没有被显示出来,都可回到设计视图中对窗体的格式进行调整,使窗体的显示更加准确美观。

6.2.3　创建数据透视表和数据透视图窗体

数据透视表是一种交互式的表,它可以实现用户选定的计算,所进行的计算与数据在数据透视表中的排列有关。数据透视表可以水平或垂直显示字段的值,然后计算每一行或每一列的合计,数据透视表也可以将字段的值行标题或列标题在每个行列交叉处计算各自的数值,然后计算小计或总计。

在 Access 中,提供了数据透视表用于创建数据透视表,数据透视图用于创建数据透视图窗体。

假设已预先创建了一个查询"员工信息",有员工的基本信息和所在部门名称。要按部门名称统计员工人数,可以采用数据透视表来实现,具体操作过程如图 6.7 所示。

注意:在制作数据透视表或数据透视图时,数据来源只有一个对象(表或查询),如果需要表达的数据来自多个表,则需要先创建基于展示数据的查询,然后再进行数据透视表

在"创建"选项卡的"窗体"组中单击
"窗体向导"按钮

选中"订单"表，将相关字段添加到右侧的
"选定字段"列表中

选定子窗体的显示方式为"数据表"

选中"员工"表，双击"可用字段"列表中的
相关字段，添加到右侧的"选定字段"中

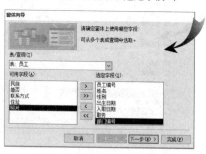

单击"下一步"按钮，选定查看方式为"通
过 员工"

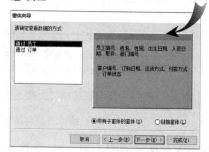

为主窗体和子窗体命名

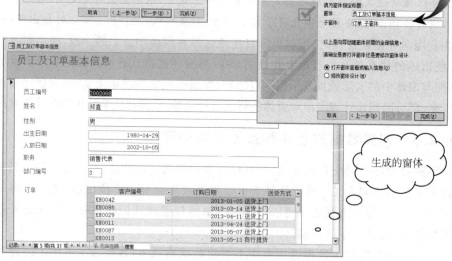

图 6.6　利用向导创建窗体的操作过程

和数据透视图的制作。

　　姓名编号列的计算，也可选中该列，在"工具"组选择"自动计算"下拉列表中的"计数"，完成人数的统计。这里的计数字段与前面的总计查询是相同的，如果是统计员工人

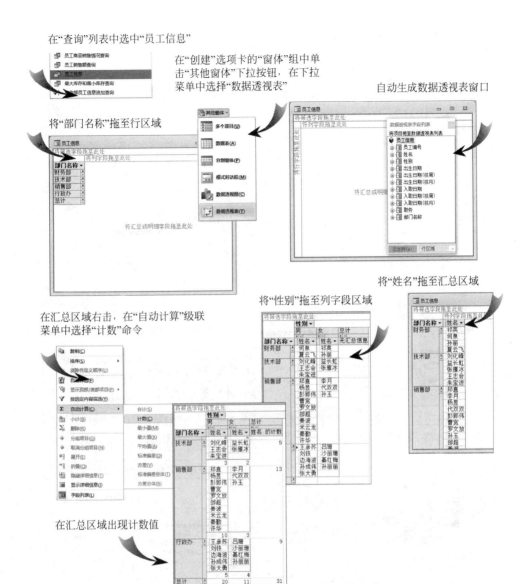

图 6.7　创建数据透视表窗体操作过程

数,则应该用非空字段,如果这里用"职务"字段作为汇总字段,则统计出来的人数是不对的,原因是职务字段有许多员工没有职务,所以该字段是空值。

6.2.4　创建图表窗体

使用图表能够更直观地展示数据之间的关系,Access 提供了"图表向导"创建窗体的功能。如果已经建立了员工销售额总计查询,要以图形的方式展示员工销售额高低情况,可采用图表窗体来实现。具体操作过程如图 6.8 所示。

已经创建的图表可能由于区域大小的缘故,或图表中文字大小等问题,使图表显示不完全或不够美观,对图表进行编辑,具体操作过程如图 6.9 所示。

在"创建"选项卡的"窗体"组中单击"窗体
设计"按钮，打开窗体设计视图

在"控件"组单击图表控件，在窗体的
主体中画出图表区域

弹出"图表向导"对话框，选择数据源

选中所需字段

选择图表类型，这里选"三维柱形图"

查看图表布局，如果布局不对，可
拖动调整

为图表窗体设置标题

创建完成的
窗体

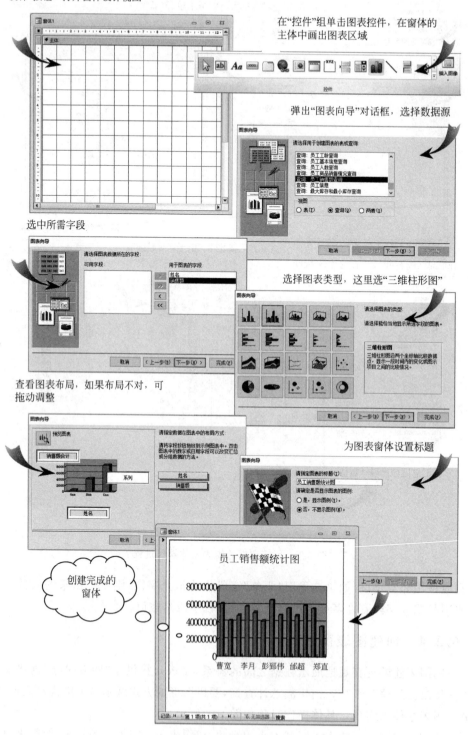

图 6.8　创建图表窗体操作过程

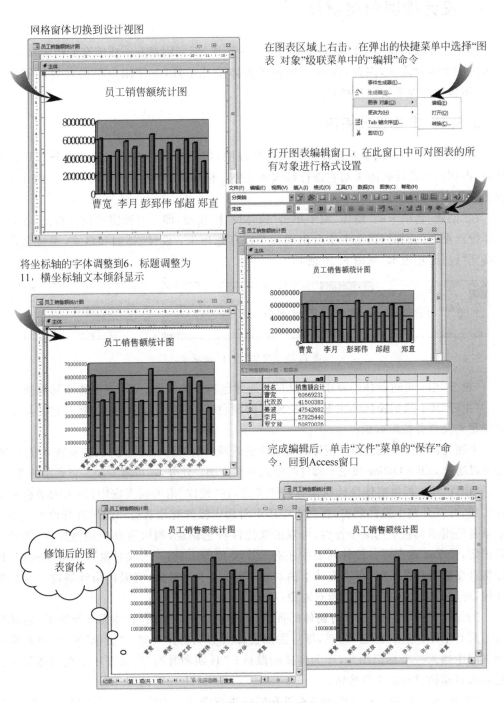

图 6.9 图表窗体修饰操作过程

6.3 设计视图创建窗体

利用向导创建窗体可以很方便地创建各种窗体，但它们都有一些固有的模式，不能满足用户的个性化需求，因此，Access 提供了窗体设计工具，方便用户根据自身的不同要求，利用各种控件来实现各种功能。

6.3.1 窗体设计视图

窗体设计视图是用于对窗体进行设计的视图，用户常常会在利用窗体向导设计好窗体后，再切换到设计视图来对它进行修改和调整。同样，用户也常直接打开一个窗体设计视图进行窗体的设计。

在"创建"选项卡的"窗体"组中单击"窗体设计"按钮，即可打开窗体设计视图，在打开窗体设计视图的同时，选项卡中会出现三个跟随选项卡：设计、排列和格式，系统会自动切换到"设计"选项卡，如图 6.10 所示。

图 6.10 窗体"设计"选项卡

"视图"组：可对窗体的视图进行切换，通常包括窗体视图、设计视图和布局视图。

"主题"组：提供窗体的主题效果、窗体的颜色搭配和文本字体的设置。它们均是由系统预先设置并搭配好的。

主题为窗体或报表提供了更好的格式设置选项，用户还可以自定义、扩展和下载主题，还可以通过 Office Online 或电子邮件与他人共享主题。此外，还可将主题发布到服务器。

"控件"组：提供窗体设计所需的控件工具，在"控件"组的列表框中，单击列表框的下拉按钮，可打开整个控件列表，在列表中还可对插入控件时是否启动向导进行设置。如果要重复使用工具箱上的某个控件，可双击该控件将它锁定，则可重复使用该控件，若要取消锁定，按 Esc 键即可。控件列表中还有一个常用的工具："选取对象"，单击该按钮，鼠标指针变成空心箭头时，单击窗体上的对象，即可选中该对象，将鼠标指针划过一个矩形区域，可同时选中该区域中的所有对象。

"页眉/页脚"组：提供了对窗体的页眉、页脚的设置，当打开窗体设计视图时，窗体默认的只有主体，单击"标题"按钮，即可添加窗体页眉和窗体页脚；"徽标"按钮，可在窗体的页眉中插入一个标记图片，作为窗体的徽标；"日期和时间"按钮是用于在窗体的标题栏插入日期和时间的工具按钮。

"工具"组：是用于对窗体的各控件和属性进行设置的功能组，包括添加现有字段、属性表和 Tab 次序等。

改变窗体的大小，可以通过调整窗体的宽度和高度来实现。调整窗体的宽度，将鼠标指针置于窗体浅灰色区域的右边，当鼠标指针变成双向箭头时，按住鼠标左键左右拖动，即可调整窗体的宽度；将鼠标指针置于窗体浅灰色区域的下侧，当鼠标指针变成双向箭头时，按住鼠标左键上下拖动，即可调整节的高度；如果将鼠标指针指向窗体浅灰色区域的右下角，按下鼠标左键斜向拖动，即可调整该节窗体的高度和宽度。

当窗体存在多节时，将鼠标指针指向窗体区域的左侧滚动条上的节选择按钮位置，鼠标指针变成双向箭头时，按下鼠标左键上下拖动，则可调整节的高度。

将鼠标指针指向窗体设计视图的窗口边界，当鼠标变成双向箭头时，可调整窗体边界的大小。

6.3.2 常用控件的功能

控件是窗体上用于显示数据、执行操作、修饰窗体的对象。在窗体中添加的每一个对象都是控件。Access 窗体中常用的控件包括文本框、标签、选项组、列表框、组合框、复选框、切换按钮、命令按钮、图像控件、绑定对象框、非绑定对象框、子窗体/子报表、分页符、选项卡和线条、矩形框等。

窗体中的控件类型可分为绑定型、未绑定型与计算型。

绑定型控件有数据源，其数据源是表或查询中的字段的控件称为绑定控件。使用绑定型控件可以显示数据库中字段的值。值可以是文本、日期、数字、是/否值、图片或图形。例如，显示员工姓名的文本框就是从员工表的"姓名"字段获取信息的。

未绑定型控件没有数据源，用于显示信息、图形或图像等，如窗体标题标签就是未绑定型控件。

计算型控件用表达式（而非字段）作为数据源，表达式可以利用窗体所引用的表或查询字段中的数据，也可利用窗体上其他控件中的数据。

1. 标签控件 Aa

标签控件主要用来在窗体上显示说明性文本。例如，窗体的标题、各种控件前的说明文字等都是标签控件。

标签不显示字段或表达式的值，它没有数据源。窗体中的标签常常与其他控件一起出现，如文本框前面的文字等，也可创建单独的标签。

2. 文本框控件 [abl]

文本框控件主要用来输入、显示或编辑数据，它是一种交互式的控件。它具有三种类型：绑定型、未绑定型与计算型。绑定型文本框能够从表、查询或 SQL 语言中获得所需要的内容；未绑定型文本框没有与任何字段相链接，通常用来显示提示信息或接收用户输入数据等；计算型文本框与表达式相链接，用于显示表达式的值。

Access 提供了文本框控件向导，可以对文本框的格式、输入法和名称等进行定义。

3. 按钮控件 [⊠]

命令按钮控件是用于执行某项操作或某些操作。

Access 提供了命令按钮向导，可以创建 30 多种不同类型的命令按钮。

4. 选项卡控件 [□]

当窗体中要显示的内容太多，而窗体空间有限时，可采用选项卡将内容进行分类，分别放入不同的选项卡中。

在使用选项卡时,用户只需单击选项卡标签即可进行切换。

5. 超链接控件 ◉

超链接控件用于在窗体上插入超链接的控件。

6. Web 浏览器控件 ◉

Web 浏览器控件是 Access 2010 中新增的控件,通过它可以在 Access 应用程序中创建新的 Web 混合应用程序并显示 Web 内容。

7. 导航控件 ◻

导航控件是在窗体的上下部或侧面创建导航按钮。

8. 选项组控件 ◻

选项组控件是由一个组框、一组复选框或切换按钮组成的,选项组可以提供给用户某一组确定的值以备选择,界面十分友好,易于操作。选项组中每次选择一个选项。

如果选项组绑定到某个字段,则只有组合框架本身绑定到该字段,而不是组框内的某一项。选项组可以设置为表达式或非绑定选项组,也可以在自定义对话框中使用非结合选项组来接受用户的输入,然后根据输入的内容来执行相应的操作。

Access 提供了选项组向导,对选项组各项的标签、默认值、各选项的值、控件类型及样式、选项组标题等进行定义。

9. 组合框控件 ◻ 和列表框控件 ◻

组合框控件和列表框控件是用于在一个列表中获取数据的控件。如果在窗体上输入的数据总是一组固定的值列表中的一个或是取自某一个数据表或查询中的记录时,可以使用组合框控件或列表框控件来实现,这样既保证了数据输入的快捷,同时也保证了数据输入的准确性。例如,部门表中的部门名称字段,可通过组合框控件或列表框控件来实现,以免造成数据输入的不唯一。

窗体中的列表框可以包含一列或多列数据,用户从列表中选择一行,而不能输入新值。组合框的列表由多行组成,但只能显示一行数据,如果需要从列表中选择数据,可单击列表框右侧的下三角按钮,在打开的列表中进行选择即可。

列表框和组合框的区别在于,列表框中的数据在列表中可以显示多条值,而组合框只显示一条值,列表框只能在列表中选择数据,而不能输入新数据;组合框可以输入新值,也可以从列表中选择值。

Access 提供了组合框向导和列表框向导,对控件的获取数据的方式或值进行定义。

10. 图表控件 ◻

图表控件是用于在窗体显示图表的。

11. 复选框控件 ☑、切换按钮控件 ◻ 和选项按钮控件 ◉

复选框控件、切换按钮控件和选项按钮控件是作为单独的控件来显示表或查询中的"是"或"否"的值。当选中复选框或选项按钮时,设置为"是",如果不选中则为"否";切换按钮如果按下为"是",否则为"否"。

12. 子窗体/子报表控件 ⊞

子窗体/子报表控件是用于在主窗体/主报表中显示与其数据相关的子数据表中数据的窗体/报表。

13. 未绑定对象框控件 🖼 **和绑定对象框控件** 🖼

未绑定对象框控件和绑定对象框控件用于显示 OLE 对象。绑定对象框用于绑定窗体数据源中的 OLE 对象类型字段,未绑定对象框用于显示 OLE 对象类型的文件。

在窗体中插入未绑定对象框时,Access 会弹出一个对话框对插入对象进行创建或选择插入文件等。

14. 直线控件 🖼 **和矩形控件** ◣

在窗体中,可以利用直线控件或矩形控件在窗体中添加图形以美化窗体。

15. 分页符控件 ▢

分页符控件用于在窗体上开始一个新的屏幕,或在打印窗体上开始一个新页。

16. 附件 📎

附件用于在窗体中插入数据表中的附件。

6.3.3 常用控件的使用

在窗体中添加控件,通常可采用两种方式:将窗体数据源中的字段通过字段列表拖放到窗体的适当位置,得到与相关字段相绑定的控件;在窗体中利用工具箱添加到窗体中的控件。

通过拖放的控件是与数据源的字段相绑定的,系统也会自动给该控件选择适当的控件类型和标签。创建控件的方式取决于要创建的控件的类型是绑定型的、非绑定型的还是计算型的控件,它们的方法是不同的。

1. 利用字段列表创建绑定型控件

绑定型控件或非绑定型控件的区别是,如果要保存控件的值,通常采用绑定型控件;如果控件的值不需要保存,而只是用于展示或为其他控件提供值,则通常采用未绑定型控件来实现。

在窗体中创建绑定型控件,最简单和直接的方法就是将窗体数据源中的字段通过拖放方式放置到窗体的适当位置,系统会根据源字段的数据类型和格式选择适当的控件类型,同时,系统会自动将字段的名称作为控件的标签。

如果源字段类型是普通的文本型、日期型或数值型字段,则系统会使用文本框控件来绑定该字段;如果源字段的类型是 OLE 对象,则系统会提供绑定对象框;如果字段的数据来源是由数据列表或查询构成的,则系统会使用组合框来绑定该字段;如果是是/否型字段,则系统会使用复选框控件来绑定该字段。

注意:在利用拖动方式将字段添加到窗体中时,如果该表中有子表,则也可将该表的子表中的字段拖动到窗体中,系统自动建立它们之间的数据关系。

在窗体中通过拖动的方式创建绑定型控件,还可先在"属性表"中设置窗体的数据源,然后再打开"字段列表"，通过拖动方式来实现。如果窗体中的数据来源于查询，则在创建窗体前必须先设置窗体的数据源。

图 6.11 所示为在窗体中添加绑定型控件的操作过程。

在"创建"选项卡的"窗体"组单击"窗体设计"按钮，
打开窗体设计视图

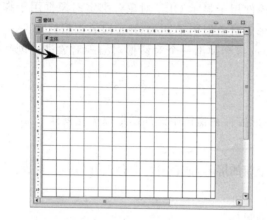

在"设计"选项卡的"工具"组中单击
"添加现有字段"按钮

弹出"字段列表"对话框，展开"员工"表

将所需字段拖至窗体适当位置

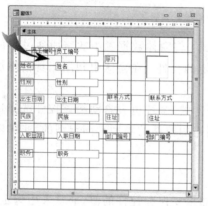

若窗体中的字段有与之相关的其他表数据，则
字段列表框将出现"相关表中的可用字段"栏

可展开相关表将需要的字段拖至窗体主体

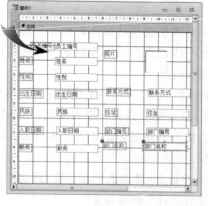

切换至窗体视图，可查看窗体显示效果

图 6.11 在窗体中添加绑定型控件的操作过程

2. 利用控件向导创建绑定型列表

在窗体中添加控件时,系统会对一部分控件提供向导支持,例如,文本框控件、选项组控件、组合框控件、列表框控件和命令按钮等。

为窗体创建绑定型控件,还可以利用控件向导方式来实现。要使用控件向导创建控件,必须是"控件"组中"使用控件向导"处于选中状态,这样选中工具箱中的控件向窗体中添加控件时,系统才会自动打开控件向导来指导控件的创建。

Access 工具箱为文本框控件、组合框控件和列表框控件等提供了控件向导。利用控件向导创建控件,即是在添加该控件时,系统会弹出相应的向导对话框,用户可根据向导的提示按照设计的要求一步一步地进行设置,直到控件的创建完成。利用控件向导创建控件的方式均有相似之处。

利用控件向导创建绑定型控件的前提与利用字段列表拖放方式创建绑定型控件相同,必须是窗体当前有数据源,要添加的字段正好是数据源中的字段。图 6.12 所示为利用控件向导创建一个绑定型组合框控件以实现"职务"字段的输入控件。

3. 利用控件向导添加非绑定控件

向窗体中添加控件时,如果工具箱中的"使用控件向导"按钮处于选中状态,则添加具有向导支持的控件时,系统会自动打开相应的向导以指导控件的创建过程。

图 6.13 所示为利用控件向导创建选项组控件的操作过程。

注意:利用控件向导创建绑定型控件和非绑定型控件的方式是相似的。在利用控件向导创建控件时,如果当前窗体中没有数据源,则创建的控件均为非绑定型控件,它与字段无关,但如果当前窗体中存在数据源,在向导中系统会提示该控件的值存在于哪一个字段,如果不绑定字段,则应选择随后使用该控件值的方式。

如果窗体中没有数据源,则向导中就不会有选择控件与字段绑定的一步,所创建的控件均是未绑定型控件。如果窗体当前有数据源,则向导中会出现选择控件与字段是否绑定的一步,如果选择与字段相关,则为绑定型控件;如果选择与字段无关,则为未绑定型控件。

4. 在窗体中添加标签控件

在窗体中添加一个标签控件,操作方式是单击工具箱中的"标签"控件按钮,将鼠标指针移至窗体上时,指针变成"十"字形状,按下鼠标左键在窗体的相应位置画出一个方框,输入要插入的标签文本,即在该位置插入了一个标签。

图 6.14 所示为在窗体的页眉区域添加一个标签。

5. 在窗体中添加命令按钮

命令按钮是为了实现对窗体进行操作的按钮。Access 提供了一些使用向导可以加快命令按钮的创建过程,因为向导可完成所有基本的工作。使用向导时,Access 将提示输入所需的信息并根据用户的回答来创建命令按钮。通过使用向导,可以创建 30 多种不同类型的命令按钮。

图 6.15 所示为在窗体中添加"关闭窗体"的命令按钮的操作过程。

在窗体中添加命令按钮时,建议使用"命令按钮向导"。如果要了解如何编写事件过

打开窗体设计视图，选择"属性表"对话框的"数据"选项卡，单击"记录源"右侧的下拉按钮，在打开的数据源列表中选择"员工"表

在"控件"组中单击"组合框"控件按钮

在窗体主体区域画出列表框控件，系统自动弹出"组合框向导"对话框，选中"自行键入所需的值"单选按钮

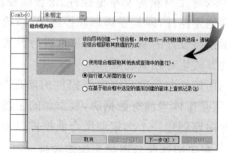

输入所有职务值

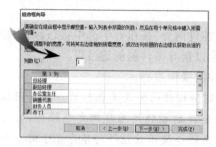

将组合框控件绑定表中的"职务"字段

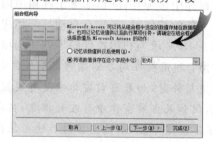

为控件设置标签

设计好的组合框控件　　　切换至窗体视图

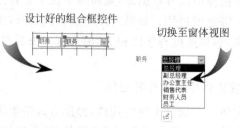

图 6.12　利用控件向导创建绑定型组合框控件

程，当 Access 使用向导在窗体或报表中创建命令按钮时，向导会创建相应的事件过程并将其附加到该按钮上。可以打开此事件过程查看它如何运行，并根据需要进行修改。

6. 在窗体中添加一个浏览器

在信息管理系统中，用户可能需常在系统中去访问某些指定网站，但又不希望切换出管理系统，这里可以在窗体中嵌入一个 Web 浏览器，就可以实现相应的要求。

嵌入 Web 浏览器的具体操作过程如图 6.16 所示。

切换到窗体视图后，即可打开指定网站的网页，在窗体中就可以像在浏览器里一样访问网站资源。

在窗体设计视图下，单击"控件"组
的"选项组"按钮

在"主体"区域适当位置画出选项组控件
区域，自动弹出"选项组向导"对话框

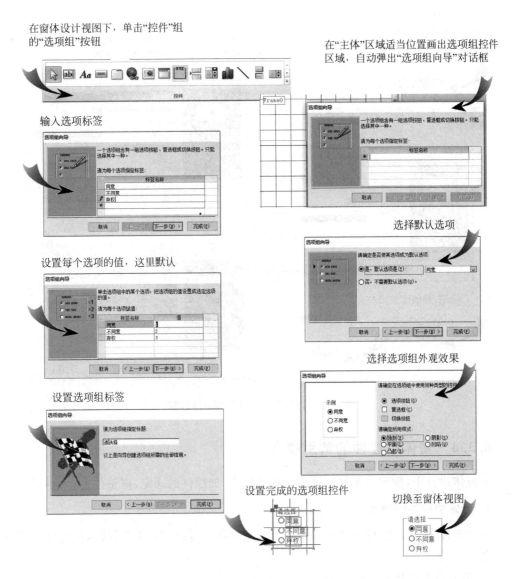

图 6.13　利用控件向导创建选项组控件的操作过程

在窗体设计视图上右击，在弹出的快捷菜单中选择"窗体页眉/
页脚"命令，为窗体添加窗体页眉和页脚

单击控件列表中的"标签"控件按钮，在窗体页眉区
域画出标签区域，并输入标签文本

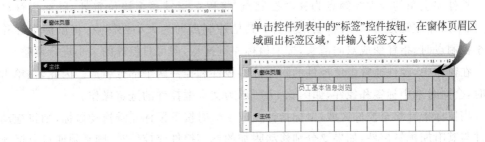

图 6.14　插入标签控件操作过程

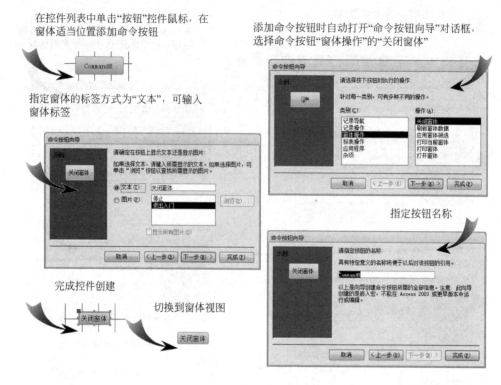

图 6.15 利用控件向导创建命令按钮

6.3.4 窗体中控件的常用操作

在窗体设计中,常常需要对控件进行各种操作,如控件的选定、调整位置、大小等。

1. 窗体中控件的选定

在对窗体中控件进行操作时,需要首先选定控件。可以选定单个控件,也可以选定多个控件。

1) 选定单个控件

用鼠标指针单击该控件,在控件四边和四角出现控制点(黑色小方块)时,该控件被选定。

控件左上角的较大控制点为移动控制点,将鼠标指针移至该位置处,鼠标指针呈手形,按下鼠标左键拖动,即可移动该控件;其他控制点即为大小控制点,将鼠标指针移至大小控制点时,指针变成双向箭头,按下鼠标左键拖动,即可对控件的大小进行调整。

在窗体中,控件通常由该控件的附加标签控件和控件两个部分组成。因此,在单击控件时,会同时选中标签和控件,如图 6.17 所示为文本框控件的选定操作。

当鼠标指针移至控件区域,鼠标指针变成手形时按下鼠标左键拖动鼠标,则将拖动该控件与其附加标签控件,如果要分别移动附加的标签控件或控件时,则必须通过鼠标拖动该控件的移动点来完成。

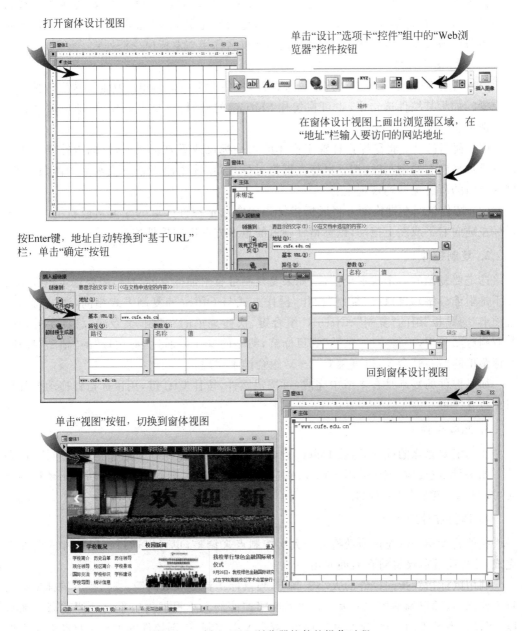

图 6.16　插入 Web 浏览器控件的操作过程

单击文本框，文本框四周出现控制点，文本框
与附加标签的左上角出现移动控制点

单击附加标签，附加标签四周出现控制点，文
本框与附加标签的左上角出现移动控制点

图 6.17　控件的选定

窗体本身及窗体的各个节也可以作为控件来选定。要选定窗体本身，可单击窗体选定器（位于窗体设计器左上角水平标尺与垂直标尺交汇处）。要选定窗体中的各节，则可单击各节区域或单击该节名称栏或节选定器（节名称栏与左标尺交汇处）。

2）选定多个控件

（1）利用 Shift 键。单击选定第一个控件，按住 Shift 键，再单击其他要选定的控件即可完成。如果某控件选错了，也可在按住 Shift 键的同时，再单击该控件，即可取消该控件的选定。

（2）利用标尺。将鼠标指针置于窗体的水平标尺或垂直标尺上，鼠标指针变成垂直向下或水平向右的箭头时，按下鼠标左键拖过标尺，窗体中出现垂直或水平的两条直线，则区域内的所有控件均被选定。

（3）按住鼠标左键拖动。将鼠标指针指向要选定控件区域的左上角或右下角，按下鼠标左键向右下或左上拖动，鼠标指针画过的矩形方框内的控件均被选定。

2. 复制控件

选定要复制的一个或多个控件（如果要复制带有附加标签的控件，需要选定控件本身而不是附加标签），再执行"复制"操作，操作方式与 Office 的复制方式相同，通过"开始"选项卡"剪贴板"组的"复制"、Ctrl＋C 组合键、快捷菜单的"复制"命令等，将选定的控件复制到剪贴板中，再将控件"粘贴"到目标节，粘贴的操作可通过"剪贴板"的"粘贴"按钮、快捷菜单的"粘贴"命令，也可用 Ctrl＋V 组合键来实现。

如果控件的复制是在本节中完成，可选定该件，按住 Ctrl 键，用鼠标指针拖动控件到目标位置即可。

3. 删除控件

在选定要删除的控件后，按 Delete 键即可删除，如果控件有附加标签，也将同时被删除。如果只是想删除控件的附加标签，则应选定附加标签，即附加标签的四周出现控制点时，按 Delete 键将标签删除掉。

4. 调整控件的大小

控件的大小可以通过拖动控件的大小控制点来调整，也可以通过设置控件的属性来完成，控件属性的设置将在后面介绍。

利用鼠标指针指向控件的大小控制点，当鼠标指针变成双向箭头时，按下鼠标左键向双方向拖动，即可调整控件的大小；如果希望控件的大小根据内容来自动调整高度和宽度，当设置为控件的字体、字号和字形后，双击大小控制点，则控件的大小会自动调整为控件合适的大小。

在调整控件的大小时，系统在"调整大小和排序"组还提供了正好容纳、至最高、至最短、对齐网格、至最宽、至最窄等自动调整功能，对控件的大小等进行自动调整。

5. 控件边距

在创建了控件后，有的控件上有标题，如标签，有的控件用于显示内容，如文本框，有时希望对内容与控件之间的位置关系进行调整，在"排列"选项卡"位置"组的"控件边距"列表中，提供了无、窄、中、宽等选项，它们可以对内容与控件的边距之间的关系进行设置。

由此可以对控件的外观效果进行调整。

6. 移动控件

控件的位置可以通过属性来进行精确的定位,也可以用鼠标拖动来完成。

当鼠标指针变成手形时,按下鼠标左键即可拖动该控件至目标位置。但这里需要注意,通过拖动的方式改变控件的位置只能在同节中,如果要将控件移到其他的节,则只能采用"剪切",再"粘贴"的方式来完成。

如果要将某控件的标签移动到其他节,只能先选定该附加标签,然后将该控件剪切掉,到目标节中将它"粘贴"。当附加标签移到其他的节后,则与原来的控件没有关系了,变成一个独立的标签控件。

7. 对齐控件

要将窗体中多个控件对齐,可先选定控件,然后用"排列"选项卡的"调整大小组"中的"对齐"命令按钮来完成。"对齐"命令有多种:靠上、靠下、靠左、靠右、对齐网格。

控件对齐还可能通过控件的属性来完成。

8. 调整间距

当窗体中放置多个控件,要调整多个控件之间的水平和垂直间距时,可先选定控件,然后在"窗体设计工具"的"排列"选项卡中,单击"调整大小和排列"组中的"大小/空格"按钮,在打开的列表中选择"水平相等""水平增加""水平减少""垂直相等"和"垂直减少"等选项。

6.4 修饰窗体

窗体的基本功能完成后,要对窗体及控件进行格式设定,使得窗体的界面看起来更加合理、美观,除了通过对窗体和控件的"格式"属性表进行设置外,还可利用主题和条件格式等对窗体进行修饰。

6.4.1 利用主题

"主题"是修饰和美化窗体的一种快捷方法,它是由系统设计人员预先设计好的一整套配色方案,能够使数据库中的所有窗体具有相同的配色方案。

主题是在窗体处于设计视图时,在"设计"选项卡的"主题"组中,一共包括主题、颜色和字体三个功能按钮。

Access 提供了 44 套主题以供使用。

图 6.18 所示为利用主题工具修饰窗体的操作过程。

在利用主题对窗体外观进行修饰时,还可通过"颜色"和"字体"对已配置的主题进一步进行修改,直至满意。

6.4.2 利用属性

窗体的整体效果,除了利用主题进行设置外,还可利用窗体属性对窗体的外观进行设

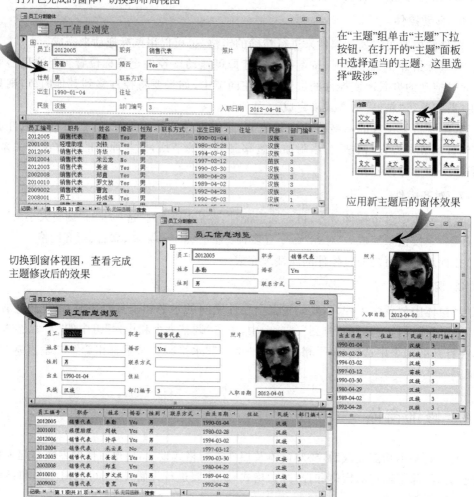

图 6.18　利用主题工具修饰窗体

置，如窗体的边框、导航按钮、背景、标题等。

　　这里以员工分割窗体为例，介绍如何利用窗体的属性对窗体外观进行设置。具体操作过程如图 6.19 所示。

　　在窗体修饰过程中，将窗体视图设置为"布局视图"，可以直观地看到属性修改后的窗体效果，更加直观方便。

　　在利用属性表对窗体进行外观修饰时，还可对窗体的位置、大小、背景图等进行详细设置。

6.4.3　利用条件格式

　　除了可以利用属性表、主题等设置窗体的格式外，还可根据控件值作为条件，设置相应的显示格式。

打开窗体，切换到布局视图，并打开"属性表"对话框

设置窗体标题文本

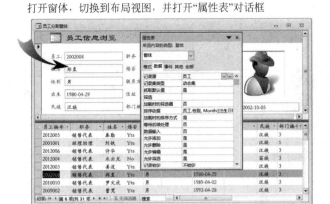

设置"记录选择器"为"否"，"滚动条"为"两者均无"

设置主体对象，单击"背景色"组合框右侧启动按钮，打开色彩面板，单击选中所需颜色

切换至窗体视图，查看修饰后的窗体效果

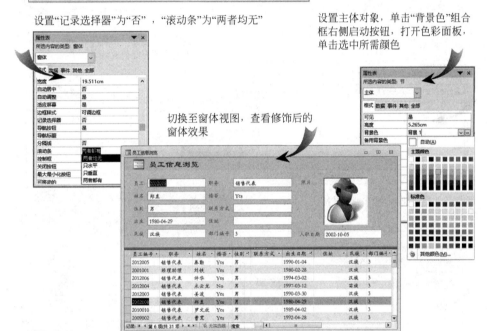

图 6.19　利用属性表修饰窗体的操作过程

　　要想突出显示员工订单销售额超过 200000 元的销售额信息，可以利用条件格式来完成，具体操作过程如图 6.20 所示。

　　注意：在设置条件格式时，可以在"条件格式规则管理器"对话框中，单击"新建规则"按钮，打开"新建格式规则"对话框添加条件。

　　在设置条件时，可直接输入条件，也可单击条件框右侧的"生成器"按钮，打开"生成器"对话框来完成条件设置。

6.4.4　提示信息的添加

　　为了提升窗体界面的可用性，最好在窗体中为一些特殊字段添加帮助信息，方便用户能够直接了解信息，以达到提供帮助的目的。

已创建好的员工订单销售额情况窗体

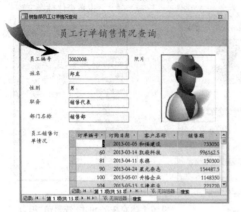

切换至设计视图，选中子窗体中的字段"销售额"

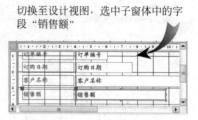

在"格式"选项卡的"控件格式"组单击"条件格式"按钮

弹出"条件格式规则管理器"对话框，单击"新建规则"按钮

设置条件格式，销售额≥200000元时，单元格填充红色底纹

完成条件规则设计，单击"确定"按钮完成设置

切换至窗体视图，查看效果

图 6.20　窗体设置条件格式的操作过程

　　添加提示信息的操作方法是：打开窗体设计视图，选中要添加提示信息的控件，打开"属性表"对话框，切换到"其他"选项卡，在"状态栏文字"属性行中输入提示文字信息，保存设置。切换到窗体视图中，当焦点移至该控件时，则会在状态栏中显示该提示信息。

6.5 定制系统控制窗体

窗体是应用程序和用户之间的接口,是为用户提供数据的输入、查询、修改和查看数据等操作的用户界面,为用户提供一个应用程序功能选择的操作控制界面。

Access 提供的切换面板管理器和导航窗体即可将各种功能集成在一起,创建一个应用系统的控件界面。

6.5.1 创建切换窗体

使用"切换面板管理器"创建的窗体是一个特殊的窗体,即切换窗体,它实质上是一个控件菜单,通过选择菜单实现对所有集成数据库对象的调用。每一级控件菜单对应一个界面,即切换面板。创建切换窗体时,首先启动切换面板管理器,然后创建所有的切换面板和每个面板的内容,最后设置默认的切换面板。

此处以创建一个"吉祥商贸公司管理系统"切换窗体为例,介绍切换窗体的操作方法。

1. 自定义功能组

要创建切换窗体,需要利用"切换面板管理器"工具按钮来启动切换窗体的创建,但由于 Access 2010 没有将该工具按钮添加到常用工具选项卡中,因此,需要先将该工具按钮添加到工具选项卡中。具体操作方法如图 6.21 所示。

注意:由于系统将常用的功能按钮按照功能进行分组,放置在不同的选项卡中,同时,在不同的状态下也会有一些跟随选项卡出现在功能区中,以便使用。如果有一些特殊的功能按钮或自己常常需要的功能按钮没有在功能区中出现,则可将它添加到功能区中。

新添加的功能组或功能按钮,如果不需要,可以在打开"自定义功能区"选项卡时,在"自定义列表区"列表框中选中要删除的功能按钮或功能组,右击弹出快捷菜单,单击"删除"命令即可删除。

2. 创建切换面板页

默认的切换面板页是启动切换窗体时最先打开的切换面板,也是应用系统的主切换面板,它由"默认"来标识。

要创建"管理系统"的切换窗体,则应先创建它的切换面板页,具体操作过程如图 6.22 所示。

3. 为切换面板页创建切换面板项目

在"吉祥商贸公司管理系统"的主切换面板页上有五个切换项目,它们包括员工管理、商品管理、客户管理、供应商管理和订单管理。

图 6.23 所示为切换面板创建切换项目的具体操作过程。

在"文件"菜单中选择"选项"命令，打开"Access选项"对话框，切换到"自定义功能区"
选项卡，在"自定义功能区"列表中选中"数据库工具"，在列表框下方单击"新建组"按
钮，在该选项卡中添加一个新功能组

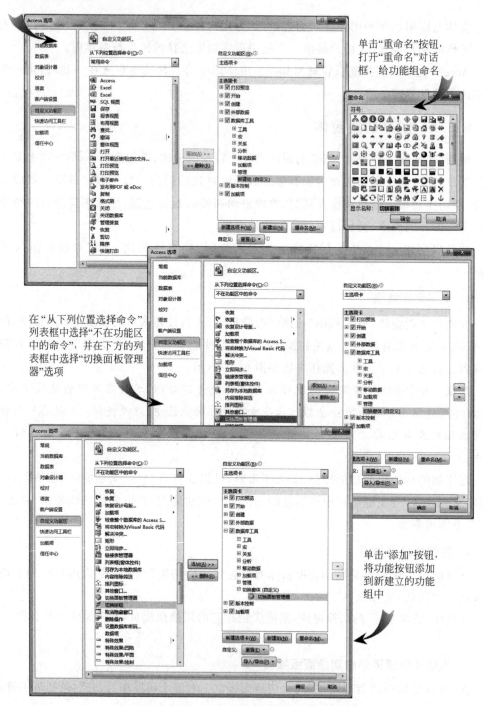

单击"重命名"按钮，
打开"重命名"对话
框，给功能组命名

在"从下列位置选择命令"
列表框中选择"不在功能区
中的命令"，并在下方的列
表框中选择"切换面板管理
器"选项

单击"添加"按钮，
将功能按钮添加
到新建立的功能
组中

图 6.21　在选项卡上自定义功能组操作过程

在"数据库工具"选项卡自定义"切换窗体"
组中单击"切换面板管理器"按钮

打开"切换面板管理器"对话框

单击"新建"按钮，在文本框中输入页名称

按顺序输入所有的切换页名称

选择"主切换面板(默认)"项，单击"编辑"按钮，在打开
的"编辑切换面板页"对话框中输入切换面板名

完成所有切换页名的编辑

图 6.22　创建默认的切换面板页操作过程

在"切换面板管理器"中选择默
认项，单击"编辑"按钮

在打开的"编辑切换面板页"对话框中，单
击"新建"按钮

在打开的"编辑切换面板项目"对话框
中设置项目名称和切换目标项

按相同方式，依次将所有项目添加到切换
面板

关闭"切换面板管理器"对话框，
在窗体对象列表中将出现一个
窗体对象：切换面板，双击打
开，即可看到效果

图 6.23　创建切换面板项目操作过程

4. 为切换项目设置具体操作内容

虽然前面创建了主切换面板和切换项目之间的跳转操作，但还未加入具体的操作内容。这里以"员工管理"为例，在"员工管理"切换面板上，需要有员工信息浏览、员工信息录入、员工订单情况和部门员工人数统计等切换项目，当单击某一项目时，即可直接执行相应的操作。例如，单击"员工"切换项目，即可打开已创建好的"员工基本信息及订单情况"窗体。

这里以创建"员工管理"切换面板为例，介绍在切换面板页中如何创建切换项目的操作，具体操作过程如图 6.24 所示。

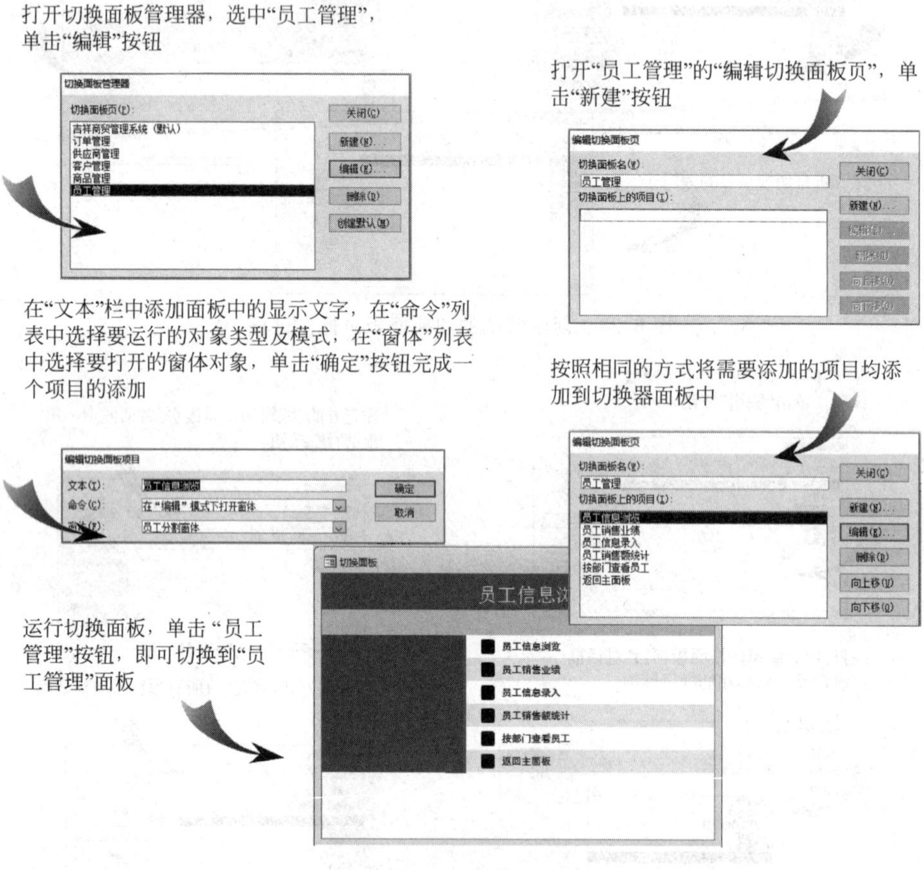

图 6.24　为切换面板的切换项目设置切换内容

在添加切换面板的内容时，如果是添加窗体，有两种方式：编辑方式和添加方式，如果打开窗体就希望进行添加，可选择添加方式，否则采用编辑方式就可以。切换内容的类型，还包括宏、报表等。

注意：如果在下层切换面板要想返回到主面板，只能通过在命令项中添加返回来实现，否则无法返回。

6.5.2 创建导航窗体

切换面板工具虽然可以直接将数据库中的对象进行集中管理,形成一个操作简单、方便应用的应用系统,但创建前需要设计每一个切换面板页及每一页上的切换面板项,还需要设计每个切换面板之间的关系,创建过程较复杂。Access 2010 提供了一种新型的导航按钮,即导航窗体。在导航窗体中,可以选择导航按钮的布局,并可在布局上直接创建导航按钮,同时连接已建立好的数据库对象,更为方便地将系统进行集成。

导航窗体的创建是通过"创建"选项卡的"导航"按钮来实现的,系统提供了六种模板的导航窗体,窗体的创建和修改都很方便,在窗体的创建过程中,即可看到窗体运行时的效果,因此使用非常方便。

具体的导航窗体的创建过程如图 6.25 所示。

在"设计"选项卡"窗体"组的"导航"列表中选择导航窗体的布局类型

打开导航窗体

在水平栏依次单击"新增"按钮,输入水平导航内容,再依次选中水平项目,在垂直栏中依次输入对应的操作内容

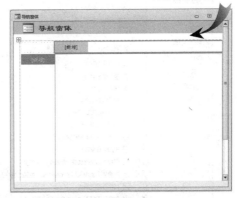

在水平导航栏中选中"员工管理",在垂直列表中选择"员工信息浏览",打开"属性表"对话框,设置"导航目标名称"

图 6.25 导航窗体的创建过程

6.5.3　设置启动窗体

当导航窗体或切换窗体创建完成后，希望在启动 Access 的同时，自动启动导航窗体或切换窗体，则可通过设置窗体的启动属性来实现。

具体的操作方法是打开"Access 选项"对话框，切换到"当前数据库"选项卡，设置"应用程序的标题"为"吉祥商贸公司管理系统"，也可为应用程序添加图标，在"显示窗体"列表框中选择要自动启动的窗体，这里选择"导航窗体"，即可将导航窗体设置为自动启动的窗体。单击"确定"按钮，保存设置，再关闭吉祥商贸公司管理系统数据库，再次打开时，则导航窗体自动启动，如图 6.26 所示。

图 6.26　设置自动启动窗体

注意：如果不希望在窗口中打开数据库对象的导航窗格，则可在当前选项卡的"导航"栏中取消"显示导航窗格"的选中状态。

如果在打开数据库时，不希望自动启动窗体被启动，可在打开数据库的过程中按住 Shift 键，阻止自动窗体被启动。

6.6　对象与属性

在应用领域中有意义的、与所要解决的问题有关系的任何事物都可以作为对象，它既可以是具体的物理实体的抽象，也可以是人为的概念，或者是人和有明确边界及意义的东西。

6.6.1 面向对象的基本概念

"对象"译自英文 object, object 也可以翻译成物体, 只需理解为一样物体即可。早期编写程序时, 过多地考虑计算机的硬件工作方式, 以致程序编写难度大。经过不断的发展, 主流的程序语言转向了人类的自然语言, 不过在程序编写的思想上仍然没有突破性改变。面向对象编程思想即以人的思维角度出发, 用程序解决实际问题。对象即为人对各种具体物体抽象后的一个概念, 人们每天都要接触各种各样的对象, 如手机就是一个对象。

在面向对象的编程方式中, 对象拥有多种特性, 如手机有高度、宽度、厚度、颜色、重量等特性, 这些特性被称为对象的属性。对象还有很多功能, 如手机可以听音乐、打电话、发信息、看电影等工作功能, 这些功能被称为对象的方法, 实际上这些方法是一种函数。而对象又不是孤立的, 是有父子关系的, 如手机属于电子产品, 电子产品属于物体等, 这种父子关系称为对象的继承性。

对象把事物的属性和行为封装在一起, 是一个动态的概念, 对象是面向对象编程的基本元素, 是基本的运行实体。

如果把窗体看成是一个对象, 则它具有一些属性和行为特征, 如窗体的标题、大小、颜色、窗体中容纳的控件、窗体的事件和方法等。

命令按钮也可以看成是窗体中的一个对象, 命令按钮也有相应的属性和行为, 如命令按钮的标题、大小、在窗体中的位置、按钮的事件和方法等。

因此, 对象是一个封闭体, 它是由一组数据和施加于这些数据上的一组操作构成, 表示如下。

(1) 对象名: 对象的名称, 用来在问题域中区分其他对象。

(2) 数据: 用来描述对象属性或数据结构, 它表明了对象的一个状态。

(3) 操作: 即对象的行为, 分为两类, 一类是对象自身承受的操作, 即操作结果修改了自身原有的属性状态; 另一类是施加于其他对象的操作, 即将产生的输出结果作为消息发送的操作。

(4) 接口: 主要指对外接口, 是指对象受理外部消息所指定的操作的名称集合。

归纳起来, 对象的特征有以下四点。

(1) 名称/标识唯一, 以区别于其他对象。

(2) 某一时间段内, 有且只有一组私有数据, 用以表述一个状态, 且状态的改变只能通过自身行为实现。

(3) 有一组操作, 每一个操作决定对象的一种行为, 操作分自动和使动两类。

(4) 通过封装把过程和数据包围起来, 对数据的访问只能通过受保护的界面进行, 对象间的交流则是通过通信来实现。

6.6.2 对象属性

属性(Attribute)是对象的物理性质, 是用来描述和反映对象特征的参数。一个对象的属性,反映了这个对象的状态。属性不仅决定对象的外观,还决定对象的行为。

1. 利用"属性表"窗格设置对象属性

在窗体设计器中,要设计控件的属性,可通过"属性表"窗格来完成。

图 6.27 所示为一个标签控件的属性表。通常,控件的"属性表"窗格中,系统根据类别分别对属性采用不同的选项卡进行管理,通常有"格式""数据""事件""其他"和"全部",如果不能确定属性属于哪一类,则可在"全部"选项卡中进行查看。

在选项卡中,左侧为属性的中文名称,右侧则可以对该属性进行设置。在"属性表"窗格中,可通过下拉列表框提供的参数选择对象设置属性,可由用户为对象设置属性,也可通过"属性表"窗格为对象设置属性。具体采用哪种方式,可根据不同的属性要求来确定。

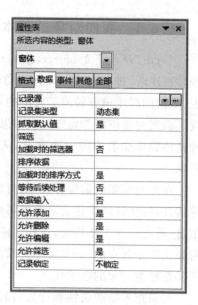

图 6.27 "属性表"窗格

对象常用的属性如表 6.1 所示。

表 6.1 对象常用的属性

属 性 名 称	编码关键字	说 明
标题	Caption	对象的显示标题,用于窗体、标签、命令按钮等控件
名称	Name	对象的名称,用于节、控件
控件来源	ControlSource	控件显示的数据,编辑绑定到表、查询和 SQL 命令的字段,也可显示表达式的结果,用于列表框、组合框和绑定框等控件
背景色	BackColor	对象的背景色,用于节、标签、文本框、列表框等控件
前景色	ForeColor	对象的前景色,用于节、标签、文本框、命令按钮、列表框等控件
字体名称	FontName	对象的字体名称,用于标签、文本框、命令按钮、列表框等控件
字体大小	FontSize	对象的字体大小,用于标签、文本框、命令按钮、列表框等控件
字体粗细	FontBold	对象的文本粗细,用于标签、文本框、命令按钮、列表框等控件
倾斜字体	FontItalic	指定对象的文本是否倾斜,用于标签、文本框和列表框等控件
边框样式	BorderStyle	对象的边框显示,用于标签、文本框、列表框等控件
背景风格	BockStyle	对象的显示风格,用于标签、文本框、图像等控件
图片	Picture	对象是否用图形作为背景,用于窗体、命令按钮等控件

续表

属 性 名 称	编码关键字	说 明
宽度	Width	对象的宽度,用于窗体、所有控件
高度	Height	对象的高度,用于窗体、所有控件
记录源	RecordSource	窗体的数据源,用于窗体
行来源	RowSource	控件的来源,用于列表框、组合框控件等
自动居中	AutoCenter	窗体是否在 Access 窗口中自动居中,用于窗体
记录选定器	RecordSelectors	窗体视图中是否记录选定器,用于窗体
导航按钮	NavigationButtons	窗体视图中是否显示导航按钮和记录编号框,用于窗体
控制框	ControlBox	窗体是否有"控件"菜单和按钮,用于窗体
"最大化"按钮	MaxButton	窗体标题栏中"最大化"按钮是否可见,用于窗体
"最大/小化"按钮	MinMaxButtons	窗体标题栏中"最大化""最小化"按钮是否可见,用于窗体
"关闭"按钮	CloseButton	窗体标题栏中"关闭"按钮是否有效,用于窗体
可移动的	Moveable	窗体视图是否可移动,用于窗体
可见性	Visiable	控件是否可见,用于窗体、所有控件

图 6.28 所示为利用"属性表"窗格设置窗体和控件属性的具体操作过程。

2. 属性设置语句

对象属性值的设置,可采用属性设置的方式,也可以在编码时通过属性设置语句来实现。

设置属性值的语句格式一:

[<集合名>].<对象名>.属性名 = <属性值>

设置属性值的语句格式二:

```
With <对象名>
   <属性值表>
End with
```

其中,<集合名>是一个容器类对象,它本身包含一组对象,如窗体、报表和数据访问页等。

例如,要定义窗体中的标签(Label0)的"字体名称"为"华文琥珀","字号"为 22,可采用语句格式一定义方式:

```
Label0.FontName = "华文琥珀"
Label0.FontSize = "22"
```

也可采用语句格式二定义方式:

```
With Label0
  FontName = "华文琥珀";
  FontSize = "22";
End with
```

创建一个窗体，在窗体中添加标签控件，
输入文本

切换到布局视图

打开"属性表"窗格，选定"窗体"对象，设置为
"标题"；"欢迎使用"；"记录选择器"为"否"；
"导航按钮"为"否"；"滚动条"为"两者均无"

选定标签控件，设置标签控件的属性，"字体
名称"为"华文琥珀"；"字号"为14

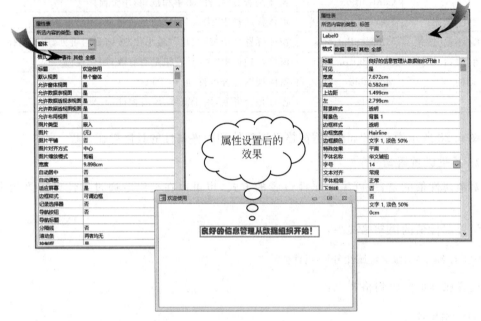

图 6.28　利用"属性表"窗格设置窗体

6.6.3　对象事件和方法

方法是一个执行可以由对象或类完成的计算或行为的成员。事件指的是一个类有可能会引发的一个调用。

1. 事件

事件（Event）就是每个对象可能用以识别和响应的某些行为与动作。在 Access 中，一个对象可以识别和响应一个或多个事件，这些事件可以通过宏或 VBA 代码定义。

利用 VBA 代码定义事件过程的语句格式如下：

```
Private Sub 对象名称_事件名称([(参数列表)])
    <程序代码>
End Sub
```

其中,对象名称指的是对象(名称)属性定义的标识符,这一属性必须在"属性"窗口定义。

事件名称是某一对象能够识别和响应的事件。

程序代码是 VBA 提供的操作语句序列。

表 6.2 为对象核心事件及其功能。

表 6.2　对象核心事件及其功能

事　　件	触　发　时　机
打开(Open)	打开窗体,未显示记录时
加载(Load)	窗体打开并显示记录时
调整大小(Resize)	窗体打开后,窗体大小更改时
成为当前(Current)	窗体中焦点移到一条记录(成为当前记录)时;窗体刷新时;重新查询
激活(Activate)	窗体变成活动窗口时
获得焦点(GetFocus)	对象获得焦点时
单击(Click)	单击鼠标时
双击(DbClick)	双击鼠标时
鼠标按下(MouseDown)	按下鼠标键时
鼠标移动(MouseMove)	移动鼠标时
鼠标释放(MouseUP)	松开鼠标键时
击键(KeyPress)	按下并释放某键盘键时
更新前(BeforeUpdate)	在控件或记录更新前
更新后(AfterUpdate)	在控件或记录更新后
失去焦点(LostFocus)	对象失去焦点时
卸载(Unload)	窗体关闭后,从屏幕上删除前
停用(Deactivate)	窗体变成不是活动窗口时
关闭(Close)	当窗体关闭,并从屏幕上删除时

2. 方法

方法(Method)是附属于对象的行为和动作,也可以将其理解为指示对象动作的命令。方法在事件代码中被调用。

调用方法的语法格式如下:

[<对象名>].方法名

方法是面向对象的,所以对象的方法调用一般要指明对象。

3. 利用代码窗口编辑对象的事件和方法

打开代码窗口有两种方法,具体如下。

(1) 在窗口设计视图下,在"设计"选项卡"工具"组中单击"查看代码"按钮,即可打开代码的编辑窗口。

(2) 选中某一控件,在该控件的属性窗口中单击"事件"选项卡,在相关的事件属性框右侧单击"生成器"按钮,在打开的"选择生成器"对话框中选择"代码生成器",单击"确定"按钮,打开该事件的代码窗口,即可进行代码的编辑。

图 6.29 所示为在窗口中添加一个命令按钮,单击该命令按钮时改变窗体中标签的标题属性和字体的过程。

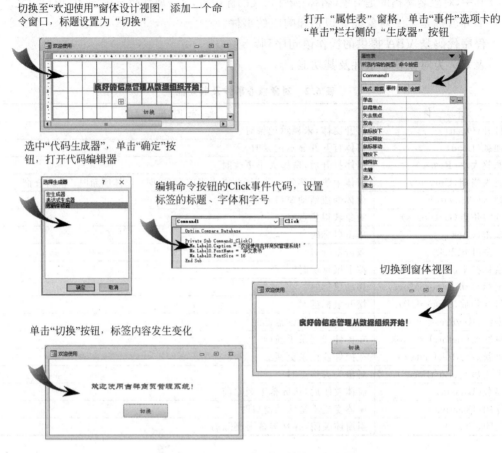

图 6.29　利用代码编辑器编辑事件代码

在命令按钮（Command1）的 Click()事件中，完成了标签（Label0）的标题（Caption）属性、字体（FontName）属性和字号（FontSize）属性的设置。

在代码窗口中，如果还要对其他对象及事件进行编码，可在代码窗口的上方左侧的对象名称框中，单击下三角按钮在打开的控件列表（列表中包含本窗体中所有的对象）中选择，在其右侧的事件列表中选择需要驱动的对象事件类型，在下方的编辑窗口中就会出现该对象的事件驱动函数，即可在插入光标处输入相应的事件代码。

6.7　窗体设计实例

在管理信息系统中，窗体是人机接口。良好的外观设计和合理的控件布局，对系统的人机交互效果起着重要的作用。

1. 多内容窗体处理

在窗体设计过程中，常常会有一些窗体需要显示众多的内容，但窗体界面是有限的，因此需要对窗体的内容进行分组，采用选项卡控件的方式，使内容有序组织，取得良好的外观效果。

例 6.1 创建如图 6.30 所示的利用选项卡查看员工基本情况的窗体。在窗体的第一个选项卡中显示员工的基本信息,第二个选项卡中显示员工的简历和照片。相关控件及属性如表 6.3 所示。

图 6.30 员工基本信息查看窗体

表 6.3 员工情况窗体属性

控件类型	属性名称	属 性 值
主窗体	标题	员工基本信息分页显示
	记录源	员工
	滚动条	两者均无
	分隔线	否
	记录选择器	否
	导航按钮	否
	边框样式	对话框边框
页 1	标题	基本信息
	字号	11
文本框	字号	11
	控件来源	员工编号、姓名、出生日期、性别、民族、入职日期、职务、部门编号、联系方式、婚否
标签	字号	11
	字体粗细	加粗
页 2	标题	其他信息
	字号	11
绑定对象框	控件来源	照片
	缩放模式	缩放
文本框	控件来源	简历
	字号	11
	滚动条	垂直

该窗体的创建分为两个部分:主窗体的属性设置和记录源的添加,选项卡控件的添加及各选项卡上相关控件的添加。

选项卡控件也是一种容器控件，在选项卡控件的页上添加控件时，应该是选中该页为当前页，在页中插入控件时，页对象会显示为黑色，表示该页为当前页。在窗体中添加控件时，如果要添加的控件来源于某个表或某个查询时，最简单的方法是将该表或查询设置为窗体的记录源，然后打开记录源的字段列表，将相应的字段拖放到窗体的适当位置，再根据要求进行属性的设置即可完成。如果记录源中的字段类型是备注型时，该字段在窗体中自动为文本框控件，同时自动将"滚动条"属性设置为"垂直"，如果记录源中某字段的来源是列表或查询时，则窗体中该控件会自动设置为"组合框"控件。如果希望采用的控件与系统的不一致时，可先采用添加控件后再进行设置的方法来实现。

本窗体的具体操作过程如图 6.31 所示。

创建一个窗体，按照属性要求完成窗体相关属性设置

以"员工"表作为窗体数据源，并打开字段列表

切换到"页1"，将选项卡标签设置为"基本信息"。从字段列表中将相应的字段拖放到选项卡中，调整大小和相应的位置，并设置字体字号

切换到"页2"，将标签设置为"其他信息"，将"简历"和"照片"两个字段拖放到选项卡中，并设置绑定对象框的"缩放模式"为"拉伸"，调整各控件相应的大小和字体字号等

图 6.31　设置分页窗体的操作过程

2. 主/子窗体数据联动

主/子窗体在表现一对多表数据的显示时起到很好的作用，但数据的显示方式也可多种多样。

例 6.2　创建如图 6.32 所示的按商品类型浏览窗口信息窗体，窗体左侧是列表框，窗体右侧是子窗体，在列表框中选定商品类型名称后，子窗体中立即显示筛选后该类型的

商品信息。

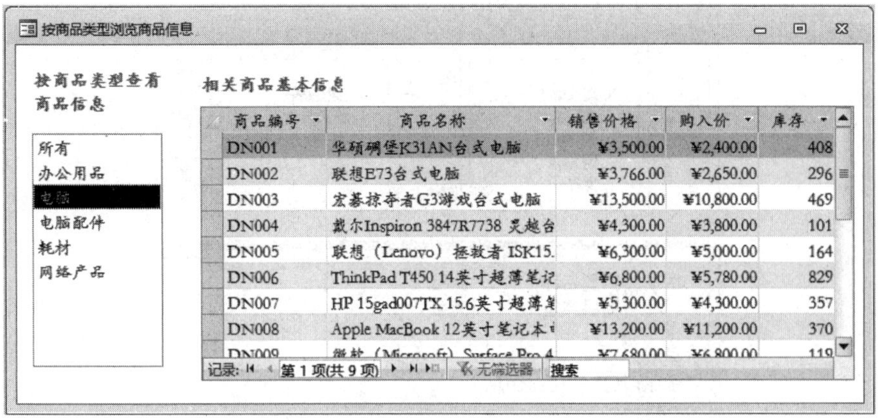

图6.32 按商品类型浏览商品信息窗体视图

该窗体分为两个部分,部门名称列表和子窗体,子窗体以参数查询为条件,即列表框的值作为查询的条件。按部门名称浏览员工情况窗体的基本属性如表6.4所示。

表6.4 按部门名称浏览员工情况窗体的基本属性

控件类型	属性名称	属性值
主窗体	标题	按商品类型浏览商品信息
	滚动条	两者均无
	分隔线	否
	记录选择器	否
	导航按钮	否
	宽度	20cm
列表框	名称	List0
	行来源类型	值列表
	行来源	"所有";"＊";"办公用品";"办公用品";"电脑";"电脑";"电脑配件";"电脑配件";"耗材";"耗材";"网络产品";"网络产品"
	绑定列	2
	默认值	＊
	列数	2
	列宽	3cm; 0cm
子窗体	记录源	窗体查询数据(参数查询)
	名称	商品信息子窗体

首先,创建一个参数查询:窗体查询数据。利用查询设计器创建查询,数据源为商品类型表和商品表,查询条件中,"类型名称"条件为like［List0］,如图6.33所示。查询的条件即为窗体中列表框控件List0的值。注意,这里由于查询是作为窗体的数据源,因此控件名称不需要加上所属窗体的名称。

利用窗体设计视图新建一个窗体,根据窗体的属性要求设置窗体属性。再在窗体上添加一个列表框控件:List0,列表框控件用于显示学院名称列表。

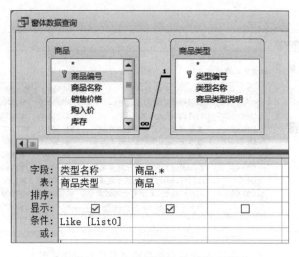

图 6.33　窗体数据源查询设计视图

　　这里列表框中属性值为两列，第一列为"所有、办公用品、电脑、电脑配件、耗材、网络产品"，这列数据在列表框中显示；第二列的值为"＊、销售部、财务部、仓储部、售后服务部、总经理办公室"，第二列的第一个数据为通配符＊，这列数据不显示，是列表框的值。注意，对 List0 控件的列宽设置为"3cm；0cm"，即第二列不显示，否则在列表框中将显示第二列的信息。具体操作过程如图 6.34 所示。

打开窗体设计视图，在窗体中添加一个列表
框控件，选中"自行键入所需的值"单选按钮

列数为2，分别输入两列值列表，注意，第1列的
第一个数值为"所有"，第2列第一个数值为＊，其
余两列的值相同，顺序输入所有类型名称

选择 Col2 为可用字段

为值列表设置标签，单击"完成"按钮

图 6.34　添加列表框控件操作过程

再在窗体中添加子窗体,以"窗体数据查询"为记录源,将所需字段添加到子窗体中,完成窗体的创建。具体操作过程如图 6.35 所示。

图 6.35 为窗体添加子窗体操作过程

为了使控件的标签与内容有所区分,这里将所有标签的"字体粗细"属性设置为"加粗","字号"属性值均设置为 10。在打开该窗体时,如果子窗体中的数据为空,是因为当前没有选中的列表框值,当在列表框中单击选中某一个部门名称或全体时,则在右侧的子窗体中显示相应的记录数据。要解决这一问题,则应该对列表框的默认值进行设置,即默认值为 * ,再打开窗体时,右侧子窗体中将显示所有员工的信息,同时,列表框中将选中"全体"。

3. 利用命令按钮实现窗体之间的调用

在数据交互界面中，常常有一些相关数据的联动查看，但由于相关数据较多，可能不是每次都希望能够看到，因此可将数据分组，采用不同的窗体进行组织，在主窗体中添加命令按钮，在需要时即可打开查看相关数据。

例 6.3　创建如图 6.36 所示的窗体，在窗体上显示出员工表中的数据，在窗体的右上方有一个"订单情况"命令按钮，单击该按钮弹出"订单情况"窗体。"订单情况"窗体中显示当前员工的所有订单，并在订单金额低于 1000 元时，"金额"文本框中的文字显示为红色、加粗，"订单情况"下方显示该员工所有订单的总金额。该窗体的设计分为两个部分："员工基本信息"窗体和"订单情况"窗体。

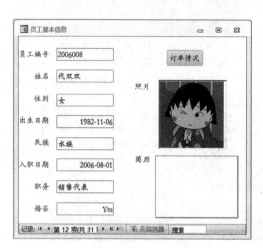

图 6.36　"员工基本信息"窗体及"订单情况"窗体

首先，对"订单情况"窗体进行设计。"订单情况"窗体的相关属性如表 6.5 所示。

表 6.5　"订单情况"窗体属性

控件类型	属性名称	属 性 值	说　明
窗体	记录源	订单情况查询	利用订单表、订单明细表和商品表等创建的订单情况查询为窗体的数据源
	默认视图	连续窗体	窗体中可同时显示多条记录
	分隔线	否	
	宽度	9cm	
	标题	订单情况	
主体节	高度	0.9cm	
窗体页眉	高度	0.9cm	
	背景色	标准色：浅蓝 3	
窗体页脚	高度	1cm	
	背景色	标准色：浅蓝 3	

窗体的"默认视图"属性值包含三种,它们各自的效果如表6.6所示。

表6.6　窗体的"默认视图"属性值说明

属性值	显示记录情况	页眉页脚显示情况
单个窗体	窗体中一次只能显示一条记录	窗体视图可以显示页眉页脚区域
连续窗体	窗体中可以显示多条记录	窗体视图可以显示页眉页脚区域
数据表	可同时显示多条记录	窗体视图不能显示页眉页脚区域

在创建"订单情况"窗体时,创建一个窗体设计视图,在窗体中添加窗体页眉和页脚,然后根据窗体属性表的要求对窗体的格式进行设置,再添加窗体的记录源,利用查询设计器生成相关数据的查询,通过字段列表将相关字段拖到窗体的主体节,将各字段的附加标签剪切后粘贴到窗体的页眉处,将字体加粗,对位置进行调整。然后在窗体的页脚添加两个文本框控件,分别对附加标签进行设置,并在属性窗口中对各文本框的"控件来源"进行设置,可用表达式生成器,也可直接输入表达式,订单数的控件来源值为＝Count（＊），总金额的控件来源值为"＝Sum（[数量]＊[销售价格]）"。具体操作过程如图6.37所示。

接下来对"员工基本信息"窗体进行设计,"员工基本信息"窗体的内容包括员工表中的数据,还包括一个命令按钮,用于打开已创建的"订单情况"窗体。"员工基本信息"窗体的相关属性如表6.7所示。

表6.7　"员工基本信息"窗体属性

控件类型	属性名称	属性值
窗体	记录源	员工
	标题	员工基本信息
	滚动条	两者均无
	分隔线	否
	记录选择器	否
	宽度	12cm
主体节	高度	10cm
绑定对象框	缩放模式	拉伸
命令按钮	标题	订单情况

参看图6.36,在窗体设计视图中创建窗体,在窗体中绑定记录源为"员工",将相关字段拖放到窗体的主体中,并按照窗体的相关属性要求进行属性的设置。窗体基本信息设置完成后,在窗体中添加命令按钮,利用命令按钮控件向导完成命令按钮的设置,具体操作过程如图6.38所示。

在窗体创建完成后保存窗体。在窗体选项卡中双击窗体名称,即可打开窗体,在打开窗体时单击"订单情况"按钮,则可打开"订单情况"的链接窗体。

在窗体设计视图中添加窗体页眉/页脚，利用
"属性表"参照要求完成对窗体属性的设置

设置窗体"默认视图"为"连续窗
体"；"标题"为"订单情况"

切换到"数据"选项卡，
设置窗体的数据源

单击"记录源"左侧的"生成器"
按钮，打开查询设计器

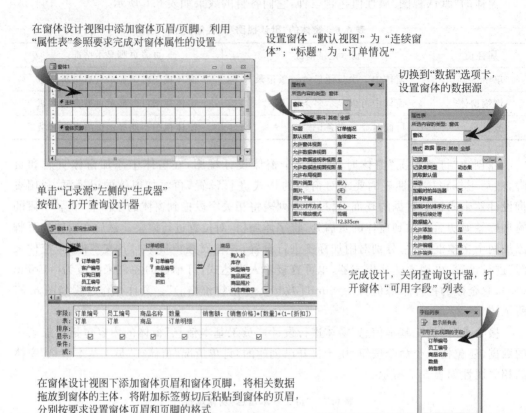

完成设计，关闭查询设计器，打
开窗体"可用字段"列表

在窗体设计视图下添加窗体页眉和窗体页脚，将相关数据
拖放到窗体的主体，将附加标签剪切后粘贴到窗体的页眉，
分别按要求设置窗体页眉和页脚的格式

在窗体的页脚添加两个文本框控
件，分别输入计算表达式

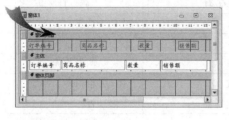

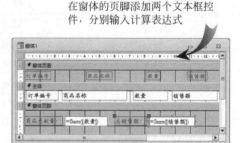

设置总销售额的条件格式

设置完成后的窗体效果

图 6.37　创建订单情况窗体操作过程

在窗体设计视图中添加相关字段

在窗体的照片框上添加命令按钮控件，打开"命令按钮向导"对话框，选择"类别"为"窗体操作"，"操作"为"打开窗体"

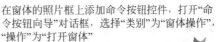

设置要打开的窗体为已创建的连续窗体"订单情况"

选中"打开窗体并查找要显示的特定数据"单选按钮

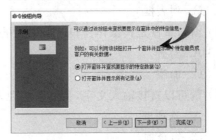

设置匹配字段为"员工编号"

为命令按钮设置标题为"订单情况"

图 6.38 主窗体设计过程

6.8 习题

1. 选择题

（1）在窗体设计过程中，经常要使用的三种属性是窗体属性、（　　）和节属性。

    A. 关系属性   B. 查询属性

    C. 字段属性   D. 控件属性

（2）在 Access 数据库中，数据透视表窗体的数据源是（　　）。

    A. Word 文档   B. 表或查询

    C. 报表   D. Web 文档

（3）在窗体中，对于是/否类型字段，默认的控件类型是（　　）。

    A. 复选框   B. 文本框

    C. 列表框   D. 按钮

（4）窗口事件是指操作窗口时所引发的事件，下列不属于窗口事件的是（　　）。

    A. 打开   B. 关闭

    C. 加载   D. 取消

（5）既可以直接输入文字，又可以从列表中选择输入项的控件是（　　）。

    A. 选项框   B. 文本框

    C. 组合框   D. 列表框

（6）可以作为窗体记录源的是（　　）。

    A. 表   B. 查询

    C. SELECT 语句   D. 表、查询或 SELECT 语句

（7）假设已在 Access 中建立了包含"书名""单价"和"数量"三个字段的 tOfg 表，以该表为数据源创建的窗体中，有一个计算订购总金额的文本框，其控件来源为（　　）。

    A. ［单价］＊［数量］

    B. ＝［单价］＊［数量］

    C. ［图书订单表］!［单价］＊［图书订单表］!［数量］

    D. ＝［图书订单表］!［单价］＊［图书订单表］!［数量］

2. 填空题

（1）窗体常用有三种视图，分别为设计视图、窗体视图和＿＿＿＿＿＿＿。

（2）确定一个控件在窗体中的位置的属性是＿＿＿＿＿＿＿和＿＿＿＿＿＿＿。

（3）假定窗体的名称为 fmTest，则把窗体的标题设置为 Access Test 的语句是＿＿＿＿＿＿＿。

（4）Access 数据库中，若要求在窗体上设置输入的数据是取自某一个表或查询中记录的数据，或者取自某固定内容的数据，可以使用的控件是＿＿＿＿＿＿＿。

（5）在 Access 中已建立了"雇员"表，其中有可以存放照片的字段。在使用向导为该表创建窗体时，"照片"字段所使用的默认控件是＿＿＿＿＿＿＿。

3. 操作题

（1）分别创建学生、教师、课程的输入窗体。

（2）创建一个主/子窗体，在主窗体中显示学生的基本信息，在子窗体中显示该学生的所选课程信息和成绩。

（3）创建一个主/子窗体，在主窗体中显示教师的基本信息，在子窗体中显示他所授课程的信息。

（4）参照图6.30，创建一个教师基本信息分页窗体，一页放的都是基本信息，另一页放教师的简历和照片等。

（5）参照图6.32，创建一个按学院名称查看学生信息的窗体。

（6）创建一个欢迎窗体，效果图如图6.39所示。

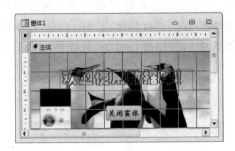 

图6.39 欢迎窗体

在窗体中，插入一个不可见的播放器，打开窗体时自动播放音乐。单击"关闭窗体"按钮，将关闭该窗体。

第 7 章
报表

报表是 Access 数据库对象之一，报表根据用户设定的格式在屏幕上显示或在打印时输出格式化的数据信息，通过报表可以对数据库中的数据进行分组、计算、汇总，以及控制数据内容的大小和外观等，但是报表不能对数据源中的数据进行维护，只能在屏幕上显示或在打印机上输出。

知识体系：
☞报表的视图和结构
☞报表的创建和编辑
☞报表的排序和分组
☞计算控件的使用
☞子报表

学习目标：
☞了解报表的相关知识
☞熟悉报表的工具和功能
☞掌握报表的创建和编辑
☞熟悉报表的排序、分组和汇总
☞掌握报表的计算

7.1 概述

报表是数据内容显示和输出的重要形式。本节将介绍报表的概念、报表的主要功能、报表的主要类型，以及 Access 中报表的结构和视图。

7.1.1 报表的功能

报表是数据库中的数据通过屏幕显示或打印输出的特有形式。尽管报表形式与数据库窗体、数据表十分相似，但它的功能却与窗体、数据表有根本的不同，它的作用只是用来输出数据。

报表的功能主要包括可以呈现格式化的数据；可以分组组织数据，进行汇总；可以包含子报表及图表数据；可以打印输出标签、发票、订单和信封等多种样式的报表；可以进行计数、求平均、求和等统计计算；可以嵌入图像或图片来丰富数据显示；等等。

7.1.2 报表的视图

Access 的报表操作提供了四种视图：报表视图、打印预览视图、布局视图和设计视图。报表视图用于显示报表数据内容，如图 7.1 所示；打印预览视图用于查看报表的页面数据输出形态，即打印效果预览，如图 7.2 所示，在该视图中默认打开"打印预览"选项卡；布局视图的界面风格与报表视图类似，但是在该视图中可以移动各个控件的位置，可以重新设计控件布局，如图 7.3 所示，在该视图中默认打开"报表布局工具"选项卡；设计视图用于创建和编辑报表的结构，添加控件和表达式，美化报表等，如图 7.4 所示，在该视图中默认打开"报表设计工具"选项卡。

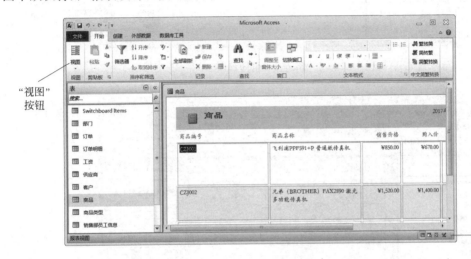

图 7.1 报表视图

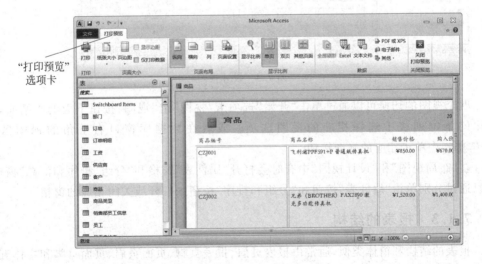

图 7.2 打印预览视图

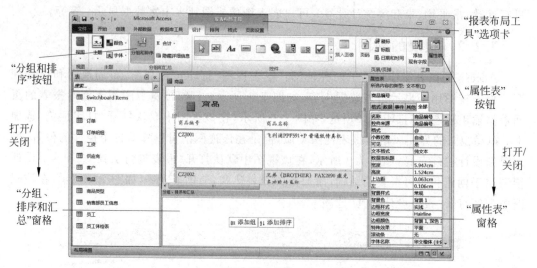

图 7.3　布局视图

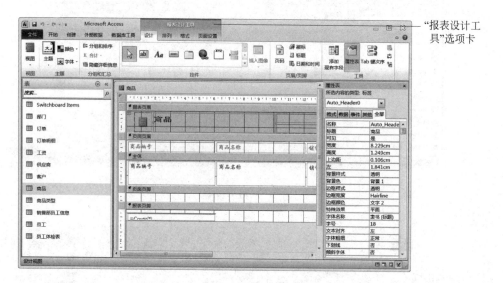

图 7.4　设计视图

四个视图的切换可以通过单击"开始"选项卡"视图"组"视图"按钮下面的小箭头，在弹出的下拉列表中选择相应的视图选项。或者在数据库窗口右下角的视图区域中单击相应的视图按钮。

在"布局视图"和"设计视图"中有时会打开"属性表"窗格和"分组、排序和汇总"窗格，可以通过分别单击"属性表"按钮和"分组和排序"按钮来打开或关闭相应的窗格。

7.1.3　报表的结构

报表的结构和窗体类似，通常由报表页眉、报表页脚、页面页眉、页面页脚和主体五部分组成，每个部分称为报表的一个节。如果对报表进行分组显示，则还有组页眉和组页脚两个专用的节，这两个节是报表所特有的，以展现分组显示和统计输出。报表的内容是以节来划分的,每个节都有特定的用途。所有报表都必须有一个主体节。

在报表设计视图中,视图窗口被分为许多区段,每个区段就是一个节,如图7.5所示。其中显示有文字的水平条称为节栏。节栏显示节的类型,通过双击节栏可访问节的属性窗口,通过上下移动节栏可以改变节区域的大小。报表左上方按钮是"报表选择器",通过双击"报表选择器"按钮可访问报表的属性窗口。

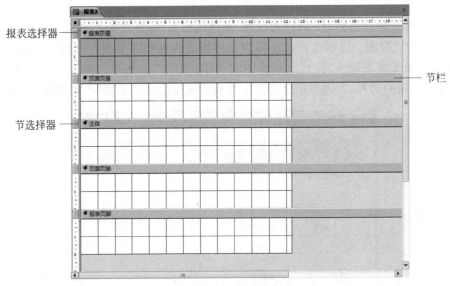

报表选择器

节选择器

节栏

图7.5 报表的组成

报表中各节的功能如下。

(1)报表页眉:是整个报表的页眉,只能出现在报表的开始处,即报表的第一页打印一次,用来放置通常显示在报表开头的信息,如标题、日期或报表简介。在报表设计区中,右击节栏,在弹出的快捷菜单中选择"报表页眉/页脚"命令,可添加或删除报表页眉页脚及其中的控件。

(2)页面页眉:用于在报表中每页的顶部显示标题、列标题、日期或页码,在表格式报表中用来显示报表每一列的标题。在报表设计区中,右击节栏,在弹出的快捷菜单中选择"页面页眉/页脚"命令,可添加或删除页面页眉/页脚及其中的控件。

(3)主体:显示或打印来自表或查询中的记录数据,是报表显示数据的主要区域,是整个报表的核心。数据源中的每一条记录都放置在主体节中。

(4)页面页脚:用于在报表中每页的底部显示页汇总、日期或页码等。页面页脚和页面页眉可用同样的命令被成对地添加或删除。

(5)报表页脚:用来放置通常显示在页面底部的信息,如报表总计、日期等,仅出现在报表最后一页页面页脚的上方。报表页脚和报表页眉可用同样的命令被成对地添加或删除。

(6)组页眉:在分组报表中,可以使用"排序和分组"属性设置"组页眉/组页脚"区域,以实现报表的分组输出和分组统计。组页面显示在记录组的开头,主要用来显示分组字段名等信息。要创建组页眉,在报表设计区中右击,选择"排序和分组"命令,在打开的

"分组、排序和汇总"窗格中进行设置。

（7）组页脚：显示在记录组的结尾，主要用来显示报表分组总计等信息。要创建组页脚，在报表设计区中右击，选择"排序和分组"命令，在打开的"分组、排序和汇总"窗格中进行设置。

7.1.4　报表的类型

报表主要分为四种类型：纵栏式报表、表格式报表、标签式报表和两端对齐式报表。

（1）纵栏式报表。纵栏式报表也称为窗体报表或堆积式报表，一般是在报表的主体节区显示一条或多条记录，而且以垂直方式显示，如图7.6所示。报表中每个字段占一行，左边是字段的名称，右边是字段的值。纵栏式报表适合记录较少、字段较多的情况。

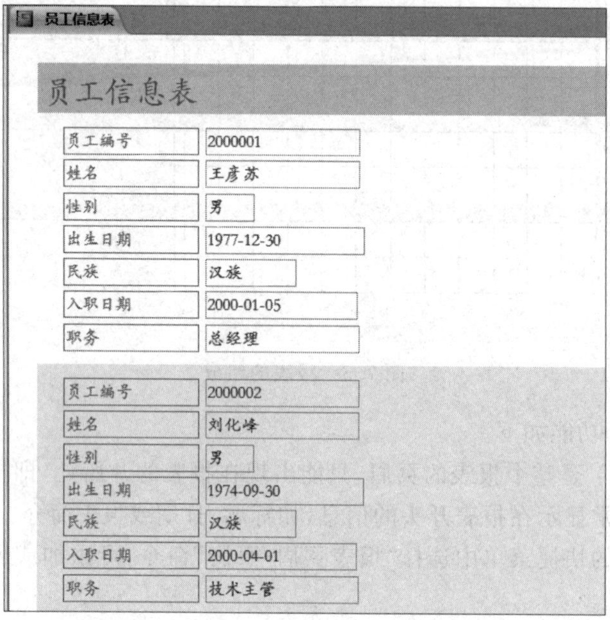

图7.6　纵栏式报表

（2）表格式报表。表格式报表以整齐的行、列形式显示记录数据，一行显示一条记录，一页显示多行记录，如图7.7所示。字段的名称显示在每页的顶端。表格式报表与纵栏式报表不同，其记录数据的字段标题信息不是被安排在每页的主体节区内显示，而是安排在页面页眉节区显示。表格式报表适合记录较多、字段较少的情况。

（3）标签式报表。标签式报表是一种特殊类型的报表，将报表数据源中少量的数据组织在一个卡片似的小区域，如图7.8所示。标签式报表通常用于显示名片、书签、邮件地址等信息。

（4）两端对齐式报表。与纵栏式报表类似，两端对齐式报表也是在报表的主体节区显示一条或多条记录，但通常是以两端对齐的方式来布局显示字段名称和字段的值，如图7.9所示，单条记录形成一个表格，字段的值通常在字段名称的右侧或下方。两端对齐式报表实质上是对纵栏式报表中字段布局的重新组织，往往更适合记录较少、字段较多的情况。

员工编号	姓名	出生日期	性别	民族	职务
2000001	王彦苏	1977-12-30	男	汉族	总经理
2000002	刘化峰	1974-09-30	男	汉族	技术主管
2001001	刘铁	1980-02-28	男	汉族	经理助理
2001002	吕珊	1982-12-03	女	侗族	办公室主任
2002008	郑直	1980-04-29	男	汉族	销售代表
2003009	祁英	1979-05-31	女	回族	财务主管
2005001	李月	1977-03-31	女	汉族	销售代表
2006003	杨昱	1980-05-06	男	汉族	销售主管
2006004	益长虹	1981-07-30	女	土家族	工程师
2006005	张雁冰	1975-10-01	女	汉族	工程师
2006007	边海波	1982-12-02	男	汉族	员工
2006008	代双双	1982-11-06	女	水族	销售代表
2006009	何泉	1983-10-06	男	汉族	财务人员
2007004	孙丽	1985-08-30	女	汉族	财务人员
2008001	孙成伟	1990-05-03	男	汉族	员工
2008003	张大勇	1991-06-30	男	汉族	员工
2008009	彭郅伟	1991-06-02	男	汉族	销售代表
2009002	曹宽	1992-04-28	男	汉族	销售代表

图 7.7 表格式报表

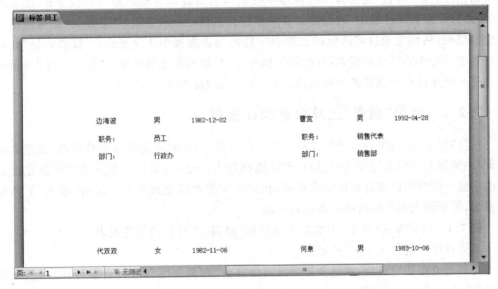

图 7.8 标签式报表

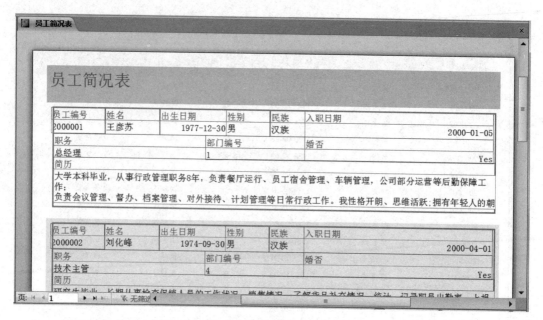

图7.9　两端对齐式报表

7.2　创建报表

在Access中，可以使用"报表""报表设计""空报表""报表向导"和"标签向导"五种方式来创建报表。"报表"是指利用当前选中的数据表或查询自动创建一个报表；"报表设计"是指打开报表设计视图，通过添加各种控件自己设计一张报表；"空报表"是指创建一张空白报表，后续可通过将选定的数据表字段添加进报表中建立报表；"报表向导"允许用户创建几种不同风格的报表，并能够提供排序、分组和汇总的功能；"标签向导"是指使用标签向导允许用户创建各种规格的标签，如产品的标签等。

7.2.1　使用"报表"工具自动创建报表

使用"报表"工具可以自动创建简单的表格式报表，该报表能够显示数据源（数据表或查询）中的所有字段和记录，但是用户不能选择报表的格式，也无法部分选择出现在报表中的字段。用户可以在自动创建完成后，在设计视图中修改该报表。使用"报表"工具创建报表，需要预先在导航窗格中选择数据源。

例7.1　以数据表"员工"为数据来源使用"报表"工具自动创建报表。

具体操作过程如图7.10所示。

自动创建报表完成后，系统会自动进入报表的"布局视图"，并且自动打开"报表布局工具"功能区，使用该功能区中的工具可以对报表进行简单的编辑和修改。

注意：在报表的"布局视图"中有贯穿整个页面的横向和纵向的虚线，该虚线用来标识整个页面的边界。根据这些边界标识，用户可以调整布局控件。

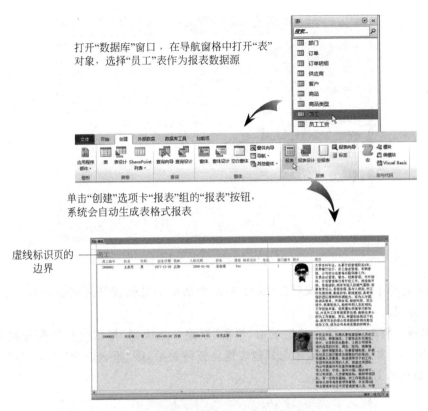

打开"数据库"窗口，在导航窗格中打开"表"对象，选择"员工"表作为报表数据源

单击"创建"选项卡"报表"组的"报表"按钮，系统会自动生成表格式报表

虚线标识页的边界

图 7.10　使用"报表"工具自动创建报表

7.2.2　使用"报表向导"工具创建报表

使用"报表向导"创建报表时，向导将提示用户输入有关记录源、字段、版面以及所需的格式，并且可以在报表中对记录进行分组或排序，并计算各种汇总数据等。用户在"报表向导"的提示下可以完成大部分报表设计的基本操作，加快了创建报表的过程。

例 7.2　以数据表"商品"为数据源，使用"报表向导"创建报表"商品信息表"。

具体操作步骤如下。

（1）进入数据库，在"创建"选项卡"报表"组中，单击"报表向导"按钮，启动"报表向导"，如图 7.11 所示。

（2）在"表/查询"下拉列表中，选择报表所需的数据来源"表：商品"数据表，单击 >> 按钮，将"可用字段"列表中的所有字段移动到"选定字段"列表中。选定字段后，单击"下一步"按钮，进入向导第二步。

（3）向导提示是否添加分组级别，如图 7.12 所示。如果选定的字段中有作为其他关联主表的外键的字段，向导自动添加分组字段，如图 7.12 中的"类型编号"作为分组字段。

如果需要再次添加分组级别，可以选定用于分组的字段，单击 > 按钮，或双击所选定的分组字段，分组的样式就会出现在对话框右侧的预览区域中。如果需要删除已添加

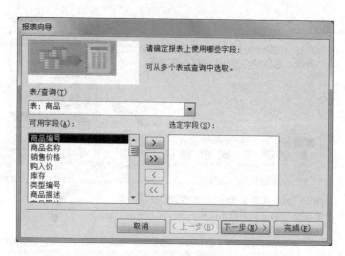

图 7.11　"报表向导"对话框

的分组，通过单击 $\boxed{<}$ 按钮，或双击"报表向导"对话框中右侧预览区域中的分组字段区域删除所选分组。

　　在本例中暂不添加任何分组级别，单击"删除分组级别"按钮 $\boxed{<}$ ，删除分组级别，如图 7.13 所示。如果"商品"表未与其他表建立任何关系，则"报表向导"不会如图 7.12 所示，而是如图 7.13 所示。

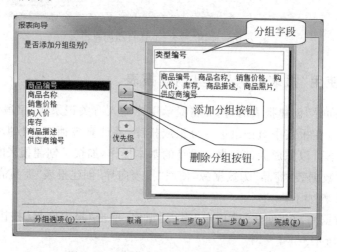

图 7.12　"报表向导"之添加分组级别 1

　　(4) 在下一步向导中，需要为记录指定排序次序最多可以按四个字段对记录进行排序。如图 7.14 所示，按照"商品编号"升序。

　　(5) 在下一步向导中，选择设置报表的布局方式。布局样式有"纵栏表""表格"和"两端对齐"，布局方向有"横向"和"纵向"两种。这里设置布局"样式"为"表格"，布局"方向"为"纵向"，如图 7.15 所示。

　　(6) 在下一步向导中，指定报表的标题为"商品信息表"，选择报表完成后的状态，如图 7.16 所示。

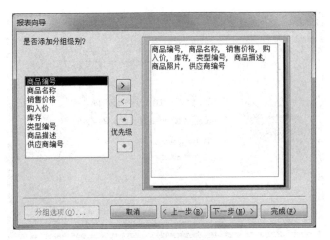

图 7.13 "报表向导"之添加分组级别 2

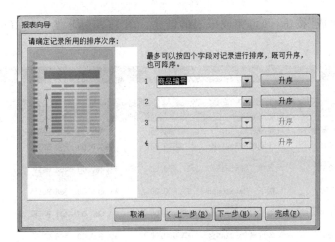

图 7.14 "报表向导"之确定排序

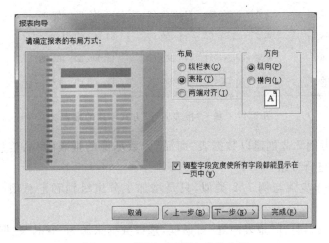

图 7.15 "报表向导"之确定布局

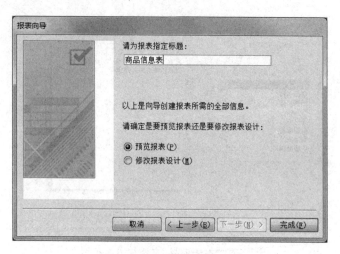

图 7.16 "报表向导"之指定标题

（7）单击"完成"按钮，即可完成报表的创建。图 7.17 所示为创建好的显示商品信息的表格式报表。

商品信息表						
商品编号	商品名称	销售价格	购入价	库存	类型编号	
CZJ001	飞利浦PPF591+P	￥850.00	￥670.00	599	BGYP	
CZJ002	兄弟（BROTHER）	￥1,520.00	￥1,400.00	465	BGYP	
CZJ003	松下（Panasonic	￥1,600.00	￥1,400.00	588	BGYP	
CZJ004	傲发(AOFAX)A80X	￥5,100.00	￥4,600.00	441	BGYP	
DN001	华硕碉堡K31AN台	￥3,500.00	￥2,400.00	408	DN	
DN002	联想E73台式电脑	￥3,766.00	￥2,650.00	296	DN	
DN003	宏碁掠夺者G3游戏	￥13,500.00	￥10,800.00	469	DN	
DN004	戴尔Inspiron 38	￥4,300.00	￥3,800.00	101	DN	
DN005	联想（Lenovo）扬	￥6,300.00	￥5,000.00	164	DN	
DN006	ThinkPad T450 1	￥6,800.00	￥5,780.00	829	DN	

图 7.17 基于"报表向导"方式创建的报表

例 7.3 参考例 7.2 创建以数据表"商品"为数据源的报表"商品信息简况表"，该报表以"商品编号"进行分组。

本例题的操作步骤与例 7.2 类似，只是增加了分组级别和汇总项。具体操作步骤如下。

（1）参照例 7.2，打开"报表向导"对话框，选择数据来源为"商品"数据表，并将所有字段添加到"选定字段"列表中。之后进入"报表向导"之添加分组级别设置，如图 7.12

所示。

　　如果需要再次添加分组级别，可以选定用于分组的字段，单击 ⊳ 按钮，或双击所选定的分组字段，分组的样式就会出现在对话框右侧的预览区域中。可选定多个字段来设定多级分组，这时还可以单击"优先级"按钮 ▲ 或 ▼ 来调整分组的级别。

　　（2）如果要另行设置分组间隔，可单击"分组选项"按钮，在弹出的对话框中对分组字段进行分组间隔的设置，如图 7.18 所示。这里按照选项默认值进行设置。

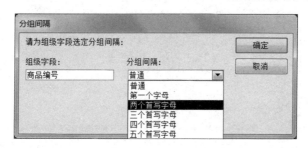

图 7.18　"分组间隔"对话框

　　"分组间隔"属性会根据分组字段的不同数据类型给出不同选项。对文本类型字段，分组间隔有"普通""第一个字母""两个首写字母"等选项。"普通"选项表示按整个字段值进行分组；"第一个字母"和"两个首写字母"分别是按照字段值的第一个字母与前两个字母进行分组。例如，商品编号有 SM1001 和 SM1002，如果想按照 SM 分组，则应该选择"两个首写字母"进行分组。

　　（3）在下一步向导中，设置报表按照"商品编号"升序。与图 7.14 不同的是，由于之前设置了分组级别，在此步的对话框中，除了排序外，多增加了一个"汇总选项"按钮。

　　（4）如果报表所选字段中包含数值型的字段，还可以通过单击"汇总选项"按钮，在弹出的"汇总选项"对话框中设置需要计算的汇总值，如图 7.19 所示。选择分组计算"购入价"字段的平均值。

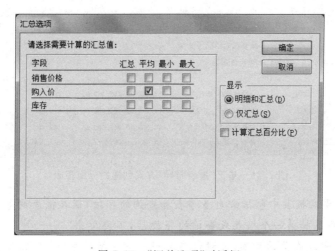

图 7.19　"汇总选项"对话框

（5）单击"确定"按钮返回后，进入报表向导下一步，选择设置报表的布局样式。布局样式有"递阶""块"和"大纲"，布局方向有"横向"和"纵向"两种。这里设置布局"样式"为"块"，布局"方向"为"纵向"，如图7.20所示。选择某种布局样式就会在对话框中的左侧样式预览区域中显示相应的布局样式，用户可以根据需要选择相应的布局样式。

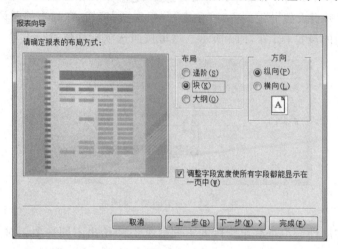

图7.20   "报表向导"之报表布局

（6）在下一步向导中，指定报表的标题为"商品信息简况表"，单击"完成"按钮，即可完成报表的创建。图7.21所示为创建好的报表打印预览视图。

商品信息简况表

商品编号	商品编号	商品名称	销售价格	购入价	库存	类型编号
CZ	CZJ001	飞利浦PPF591+P 普通	¥850.00	¥670.00	599	BGYP
	CZJ002	兄弟（BROTHER）FAX28	¥1,520.00	¥1,400.00	465	BGYP
	CZJ003	松下（Panasonic）KXF	¥1,600.00	¥1,400.00	588	BGYP
	CZJ004	傲发（AOFAX）A80X 无纸	¥5,100.00	¥4,600.00	441	BGYP

汇总 '商品编号' = CZJ004（4 项明细记录）

平均值			¥2,017.50			
DN	DN001	华硕碉堡K31AN台式电	¥3,500.00	¥2,400.00	408	DN
	DN002	联想E73台式电脑	¥3,766.00	¥2,650.00	296	DN
	DN003	宏碁掠夺者G3游戏台式	¥13,500.00	¥10,800.00	469	DN
	DN004	戴尔Inspiron 3847R77	¥4,300.00	¥3,800.00	101	DN

图7.21   基于"报表向导"方式创建的分组报表

注意：如果要在报表中包括来自多个表和查询的字段，则在报表向导第一步中的"报表向导"对话框中选择第一个报表或查询的字段后，不要单击"下一步"或"完成"按钮，而是重复执行选择表或查询的步骤，并挑选要在报表中包括的字段，直至已选择所有所需的字段。之后的下一步向导中则会让用户选择查看数据的方式（指定基于哪个表），如果选择通过主表查看,则自动添加了分组字段;如果选择通过子表查看,或多个表之间未建立关系,则之后的向导同样会显示添加分组级别对话框。

7.2.3 使用"标签向导"工具创建标签报表

在日常生活与工作中,标签的应用范围很广,比如,书签、产品标签、邮件标签、名片等。Access 提供了"标签向导"来方便地创建标签报表。

例 7.4 采用"标签向导"工具创建以数据表"员工"为数据源的标签式报表。

其操作过程如图 7.22 所示。

7.2.4 使用"报表设计"工具创建报表

除了可以使用自动报表和向导功能创建报表外,还可以从设计视图中手动创建报表。在设计视图下可以灵活建立或修改各种报表。主要操作过程有创建空白报表并选择数据源;添加页眉页脚;布置控件显示数据、文本和各种统计信息;设置报表排序和分组属性;设置报表和控件外观格式、大小、位置和对齐方式等。

例 7.5 以数据表"客户"为数据源使用设计视图创建报表"客户信息表"。

创建步骤如下。

(1) 在"数据库"窗口中,单击"创建"选项卡"报表"组中的"报表设计"按钮,生成一个空白的报表,并进入报表设计视图,如图 7.23 所示。

(2) 在打开的"报表设计工具"选项卡下的"设计"子选项卡中,单击"工具"组中的"添加现有字段"按钮 ,则在窗口右侧打开"字段列表"窗格,如图 7.24 所示。在"字段列表"窗格中选择报表的数据源为"客户"表。

(3) 除了通过"添加现有字段"在"字段列表"窗格中选择数据源外,也可以在报表的"属性表"对话框中的"数据"选项卡或"全部"选项卡中,设置报表的"记录源"属性,如图 7.25 所示。单击"工具"功能组中的"属性表"按钮,打开"属性表"对话框设置其"数据"选项卡下的"记录源"属性为"客户"表。

如果现有的数据源不能满足报表需要,用户也可以通过新建数据源来设置"记录源"的属性。单击"记录源"属性右侧的省略号按钮,在打开的查询设计器中新建查询对象,作为报表的记录源。

(4) 在第(2)步中打开了"字段列表"窗格,从中选择要在报表中显示的字段,拖到主体节中。或者双击该字段,将自动添加到主体节中,如图 7.26 所示。

(5) 调整控件对象的布局和大小,方法和窗体中的控件对象类似。

(6) 在报表的"报表页眉"中添加一个标签控件,输入标题"客户信息表",在"报表设计工具"选项卡的"格式"子选项卡中,设置控件的属性为"华文仿宋、字号 20、加粗、黑色字体",或者在该控件的"属性表"中设置相关属性,并在主体节的底部添加一个直线控件,如图 7.27 所示。

(7) 修改报表"报表页眉"节和"主体"节的高度,以合适的尺寸容纳其中包含的控件。保存并命名该报表为"客户信息表",预览所创建的报表,如图 7.28 所示。

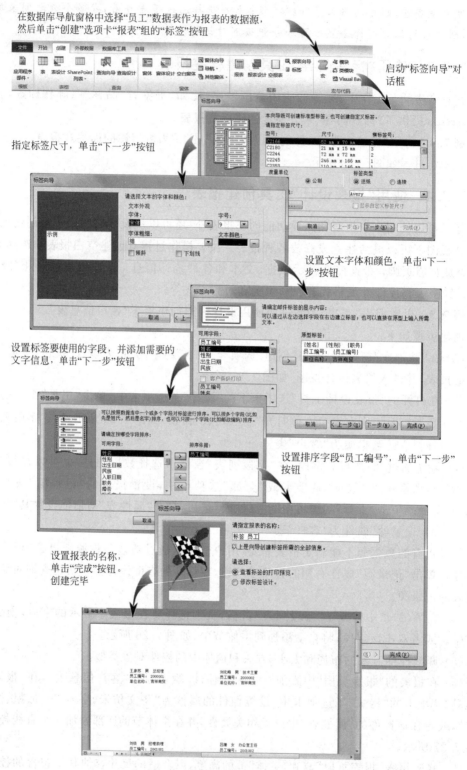

图 7.22　使用"标签"工具创建标签报表的操作过程

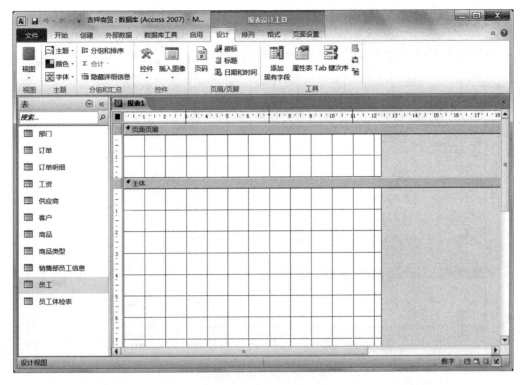

图 7.23　报表设计视图

图 7.24　例 7.5"字段列表"窗格

图 7.25　例 7.5 设置报表数据记录源

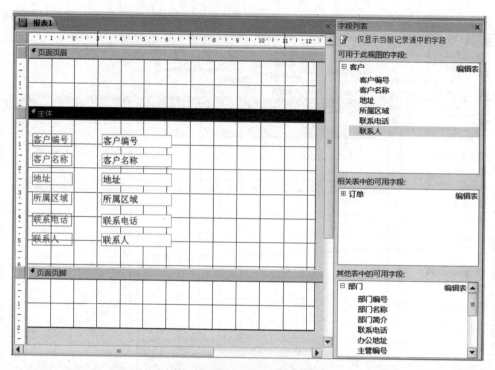

图 7.26　报表中添加字段

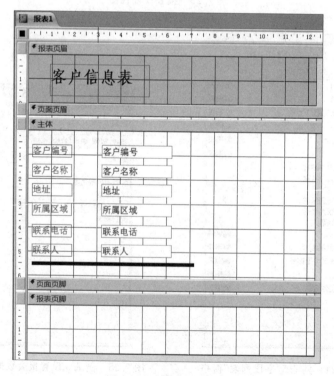

图 7.27　报表设计布局

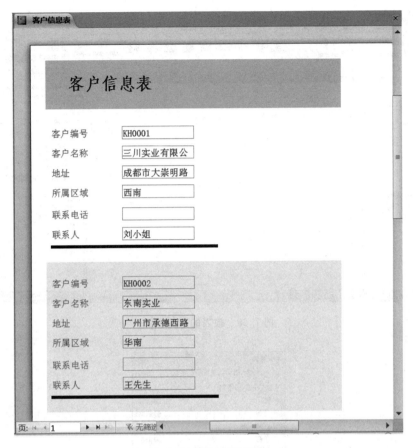

图 7.28　报表预览显示

7.2.5　使用"空报表"工具创建报表

使用"空报表"工具创建报表与使用"报表设计"工具创建报表类似,但是使用"空报表"工具创建报表默认进入"布局视图",并且主要在"布局视图"下进行报表设计,而使用"报表设计"工具创建报表默认进入"设计视图",并且主要在"设计视图"下进行报表设计。此外,在"报表视图"下更方便建立纵栏式报表,而在"布局视图"下更方便建立表格式报表。

例 7.6　以数据表"供应商"为数据源使用"空报表"工具创建报表"供应商信息表"。其具体操作步骤如下。

(1) 在"数据库"窗口中,单击"创建"选项卡"报表"组中的"空报表"按钮,生成一个空白的报表,并进入报表布局视图,如图 7.29 所示。

(2) 在窗口的右侧会打开"字段列表"窗格,如果"字段列表"窗格未打开,则在"报表设计工具"选项卡下的"设计"子选项卡中,单击"工具"功能组中的"添加现有字段"按钮即可打开该窗格,如图 7.30 所示。在"字段列表"窗格中选择报表的数据源为"供应商"表。

(3) 在"字段列表"窗格中,选择要在报表中显示的字段,拖到主体节中。或者双击该字段,将自动添加到主体节中,如图 7.31 所示。

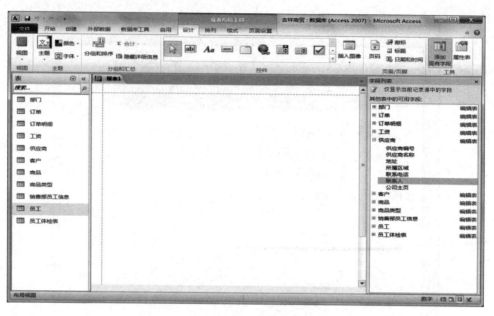

图 7.29　报表的布局视图

图 7.30　例 7.6"字段列表"窗格

（4）切换到报表的设计视图，打开"报表页眉"区域，并在其中添加一个标签控件，输入标题"供应商信息表"，设置控件的属性为"华文仿宋、字号 20、加粗、黑色字体"，如图 7.32 所示。

（5）根据需要进一步设置控件的属性和风格，设置方式同前面介绍的"报表设计"工具中报表创建的内容，最后保存该报表为"供应商信息表"，并预览所创建的报表，如图 7.33 所示。

图 7.31 例 7.6 设置报表数据记录源

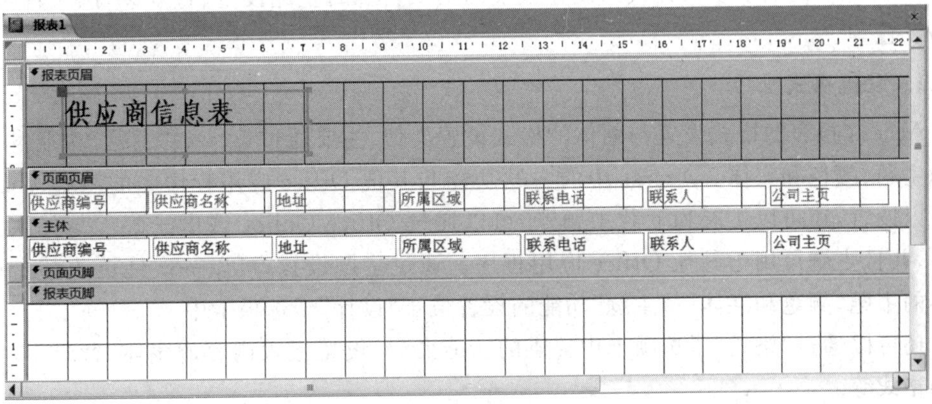

图 7.32 在报表页眉中添加标签控件

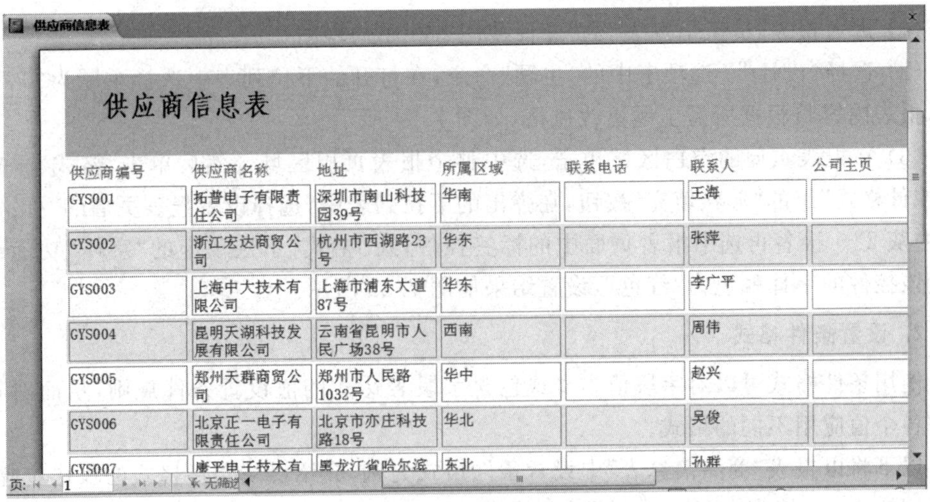

图 7.33 报表预览

7.3　编辑报表

报表的"设计视图"和"布局视图"都可以创建报表，也都可以对已经创建的报表进行编辑和修改。只是在"设计视图"中看不到与报表控件关联的数据，而"布局视图"可以呈现控件的数据源内容，用户可以根据自己的需要，在创建和编辑报表的过程中，切换到不同的视图。在报表的"设计视图"和"布局视图"中将分别打开"报表设计工具"选项卡和"报表布局工具"选项卡，这两种选项卡都包含了"设计""排列""格式"和"页面设置"四个子选项卡，而且这两种视图下的各子选项卡中提供的功能组命令也几乎都一样。

7.3.1　设置报表格式

Access 中提供了多种方式来设置报表的格式，例如，主题设置、背景设置、条件格式、页面设置等。

1. 设置格式

Access 报表的格式设置与窗体的格式设置类似，主要通过 Access"主题"功能设置报表的主题、颜色和字体。Access 中的主题功能与其他 Office 应用程序中的主题类似，不仅可以设置，还可以扩展和下载主题，还可以通过 Office Online 或电子邮件与他人共享主题，并且主题可用于其他 Office 应用程序。通过主题设置，可以一次性更改整个报表内容的主题、颜色和字体。"主题"功能的设置位于"设计"子选项卡中。

还可以通过"格式"子选项卡中提供的功能命令，设置报表内容的字体、背景，以及控件的格式等。

例 7.7　设置报表"员工信息表"的格式。

设置报表格式的具体操作步骤如下。

(1) 进入报表"员工信息表"的"设计视图"或"布局视图"。

(2) 选择"设计"子选项卡中的"主题"命令，在打开的下拉列表中选择主题为"暗香扑面"，报表内容将根据所需主题更改风格，如图 7.34 所示。

(3) 在报表页眉的空白区域单击，选中整个报表页眉区域。然后单击"格式"子选项卡"控件格式"组的"形状填充"按钮，在弹出的下拉列表中，选择设置报表页眉的"标准色"为"中灰 2"。接着再选中报表页面中的标签控件，在"格式"子选项卡的"字体"功能组中设置该控件的字体颜色为"红色"，设置结果如图 7.35 所示。

2. 设置条件格式

使用条件格式可以对字段值本身或包含字段表达式的值设置条件规则，从而对报表中的各个值应用不同的格式。

以下将以报表"商品信息表"中设置条件格式为例，介绍设置条件格式的操作步骤。

例 7.8　在报表"商品信息表"中设置条件格式，将销售价格大于 5000 元的记录设置为红色背景。

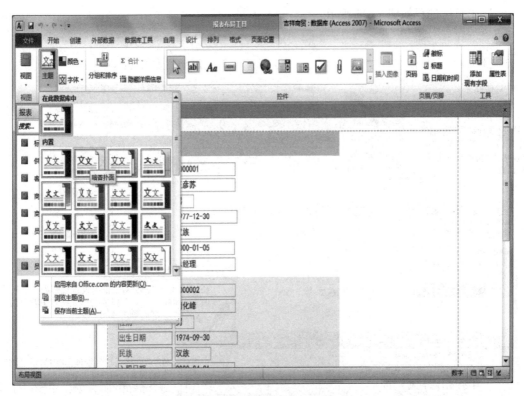

图 7.34 设置报表主题

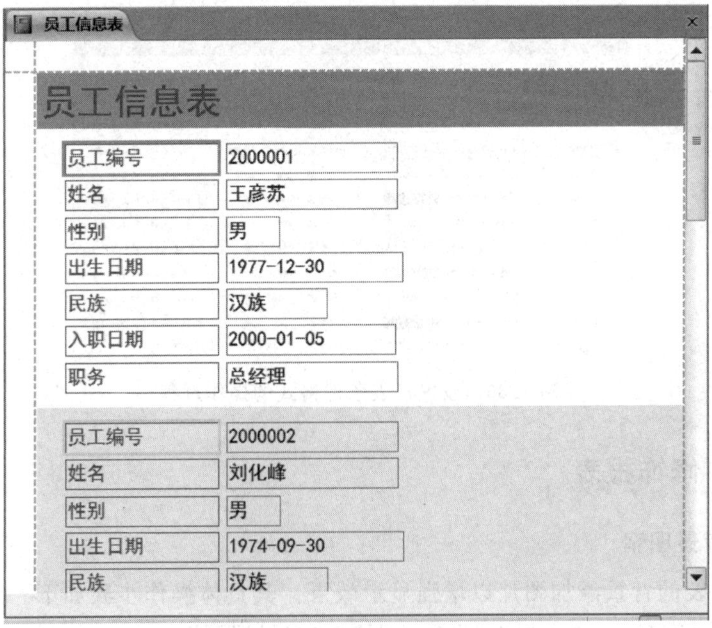

图 7.35 设置控件格式

具体操作过程如图 7.36 所示。

进入报表布局视图，在"格式"子选项卡中单击"条件格式"按钮，弹出"条件格式规则管理器"对话框

设置格式规则为"销售价格"，单击"新建规则"按钮，打开"新建格式规则"对话框

在"新建格式规则"对话框中设置规则为"字段值大于5000"，该字段值的单元格背景颜色为"红色"。然后单击"确定"按钮

在"条件格式规则管理器"中显示已添加的规则，用户可以继续添加新规则，或者重新编辑原有规则，或删除已有规则。规则设置完毕后单击"确定"按钮，返回布局视图

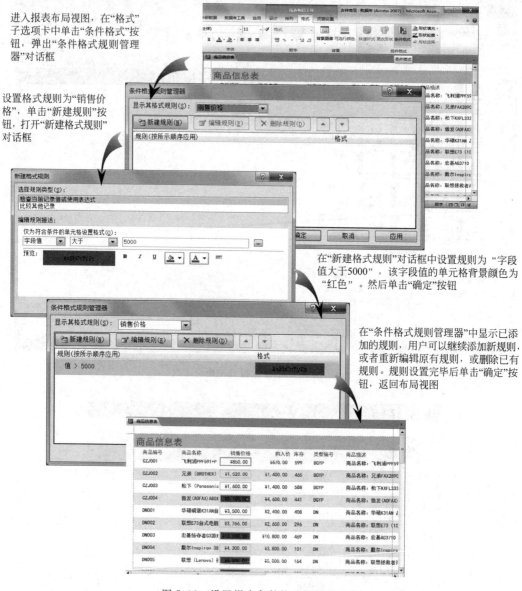

图 7.36　设置报表条件格式的操作过程

7.3.2　修饰报表

1. 添加背景图案

可以给报表的背景添加图片以增强显示效果。其具体操作步骤如下。

（1）打开报表对象，进入报表"设计视图"或"布局视图"。

（2）打开报表的"属性表"对话框，选择"报表"对象，在"格式"选项卡中选择"图片"属性，设置背景图片，如图 7.37 所示。

（3）在"格式"选项卡中继续设置背景图片的其他属性；在"图片类型"下拉列表中选择"共享""嵌入"或"链接"选项；在"图片缩放模式"下拉列表中选择"剪辑""拉伸"或"缩放"选项等。此外，还可以设置"图片对齐方式""图片平铺"和"图片出现的页"等属性。

2. 添加当前日期和时间

可以在报表中添加当前日期和时间，其具体操作步骤如下。

（1）打开报表对象，进入报表的"设计视图"或"布局视图"。

（2）在"设计"子选项卡的"页眉/页脚"组中，选择"日期和时间"命令，打开"日期和时间"对话框，如图 7.38 所示。

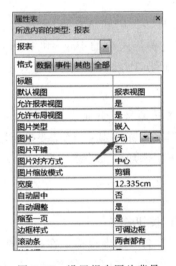

图 7.37 设置报表图片背景

图 7.38 "日期和时间"对话框

（3）在"日期和时间"对话框中，选择显示日期以及时间，并选择显示格式，单击"确定"按钮完成插入。

（4）插入后，默认在报表的设计视图中自动添加了一个文本框（如果同时选择插入了日期和时间，则添加两个文本框），其"控件来源"属性为日期或时间的计算表达式，即＝Date()或＝Time()。同时也默认添加了若干个设好了布局的"空单元格"，这些空单元格可以用来承载日期和时间所在的文本框控件。用户也可以重新调整该文本框的位置。

当然，用户也可以在报表上手动添加一个文本框控件，通过设置其"控件来源"属性为日期或时间的计算表达式来显示日期或时间。该文本框控件的位置可以安排在报表的任何节区中。

3. 添加页码

在报表中添加页码的具体操作步骤如下。

（1）打开报表对象，进入报表的"设计视图"或"布局视图"。

（2）在"设计"子选项卡的"页眉/页脚"组中，选择"页码"命令，打开"页码"对话框。

（3）在"页码"对话框中，根据需要选择相应的页码格式、位置、对齐方式和是否首页显示页码，如图7.39所示。

（4）单击"确定"按钮后，则自动在报表设计视图中插入一显示页码计算表达式的文本框 | | | =" 页" & [Page| | 。

用户也可以在报表的设计视图中手动添加一个文本框控件，并设置其"控件来源"属性（也可以直接在文本框中输入）。如果打印每一页的页码，在文本框中输入" ="第"&[Page]&"页""，如果打印总页码，在文本

图7.39 "页码"对话框

框中输入" ="共"&[Pages]&"页""，如果要同时打印页码和总页码，则在文本框中输入" ="第"&[Page]&"页，共"&[Pages]&"页""。表达式中的 Page 和 Pages 可看作是 Access 提供的页码变量，Page 表示报表当前页的页码，Pages 表示报表的总页码。

4. 添加分页符

一般情况下，报表的页码输出是根据打印纸张的型号及页面设置参数来决定输出页面内容的多少，内容满一页才会输出至下一页。但在实际使用中，经常要按照用户需要在规定位置选择下一页输出，这时就可以通过在报表中添加分页符来实现。

添加分页符的具体操作步骤如下。

（1）打开报表对象，进入报表的设计视图。

（2）单击"设计"子选项卡"控件"组的"分页符"按钮 。

（3）单击报表中需要设置分页符的位置，分页符会以短虚线标识在报表的左边界上。

分页符应该设置在某个控件之上或之下，以免拆分了控件中的数据。如果要将报表中的每个记录或记录组都另起一页，可以通过设置组页眉、组页脚或主体节的"强制分页"属性来实现。

7.3.3 创建多列报表

在默认的设置下，系统创建的报表都是单列的，为了实际的需要还可以在单列报表的基础上创建多列报表。在打印多列报表时，组页面、组页脚和主体占满了整个列的宽度，但报表页眉、报表页脚、页面页眉、页面页脚却占满了整个报表的宽度。

创建多列报表的具体操作步骤如下。

（1）打开报表对象，进入报表的设计视图或布局视图。

（2）在"页面设置"子选项卡的"页面布局"组中，选择"页面设置"命令，打开"页面设置"对话框。

（3）在"页面设置"对话框中，选择"列"选项卡，如图7.40所示。在"列数"文本框中输入所需的列数，并指定合适的行间距、列间距、列尺寸和列布局。

（4）根据多列的设置，在"页"选项卡中选定打印方向和纸张大小。单击"确定"按钮后，完成多列的页面设置。

图 7.40 "页面设置"对话框

7.4 报表的高级应用

Access 中可以对已经创建的报表进行更复杂的编辑和功能设计。例如,可以对报表进行排序、分组、汇总计算,可以对报表进行控件计算设计,以及创建主/子报表等。

7.4.1 报表的排序和分组

报表的排序和分组是对报表中数据记录的排序与分组。在报表中对数据记录进行分组是通过排序实现的,排序是按照某种顺序排列数据,分组是把数据按照某种条件进行分类。对分组后的数据可以进行统计汇总计算。

1. 报表的排序

默认情况下,报表中的记录是按照自然顺序,即数据输入的先后顺序来排列,但是可以对报表重新排序。报表中最多可以按 10 个字段或字段表达式对记录进行排序,也就是说报表最大的排序级别为 10 级。报表记录排序的具体操作步骤如下。

(1) 打开报表对象,进入报表的"设计视图"或"布局视图"。

(2) 单击"设计"子选项卡"分组和汇总"组的"排序和分组"按钮,在报表窗口的下方打开"分组、排序和汇总"窗格。该窗格中有"添加组"和"添加排序"两个按钮,如图 7.41 所示。

(3) 在"分组、排序和汇总"窗格中,单击"添加排序"按钮,打开"字段列表"窗格,如图 7.42 所示。在该窗格中选择一个字段,则该排序字段插入"分组、排序和汇总"窗格中,产生一个"排序功能栏"。如果报表的排序依据为一个字段表达式,则选择"字段列表"窗格中的"表达式"命令,在弹出的"表达式生成器"对话框中设置字段表达式。用户也可以在该字段的"排序功能栏"中设置其排序次序(升序或降序)。

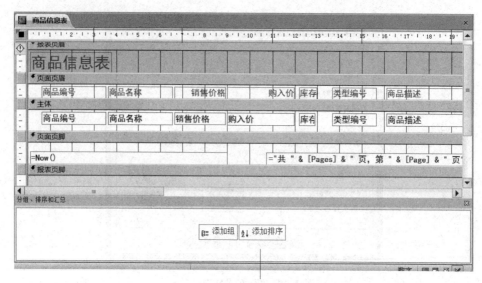

"分组、排序和汇总"窗格

图 7.41 添加报表排序

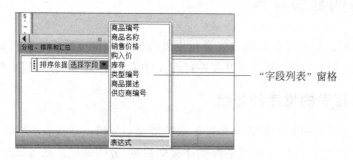

"字段列表"窗格

图 7.42 选中排序字段

（4）插入排序字段后，可以在"分组、排序和汇总"窗格中插入相应的"排序功能栏"，若有多个"排序功能栏"，则这些"排序功能栏"根据排序优先级别分级显示。第一行的字段或表达式具有最高的排序优先级，第二行则具有次高的排序优先级，依次类推。如图 7.43 所示是对"商品编号"字段和"销售价格"字段进行排序。

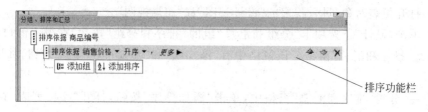

排序功能栏

图 7.43 "分组、排序和汇总"窗格

如继续设置字段的排序方式，单击"排序功能栏"中的"更多"按钮，会展开更多的功能设置命令，包括排序方式、是否汇总、标题设置、页眉页脚显示等，用户可以根据需

要设置。"排序功能栏"最右侧有"上移"按钮 ⬆ 、"下移"按钮 ⬇ 和"删除"按钮 ✗ ,可以调整该排序的优先级或删除该排序。

2. 报表的分组

分组是指报表设计时按选定的某个或某几个字段值是否相等而将记录划分成组的过程。操作时,先选定分组字段,在这些字段上字段值相等的记录归为同一组,字段值不等的记录归为不同组。报表通过分组可以实现同组数据的汇总和显示输出,增强了报表的可读性和信息的利用。一个报表最多可以对 10 个字段或表达式进行分组。

例 7.9 对报表"商品信息表"进行分组设置。

操作步骤如下。

(1) 打开报表对象,进入报表的"设计视图"或"布局视图"。

(2) 单击"设计"子选项卡"分组和汇总"组的"排序和分组"按钮,在报表窗口的下方打开"分组、排序和汇总"窗格。单击该窗格中的"添加组"按钮。

(3) 在弹出的"字段列表"窗格中,选择一个字段名称(或在"表达式生存器"中输入字段表达式),则在"分组、排序和汇总"窗格中插入所选字段作为分组依据的"分组功能栏",默认会打开该字段的分组页眉,如图 7.44 所示,设置了分组字段"供应商编号"。

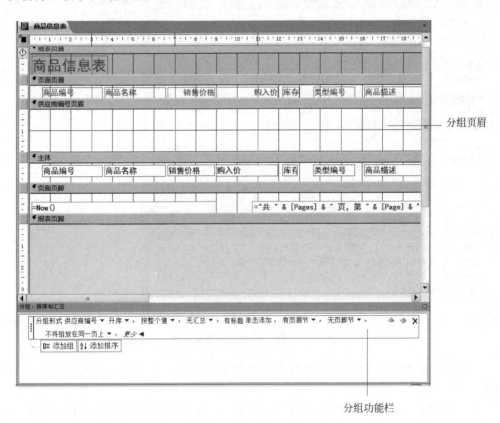

图 7.44 报表分组

（4）在"供应商编号页眉"节中插入"直线"控件，如图 7.44 所示。

（5）在"分组功能栏"中设置"有页脚节"，则在报表设计窗口创建"供应商编号"分组页脚节。

单击"分组功能栏"中的"更多"按钮，会展开更多的功能设置命令来设置组属性，因为要分组，所以必须设置"有页眉节"或"有页脚节"，使得创建组页眉或组页脚。是否对该组进行汇总计算，以及其他属性的设置，则根据需要进行设置，设置方式与窗体中的分组汇总类似。

（6）从"字段列表"中拖动"供应商编号"字段到组页眉节中，拖动"购入价"字段到组页脚中，修改组页脚中文本框的"控件来源"属性为"＝Sum（[购入价]）"（可直接在文本框中输入），如图 7.45 所示。

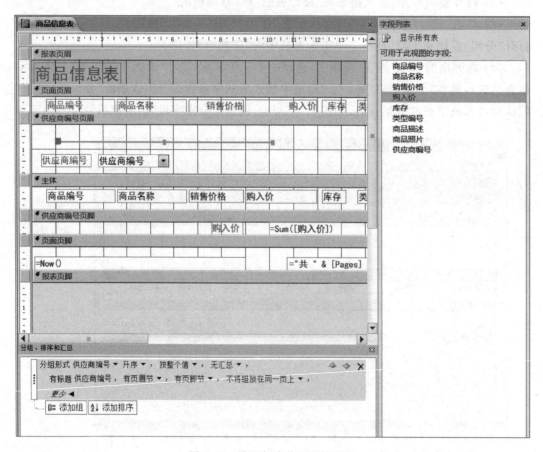

图 7.45　设置报表分组页眉页脚

（7）调整报表中控件的布局，保存并预览报表，如图 7.46 所示。完成对报表的分组与排序。

在上述报表分组操作设置字段"分组功能栏"中的"分组形式"属性时，属性值是由分组字段的数据类型决定的，具体如表 7.1 所示。

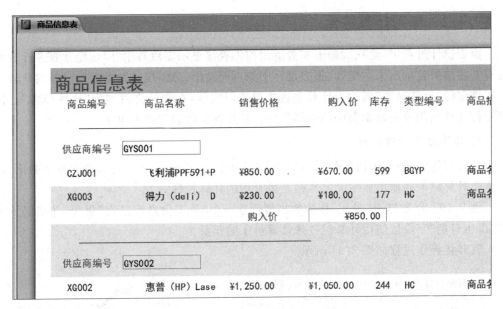

图 7.46 预览报表

表 7.1 "分组形式"选项说明

分组字段数据类型	选 项	记录分组形式
文本	按整个值	分组字段表达式上,值相同的记录
	前缀字符	分组字段表达式上,前面第1个字符或第2个字符相同的记录
	自定义	分组字段表达式上,与自定义前缀字符数相同的记录
数字、货币	按整个值	分组字段表达式上,值相同的记录
	按文本字符前缀	分组字段表达式上,前面若干个字符数相同的记录
	按数字或日期间隔	分组字段表达式上,指定数字或日期间隔值内的记录
Yes/No	先"选定"后"清除"	分组字段表达式上,先是选定(或 Yes)的记录,后是未选定的记录
	先"清除"后"选定"	分组字段表达式上,先是未选定(或 No)的记录,后是选定的记录
日期/时间	按整个值	分组字段表达式上,值相同的记录
	年	分组字段表达式上,日历年相同的记录
	季度	分组字段表达式上,日历季相同的记录
	月	分组字段表达式上,月份相同的记录
	周	分组字段表达式上,周数相同的记录
	日	分组字段表达式上,日子相同的记录
	时	分组字段表达式上,小时数相同的记录
	分	分组字段表达式上,分钟数相同的记录
	自定义	分组字段表达式上,指定日期(以天、小时或分钟为单位)间隔值内的记录

7.4.2 使用计算控件

报表设计过程中，除在版面上布置绑定控件直接显示字段数据外，还经常要进行各种运算并将结果显示出来。例如，报表设计中的页面输出、分组统计数据的输出等均是通过设置绑定的"控件来源"属性为计算表达式形式而实现，这些控件就称为"计算控件"。计算控件往往利用报表数据源中的数据生成新的数据在报表中体现出来。

1. 报表添加计算控件

计算控件的"控件来源"属性是以"＝"开头的计算表达式，当表达式的值发生变化时，会重新计算结果并输出显示。文本框是最常用的计算控件。

例 7.10 以数据表"员工"作为数据源创建一个"员工信息汇总表"报表，并根据员工的"出生日期"字段值使用计算控件来计算员工的年龄。

其具体操作过程如图 7.47 所示。

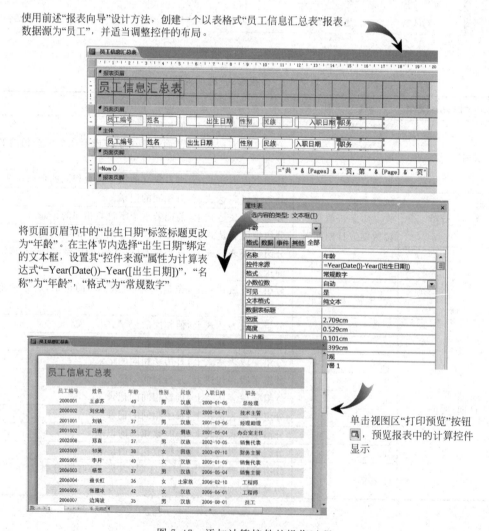

图 7.47　添加计算控件的操作过程

2. 报表统计计算

报表设计中,可以根据需要进行各种类型统计计算并输出显示,操作方法就是使用计算控件设置其"控件来源"属性为合适的统计计算表达式。

在 Access 中利用计算控件进行统计计算并输出结果操作主要有三种形式。

1) 在主体节内添加计算控件

在主体节中添加计算控件对每条记录的若干字段值进行求和或求平均计算时,只要设置计算控件的"控件来源"为不同字段的计算表达式即可。

例如,当在一个报表中列出员工的工资发放情况时,若要对每位员工的岗位工资进行计算,则需要在主体节中添加一个新的文本框控件,且设置新添计算控件的"控件来源"为"=[基本工资]+[任务工资]"即可。

注意:主体节的计算是对一条记录的横向计算,Access 的统计函数不能出现在此位置。

2) 在报表页眉/报表页脚区内添加计算字段

在报表页眉/报表页脚区内添加计算字段,可对某些字段的所有记录进行统计计算。这种形式的统计计算一般是对报表字段列的所有纵向记录数据进行统计,而且要使用 Access 提供的内置统计函数(例如,Count 函数完成计数,Sum 函数完成求和,Avg 函数完成求平均)来实现相应的计算操作。

例如,通过报表对商品的价格信息进行展示,如果要在报表中计算商品销售价格的总平均值,则应在报表的页眉或页脚区域中添加一个计算控件,并在新添计算控件中设置其"控件来源"属性为"=Avg([销售价格])"即可。

3) 在组页眉/组页脚节区内添加计算字段

在组页眉/组页脚节区内添加计算字段,以实现对某些字段的分组记录进行统计计算。这种形式的统计计算同样是对报表字段列的纵向记录数据进行统计,只不过与报表页眉/报表页脚对整个报表的所有记录进行统计不同,组页眉/组页脚只对该组记录进行统计。统计计算同样需要使用 Access 提供的内置统计函数来完成相应的计算操作。

例如,例 7.9 中的报表是按"供应商编号"实现的分组报表,针对在分组报表中显示每个供应商提供的商品购入价的总计,则应在组页眉或组页脚中添加计算控件,在新添计算控件中设置其"控件来源"属性为"=Sum([购入价])"即可。

当然,分组统计计算也可以通过在报表的"分组、排序和汇总"窗格中添加的分组项中,设置其"汇总"功能,进行分组统计或报表总计计算。

7.4.3 创建子报表

子报表是插在其他报表中的报表。在合并报表时,两个报表中的一个必须作为主报表,主报表可以是绑定的,也可以是非绑定的。也就是说,报表可以基于数据表、查询或 SQL 语句,也可以不基于其他数据对象。非绑定的主报表可作为容纳要合并的无关联子报表的"容器"。

主报表可以包含子报表,也可以包含子窗体,而且能够包含多个子窗体和子报表。子报表和子窗体中,还可以包含子报表或子窗体,但是,一个主报表中只能包含两级子报表或子窗体。

带子报表的报表通常用来体现一对一或一对多关系上的数据，因此，主报表和子报表必须同步，即主报表某记录下显示的是与该记录相关的子报表的记录。要实现主报表与子报表同步，必须满足两个条件：其一，主报表和子报表的数据源必须先建立一对一或一对多的关系；其二，主报表的数据源是基于带有主关键字的表，而子报表的数据源则是基于带有与主关键字同名且具有相同数据类型的字段的表。

以下将介绍创建子报表的方法。

1. 在已有报表中创建子报表

在创建子报表之前，首先要确保主报表和子报表之间已经建立了正确的联系，这样才能保证在子报表中的记录与主报表中的记录之间有正确的对应关系。

例 7.11　以在"员工信息表"主报表中添加"员工订单情况查询"子报表为例，其具体操作步骤如下。

（1）在"设计视图"中打开已经建立的主报表"员工信息表"，并适当调整控件布局，如图 7.48 所示。

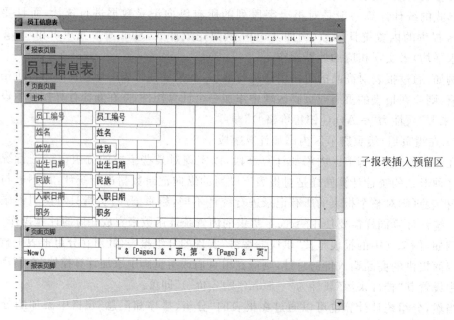

图 7.48　主报表设计视图

（2）单击控件工具箱中的"子窗体/子报表"按钮▣（确保"使用控件向导"按钮⚒也处于选中状态）。在主报表上划出放置子报表的区域，弹出"子报表向导"对话框，如图 7.49 所示。根据向导提示，选择子报表的数据源为"员工订单情况查询"，选择包含的字段为"员工编号""部门名称""订单编号"和"客户名称"，系统自动以"员工编号"作为链接字段，最后指定子报表的名称。

（3）子报表控件插入后，报表设计视图的样式如图 7.50 所示，用户可重新调整报表版面布局。

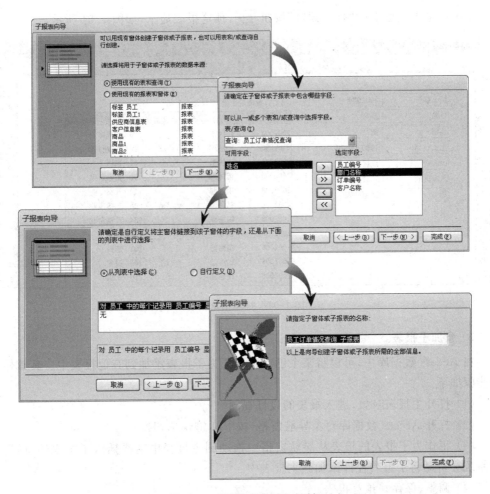

图 7.49 "子报表向导"对话框

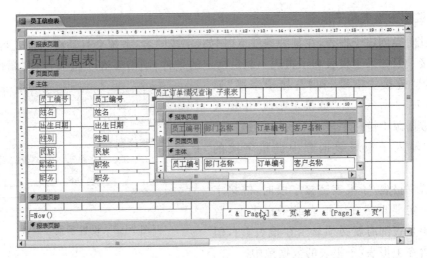

图 7.50 含子报表的设计视图

（4）单击工具栏上的"打印预览"按钮 🔍▾，预览报表显示，如图7.51所示。

员工信息表					
员工编号	2002008	员工订单情况查询 子报表			
姓名	郑直	员工编号	部门名称	订单编号	客户名称
性别	男	2002008	销售部	5	和福建设
出生日期	1980-04-29	2002008	销售部	60	凯旋科技
民族	汉族	2002008	销售部	81	东旗
入职日期	2002-10-05	2002008	销售部	90	星光杂志
职务	销售代表	2002008	销售部	100	升格企业
		2002008	销售部	104	三捷实业
		2002008	销售部	134	升格企业
		2002008	销售部	195	祥通
		2002008	销售部	201	建资
		2002008	销售部	206	嘉业
		2002008	销售部	219	千固

图7.51　打印预览报表

2. 添加子报表

在Access数据库中，可以将某个已有报表作为子报表添加到其他报表中。其具体操作步骤如下。

（1）打开主报表对象，进入报表的设计视图。

（2）打开Access数据库对象导航窗格（按F11键快速切换）。

（3）将作为子报表的报表从导航窗格中拖动到主报表中需要插入子报表的位置，这样系统会自动将子报表控件添加到主报表中。

（4）调整、保存并预览报表。

注意：子报表在链接到主报表之前，应当确保已经正确地建立了表间关系。

3. 链接主报表和子报表

通过向导创建子报表，在某种条件下（例如，字段同名）系统会自动将主报表与子报表进行链接。但如果主报表和子报表不满足指定的条件，则需要在子报表控件"属性"对话框中设置"链接主字段"和"链接子字段"属性，如图7.52所示。在"链接主字段"中输入主报表数据源中链接字段的名称，在"链接子字段"中输入子报表数据源中链接字段的名称。

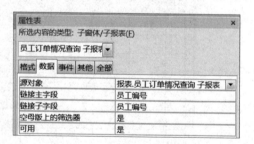

图7.52　设置子报表属性

设置主报表/子报表链接字段时，链接字段并不一定要显示在主报表或子报表上（数据源如果是查询时就必须显示在报表上），但必须包含在主报表/子报表的数据源中。

7.5 报表的预览和打印

创建报表的主要目的是将显示结果打印出来。为了保证打印出来的报表合乎要求，可在打印之前对页面进行设置，并预览打印效果，以便发现问题，进行修改。

1. 预览报表

预览报表就是在屏幕上预览报表的打印效果。预览报表可以通过"打印预览"视图查看报表的打印外观和每一页上所有的数据。打开报表对象，单击"开始"选项卡"视图"功能组的"视图"按钮，在打开的下拉列表中选择"打印预览"，则进入报表打印预览视图。或单击窗口右下角视图区域的"打印预览"按钮 🔍，进入"打印预览"视图，如图 7.2 所示。

在"打印预览"视图中会打开"打印预览"选项卡功能区，该选项卡中包括了用于打印属性设置的"打印"功能组，用于设置页面尺寸的"页面大小"功能组，用于设置页面布局的"页面布局"功能组，用于调试显示比例的"显示比例"功能组，用于导出或输出报表数据的"数据"功能组，以及关闭预览视图的"关闭预览"功能组。

2. 页面设置

设置报表的页面，主要是设置页面的大小、打印的方向、页边距等。其具体操作步骤如下。

(1) 打开报表对象，进入报表"打印预览"视图，在"打印预览"选项卡的"页面布局"功能组中，单击"页面设置"按钮，打开"页面设置"对话框。

用户也可以在报表"布局视图"或"设计视图"中，在打开的"报表布局工具"或"报表设计工具"选项卡下的"页面设置"子选项卡中找到"页面设置"命令。

(2) 在"页面设置"对话框中，有"打印选项""页"和"列"三个选项卡，可以修改报表的页面设置。其中，在"打印选项"选项卡中设置页边距并确认是否只打印数据；在"页"选项卡中设置打印方向、页面纸张、打印机；在"列"选项卡中设置报表的列数、尺寸和列的布局。

(3) 单击"确定"按钮，完成页面设置。

3. 打印报表

用户可以在"打印预览"视图中，通过单击"打印预览"选项卡"打印"组的"打印"按钮，打开"打印"对话框，在该对话框中可以设置打印机、打印范围、打印份数等打印选项，单击"确定"按钮后即开始打印报表。用户也可以通过选择"文件"选项卡中的"打印"命令来打印报表。

打印报表的具体操作步骤如下。

(1) 打开报表对象，进入报表的"打印预览"视图，单击"打印预览"选项卡中的"打印"按钮，打开"打印"对话框，如图 7.53 所示。

(2) 或者通过选择"文件"选项卡中的"打印"命令，在打开的右侧窗口中，单击"打印"按钮，打开"打印"对话框，如图 7.53 所示。

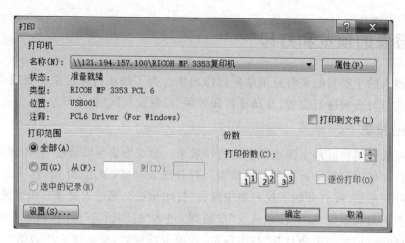

图 7.53　"打印"对话框

（3）在"打印"对话框中，设置打印机、打印范围和打印份数等参数后，单击"确定"按钮开始打印。

7.6　操作实例

例 7.12　以"商品"表中的数据为基础，建立"商品"报表，按商品编号的首字符进行分组。在各分组的分组页眉处显示平均利润，并对平均利润在 300 元以下，300～500 元以及 500 元以上的数据应用不同的条件格式规则。

（1）使用数据库中的"商品"表，创建"商品"报表，如图 7.54 所示。

具体操作步骤如下。

① 打开数据库文件，单击"创建"→"报表"组→"报表向导"按钮，打开"报表向导"对话框。

② 在"报表向导"对话框中，"表/查询"下拉列表中选择"商品"表，将"商品编号""商品名称""销售价格""购入价""类型编号"及"供应商编号"设置为选定字段并单击"下一步"按钮。

③ 按图 7.54 所示取消分组层次级别，单击"下一步"按钮。

④ 在布局设置中，"布局"选项组中选中"表格"单选按钮，"方向"选项组中选中"纵向"单选按钮并单击"下一步"按钮。

⑤ 将新报表命名为"商品"并单击"完成"按钮。

（2）利用设计视图对"商品"报表进行分组设置。

具体操作步骤如下。

① 打开数据库文件，选取"商品"报表，打开设计窗口。选择"分组与汇总"组→"排序与分组"命令，打开如图 7.55 所示窗口。

② 单击"添加组"按钮，"分组形式"选择"商品编号"字段。

③ 单击"更多"按钮，选中"按第一个字符"单选按钮。

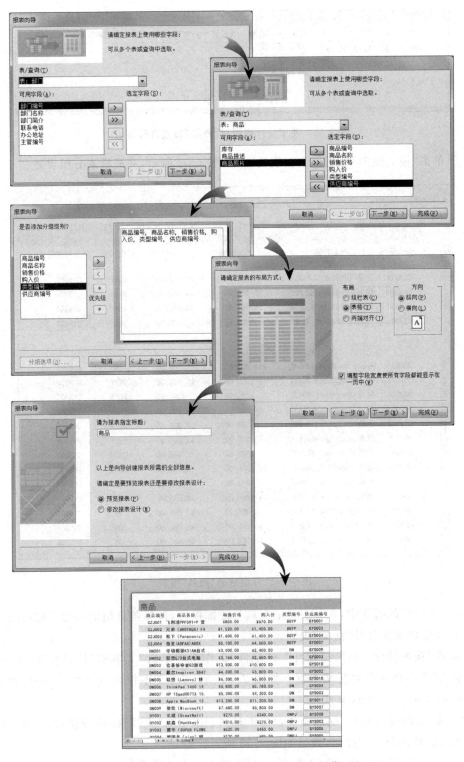

图 7.54 使用报表向导创建"商品"报表的操作过程

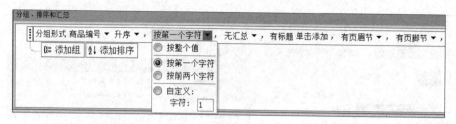

图 7.55　使用设计视图对"商品"报表进行分组

④ 单击"报表视图"按钮回到报表视图，如图 7.56 所示，完成报表分组设置。

商品					
商品编号	商品名称	销售价格	购入价	类型编号	供应商编号
CZJ002	兄弟（BROTHER）FAX2E	¥1,520.00	¥1,400.00	BGYP	GYS003
CZJ003	松下（Panasonic）KXF	¥1,600.00	¥1,400.00	BGYP	GYS004
CZJ004	傲爱（AOFAX）ABOX 无纸	¥5,100.00	¥4,600.00	BGYP	GYS007
CZJ001	飞利浦PPF591+P 普通	¥850.00	¥670.00	BGYP	GYS001
DN008	Apple MacBook 12英寸	¥13,200.00	¥11,200.00	DN	GYS011
DYJ005	松下KXMB2033CN 黑白激	¥1,260.00	¥1,100.00	BGYP	GYS006
DYJ004	佳博（Gprinter）GP312(	¥290.00	¥250.00	BGYP	GYS006
DYJ003	极光尔沃Z603S桌面级3	¥7,200.00	¥6,500.00	BGYP	GYS007
DYJ002	惠普 HP Laserjet PR(	¥860.00	¥7,300.00	BGYP	GYS010
DYJ001	惠普Color LaserJet F	¥3,200.00	¥2,700.00	BGYP	GYS006
DY004	爱国者（aigo）额定37	¥120.00	¥95.00	DNPJ	GYS005
DY003	振华（SUPER FLOWER）	¥520.00	¥465.00	DNPJ	GYS005
DY002	航嘉（Huntkey）额定	¥315.00	¥275.00	DNPJ	GYS002
DN009	微软（Microsoft）Sur	¥7,680.00	¥6,800.00	DN	GYS007
DN007	HP 15gad007TX 15.6英	¥5,300.00	¥4,300.00	DN	GYS003
DN006	ThinkPad T450 14英寸	¥6,800.00	¥5,780.00	DN	GYS004
DN005	联想（Lenovo）拯救者	¥6,300.00	¥5,000.00	DN	GYS010

图 7.56　分组后的"商品"报表

（3）分组后的报表中，在分组页眉页脚处添加控件，计算各分组商品的平均利润。

① 用设计视图打开"商品"报表。

② 在"报表设计工具"→"设计"→"控件"工作组中单击"文本框"控件按钮，与"商品编号页眉"节中拖动产生新文本框。如图 7.57 所示，在文本框内输入"＝Sum（[销售价格]－[购入价]）/Count（＊）"。

③ 在"商品编号页眉"底部添加控件工具列表框中的"直线"控件按钮，由左至右拖动产生直线。单击"预览"按钮，效果如图 7.58 所示。

（4）在"商品"报表中添加条件格式，对平均利润在 300 元以下、300～500 元以及 500 元以上的数据进行分别展示。

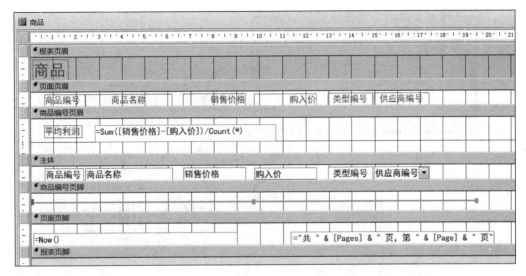

图 7.57 在"商品"报表中添加控件

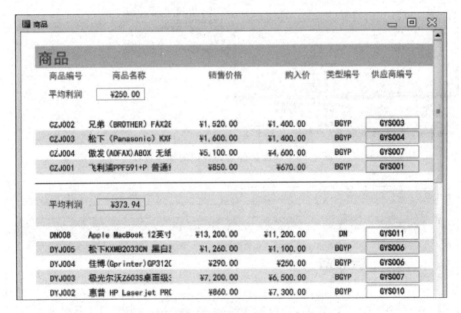

图 7.58 分组页眉页脚设置后的"商品"报表

① 使用布局视图打开"商品"报表。

② 选择"平均利润"文本框控件,单击"报表设计工具"选项卡"格式"子选项卡"控件格式"组中的"条件格式"按钮,打开"设置条件格式"对话框。

③ 分别添加格式规则,如图 7.59 所示。平均利润值在 300 元以下,底色显示为"红色"。平均利润值 300~500 元,底色显示为"绿色"。平均利润值在 500 元以上,底色显示为"红色"。

④ 设置完成后,单击"确定"按钮,得到设置结果如图 7.60 所示。

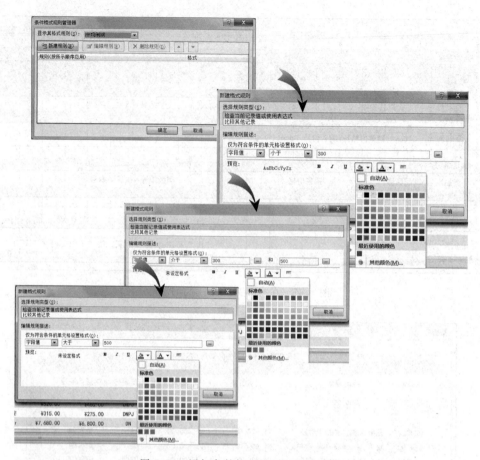

图 7.59 添加条件格式规则的操作过程

商品

商品

商品编号	商品名称	销售价格	购入价	类型编号	供应商编号
平均利	¥250.00				
CZJ002	兄弟（BROTHER）FA	¥1,520.00	¥1,400.00	BGYP	GYS003
CZJ003	松下（Panasonic）	¥1,600.00	¥1,400.00	BGYP	GYS004
CZJ004	傲发(AOFAX)A80X	¥5,100.00	¥4,600.00	BGYP	GYS007
CZJ001	飞利浦PPF591+P 普	¥850.00	¥670.00	BGYP	GYS001
平均利	¥373.94				
DN008	Apple MacBook 12	¥13,200.00	¥11,200.00	DN	GYS011
DYJ005	松下KXMB2033CN 黑	¥1,260.00	¥1,100.00	BGYP	GYS006
DYJ004	佳博(Gprinter)GP3	¥290.00	¥250.00	BGYP	GYS006
DYJ003	极光尔沃Z603S桌面	¥7,200.00	¥6,500.00	BGYP	GYS007

图 7.60 在"商品"报表中设置条件格式

7.7 习题

1. 选择题

(1) 在关于报表数据源设置的叙述中,以下正确的是( )。

    A. 只能是表对象   B. 只能是查询对象

    C. 可以是表对象或查询对象   D. 可以是任意对象

(2) 要显示格式为"页码/总页数"的页码,应当设置文本框的控件来源属性是( )。

    A. [Page]/[Pages]   B. [Page]& "/"&[Pages

    C. [Page] &./& [Pages]   D. [Page]& "/"&[Pages]

(3) 要计算报表中所有学生的"英语"课程的平均成绩,在报表页脚节内对应"英语"字段列的位置添加一个文本框计算控件,应该设置其控件来源属性为( )。

    A. "=Avg([英语])"   B. "=Sum([英语])"

    C. "Avg([英语])"   D. "Sum([英语])"

(4) 下面关于报表对数据处理的描述中,叙述正确的是( )。

    A. 报表只能输入数据   B. 报表只能输出数据

    C. 报表不能输入和输出数据   D. 报表可以输入和输出数据

(5) 要实现报表按某字段分组统计输出,需要设置( )。

    A. 报表页脚   B. 主体

    C. 页面页脚   D. 该字段组页脚

(6) 在报表设计中,以下可以做绑定型控件显示字段数据的是( )。

    A. 文本框   B. 标签   C. 命令按钮   D. 图像

(7) 如果设置报表上某个文本框的控件来源属性为"=2*4+1",则打开报表视图时,该文本框显示的信息是( )。

    A. 未绑定   B. 9   C. 2*4+1   D. 出错

(8) 关于报表数据源设置,以下说法正确的是( )。

    A. 可以是任意对象   B. 只能是表对象

    C. 只能是查询对象   D. 只能是表对象或查询对象

(9) 下列选项中( )不属于报表的视图模式。

    A. 数据表   B. 设计视图   C. 打印预览   D. 布局视图

(10) 下列选项中( )不是报表上的节名称。

    A. 表标题   B. 组页眉   C. 主体   D. 页面页眉

2. 填空题

(1) 要设置在报表每一页的底部都输出的信息,需要设置_____。

(2) 要进行分组统计并输出,统计计算控件应该设置在_____。

(3) 要在报表页中主体节区显示一条或多条记录,而且以垂直方式显示,应选择_____类型。

（4）在使用报表设计器设计报表时，如果要统计报表中某个字段的全部数据，应将计算控件放在_____。

（5）Access 的报表对象的数据源可以设置为_____。

3. 操作题

在前述章节中构建的教学管理数据库中，完成以下报表内容的创建和设计。

（1）基于"学生"表创建一个表格式"学生"报表，要求使用自动创建报表的方式创建。

（2）基于"教师"表使用"标签向导"创建一个标签报表"名片"。要求名片上以下面的格式显示数据，并且每行显示两个标签。

张三,男,副教授
单位：信息学院
教师编号：30010

（3）基于"工资"表创建一个表格式"工资"报表，要求使用"报表向导"方法创建，并能汇总出"基本工资"的平均值、最高值、总和，并以"明细和汇总"形式显示。

（4）对于第(3)题生成的"工资"报表进行修改，在其上添加一个计算字段"岗位工资"，它能计算"基本工资＋任务工资"。

（5）修改第(1)题创建的"学生"报表，依据"性别"字段添加分组级别，并按照"性别"分组统计学生人数。

（6）设计一个报表，命名为"学生成绩情况表"，该报表以"学生"数据表中的部分字段作为数据来源，并且在报表中插入一个子报表，该子报表主要显示学生选课的课程名称和课程成绩。

第8章
宏

宏是 Access 数据库对象之一,是一种功能强大的工具。通过宏能够自动执行多种复杂的操作任务,例如,打开另一个数据库对象、弹出对话框、启动导出操作以及许多其他任务。宏可方便用户快捷地操纵 Access 数据库系统。

知识体系:

☞宏操作的概念和功能

☞宏的创建、分组、子宏和条件宏

☞宏的使用

学习目标:

☞了解宏操作的相关知识

☞熟悉宏的创建和编辑

☞掌握宏分组、子宏和条件宏

☞熟悉宏的运行和调试

☞掌握宏的应用

8.1 宏的概念

宏是指一个或多个操作的集合。其中,每个操作也称为宏操作,用来实现特定的功能,例如打开窗体、打印报表等。

将多个宏操作按照一定的顺序依次定义,形成操作序列宏,运行宏时系统会根据前后顺序依次执行各个宏操作。对单个宏操作而言,功能是有限的,只能实现特定的简单的功能。然而将多个宏操作按照一定的顺序连续执行,就可以完成功能相对复杂的各项任务。

在宏中可以加入 If 条件表达式形成带条件的宏,也称为"条件宏",按照条件表达式的值决定是否执行对应的宏操作。

为了提高宏的可读性,可以将相关宏操作分为一组,并为该组指定一个有意义的名称,分组不会影响操作的执行方式,组不能单独调用或运行。

在宏中可以嵌入一个或多个子宏,实现对诸多子宏的集中存放和调用,每个子宏有单独的名称并可独立运行,此时的宏通常只作为宏引用,宏中子宏的应用格式为"宏名.子宏名"。

8.2　宏的创建与编辑

　　在 Access 中，宏的创建、修改以及调试都是在宏的设计窗口中实现的。在数据库窗口中，单击"创建"选项卡"宏与代码"功能组的"宏"按钮，就可以打开如图 8.1 所示的宏设计窗口（也称为宏窗口）。

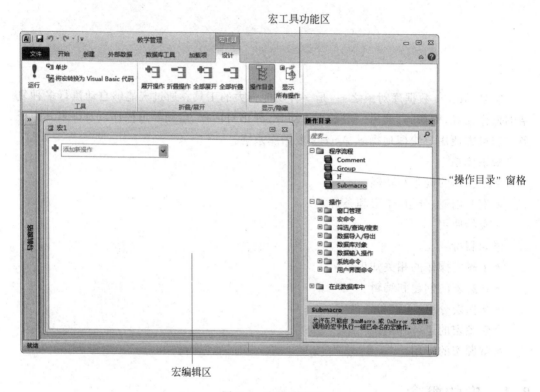

图 8.1　宏设计窗口

　　在宏设计窗口中会打开宏设计工具，在"宏工具"选项卡的"设计"子选项卡中包括了"工具""折叠/展开"和"显示/隐藏"三个功能组。"工具"功能组中的"运行"按钮用来执行当前宏；"单步"按钮用来单步运行宏操作，一次执行一条宏命令；"宏转换"按钮用于将当前宏转换为 Visual Basic 代码。"折叠/展开"功能组中提供了四个用于折叠或展开所选宏操作或全部宏操作的命令按钮。"显示/隐藏"功能组中的"操作目录"按钮可以显示或隐藏"操作目录"窗格；"显示所有操作"按钮可以显示或隐藏操作列中下拉列表中所有操作或者尚未受信任的数据库中允许的操作。

　　在宏设计窗口的右侧是"操作目录"窗格，在宏操作目录中将所有的程序流程命令、各种类型的宏操作命令，以及当前数据库中含有宏的对象，都在该窗格中罗列，以便编辑宏时选择添加。在操作目录的下方给出当前所选宏操作的提示和帮助信息。

　　从图 8.1"操作目录"窗格的内容可见，宏的组成内容主要包括注释（Comment）、组（Group）、条件（If）、子宏（Submacro）和操作。注释是对宏的全局或者局部内容的信息说明,不是必需的且宏运行时不会执行注释部分;组是指分组操作,是对操作的分组管理;条件是指设置条件宏;子宏是建立子宏的操作;操作是具体的宏操作,通常包括操作名和操作参数。

宏设计窗口的中心区域为宏编辑区,在该编辑区可以添加宏操作。添加宏操作时,可以从"添加新操作"列表中选择相应的操作,也可以从操作目录中双击或拖动相应的操作。

一旦在"添加新操作"列表框中输入或选择了宏操作后,会自动打开该宏操作的操作参数编辑块,在该编辑块中可以为选定的宏操作设置相应的参数,如操作对象、操作方式等。操作参数编辑块中显示当前宏操作包含的参数名和对应的参数值设定框,可以输入或选择参数值,如图8.2所示。

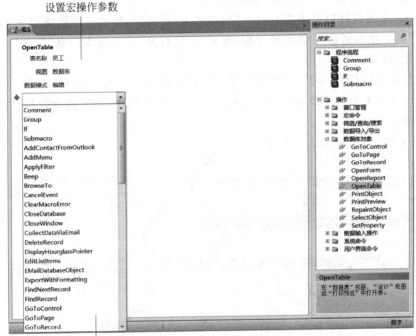

图8.2　宏设计示例

8.2.1　操作序列宏的创建

操作序列宏按照一定的顺序依次定义宏操作,其创建步骤如下。

(1) 进入数据库窗口,在"创建"选项卡中,单击"宏"按钮,打开"宏"设计窗口,如图8.1所示。

(2) 在宏操作编辑区,单击"添加新操作"右侧向下箭头,打开操作列表,从中选择要使用的操作。或者将宏操作命令从操作目录拖动至宏编辑窗口,此时会出现一个插入栏,指示释放鼠标按钮时该操作将插入的位置。或者直接在宏操作目录中双击所选操作。

(3) 如有必要,可以在打开的当前宏操作参数编辑区中设置当前宏操作的操作参数。

(4) 还可以添加注释宏操作 Comment,则在当前位置添加"注释"项,该"注释"项中可以为操作输入一些解释性文字，或者为整个宏操作序列添加说明文字，此项为可选项。

（5）如需增添更多的操作，可以把光标移到下一操作行，并重复步骤（1）～（3）完成新操作。

（6）单击快速访问工具栏上的"保存"按钮 ，命名并保存设计好的宏。

注意：如果保存的宏被命名为 AutoExec，则在打开该数据库时会自动运行宏。要想取消自动运行，打开数据库时按住 Shift 键即可。

在宏的设计过程中，也可以通过将某些对象（窗体、报表及其上的控件对象等）拖动至宏窗口编辑区，快速创建一个在指定数据库对象上执行操作的宏。

通常在已经设置好的宏操作名称的左侧有个"折叠/展开"按钮 ＋ / －，单击该按钮可以展开或折叠该宏操作更详细的参数信息。

例 8.1 在宏设计窗口中建立一个宏，命名为"宏 8-1"，该宏按序依次完成下列操作：打开窗体"员工基本信息"；弹出消息框，提示"已经打开'员工基本信息'窗体"；关闭"员工基本信息"窗体。

根据前述创建操作序列宏的操作步骤，在宏窗口中设计宏操作，如图 8.3 所示。表 8.1 列出了在宏窗口中建立的三个宏操作及其操作参数，未列出的参数均使用系统提供的默认值。

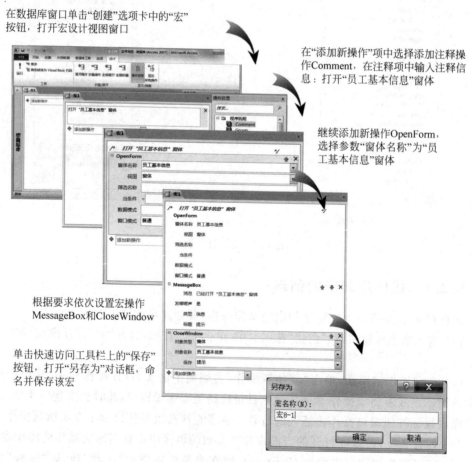

图 8.3 创建"宏 8-1"的操作过程

表 8.1 "宏 8-1"的操作及参数设置

宏 操 作	操 作 参 数		说 明
	参数名称	参 数 值	
OpenForm	窗体名称	员工基本信息	打开名称为"员工基本信息"窗体,系统默认以"窗体"视图打开
MessageBox	消息	已经打开"员工基本信息"窗体	打开消息框,该消息框标题栏显示"信息提示",消息框提示内容为"已经打开'员工基本信息'窗体",内容左侧的图标为消息类型
	类型	信息	
	标题	提示	
CloseWindow	对象类型	窗体	关闭指定的"员工基本信息"窗体。若省略操作参数则关闭当前活动窗口
	对象名称	员工基本信息	

8.2.2 宏操作分组

可以将功能相关或相近的多个宏操作设置成一个宏组,不会影响操作的执行方式,但也不能单独调用或运行宏组中的操作。宏组的目的是对宏操作分组,方便用户管理宏操作,提高可读性,尤其在编辑大型宏时,可将每个宏组块向下折叠为单行,从而减少必须进行的滚动操作。

宏组的创建步骤如下。

(1) 进入数据库窗口,在"创建"选项卡中,单击"宏"按钮,打开宏设计窗口。

(2) 在"添加新操作"项中输入或选择 Group 操作命令,或者将操作目录中的 Group 块拖动到宏编辑窗口中。

(3) 在生成的 Group 块顶部的框中,输入宏组名称,即完成分组。

(4) 在该组块中的"添加新操作"项中选择需要的宏操作命令,或将宏操作从操作目录拖动到 Group 块中。

(5) 如果希望在宏组内包含其他的宏,请重复步骤(3)和步骤(4)。

(6) 单击快速访问工具栏上的"保存"按钮 ▣ ,命名并保存设计好的宏。

需要注意的是,Group 块可以包含其他 Group 子块,最多可以嵌套九级。

如果要对已经存在的宏操作进行分组,则右击所选的宏操作,然后单击"生成分组程序块"命令,在生成 Group 块顶部的框中,输入宏组名称。或者直接在宏编辑区中拖动"宏操作"块到某个已经建好的 Group 块中,"宏操作"块可以在不同的 Group 块中拖动。

例 8.2 在宏设计窗口中建立一个名称为"宏组 1"的宏,该宏包括"宏 1"组、"宏 2"组和"宏 3"组。这三个宏组的宏操作功能如下。

"宏 1"组:打开数据库中的"员工"数据表;使计算机发出"嘟"的响声。

"宏 2"组:打开数据库中的"员工商品销售情况";弹出消息框,提示"商品销售查询已打开"。

"宏 3"组:保存所有修改后,退出 Access。

根据前述创建宏的操作步骤,在宏窗口中设计宏组,如图 8.4 所示。表 8.2 列出了在宏窗口中建立的三个宏,以及每个宏的宏操作及操作参数,未列出的参数均使用系统提供

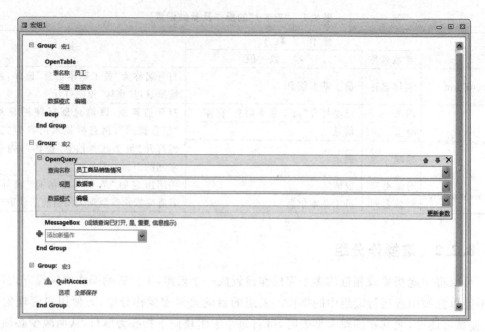

图 8.4　宏组设计窗口

的默认值。

表 8.2　宏组的设置内容

组名	宏操作	操作参数		说　　明
		参数名称	参数值	
宏 1	OpenTable	表名称	员工	以系统默认的"数据表"视图方式,打开名称为"员工"的表
		视图	数据表	
	Beep			使计算机发出"嘟"声
宏 2	OpenQuery	查询名称	员工商品销售情况	以系统默认的"数据表"视图方式,打开名称为"员工商品销售情况"的查询
	MessageBox	消息	商品销售查询已打开	打开消息框,该消息框标题栏显示"提示",消息框提示内容为"商品销售查询已打开",内容左侧的图标为消息类型
		类型	重要	
		标题	提示	
宏 3	QuitAccess	选项	全部保存	保存所有修改后,关闭 Access

8.2.3　子宏的创建

每个宏可以包含多个子宏。根据用户设计需要,可以在 RunMacro 或 OnError 宏操作中通过名称来调用子宏。

用户可通过与添加宏操作相同的方式将 Submacro 块添加到宏。添加 Submacro 块之后,可将宏操作拖动到该块中,或者从显示在该块中的"添加新操作"列表项中选择操作。

用户也可以在已有的宏操作基础上创建 Submacro 块,方法是选择一个或多个操作,右击,然后在弹出的快捷菜单中选择"生成子宏程序块"命令,则生成 Submacro 块,给该块命名,则完成创建子宏。

图 8.5 所示为创建子宏的设计窗口,在子宏块中可以添加新操作,但是不能再嵌套子宏。

注意:子宏必须始终是宏中最后的块,子宏中的操作不能在宏窗口中直接运行,除非运行的宏中有且仅有一个或多个子宏,且只会运行第一个子宏。另外,Group 块中也不能添加子宏。

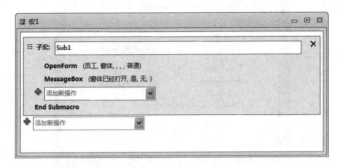

图 8.5　创建子宏

宏中的每个子宏有单独的名称并可独立运行,宏中子宏的应用格式为"宏名.子宏名"。

若要调用子宏(例如,在窗体或报表的事件属性中)或者使用 RunMacro 或 OnError 宏操作调用子宏时,使用的语法格式即为"宏名.子宏名"。

8.2.4　条件宏的创建

在执行宏操作的过程中,如果希望只有当满足指定条件时才执行宏的一个或多个操作,可以使用 If 块进行程序流程控制。条件宏中的操作都位于 If 块内部,If 块以 If 开头,以 End If 结束。还可以使用 Else If 和 Else 块来扩展 If 块,类似于 VBA 等编程语言中的条件语句。在宏中添加 If 块的操作步骤如下。

(1) 进入宏设计窗口,从"添加新操作"下拉列表中选择 If 项,或从"操作目录"窗格中拖动 If 项到宏编辑窗口中,产生一个 If 块。

(2) 在 If 块顶部的"条件表达式"框中,输入条件项,该条件项为逻辑表达式,其返回值(即条件表达式的结果)只有两个值:"真"和"假",宏将会根据条件是否为真来选择执行宏操作。

(3) 根据实际需要,在 If 块中添加新操作。

(4) 保存所创建的条件宏。

在宏的操作序列中,如果既存在带条件的操作(位于 If 块中),也存在无条件的操作,那么带条件的操作的执行取决于条件表达式的结果,而没有指定条件的操作则会无条件地执行。

在输入条件表达式时,可能会应用窗体或报表上的控件值,使用的语法格式为 "Forms![窗体名]![控件名]或 Reports![报表名]![控件名])"。例如,条件表达式 "Forms![窗体1]![Text0]='王海'",该宏条件表示判断"窗体1"窗体中 Text0 文本控件的值是否为"王海"。

例 8.3　在"条件宏练习窗体"(如图 8.6 所示)中,使用宏命令实现以下功能:从"对象选择"选项组中选择一个对象,然后单击"打开"按钮,则打开相应的对象。即选择"打开窗体"选项,并单击"打开"按钮,则打开窗体"学生基本信息";选择"打开查询"选项,并单击"打开"按钮,则打开查询"学生选课成绩查询";选择"打开数据表"选项,并单击"打开"按钮,则打开表"教师信息表"。单击"关闭"按钮,则关闭当前窗体。

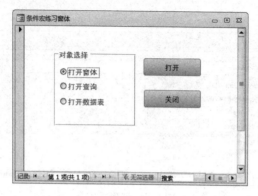

图 8.6　例 8.3 建立的"条件宏练习窗体"

已知窗体中的选项组控件的名称为 frame0,每个选项的值依次为 1、2、3,命令按钮的名称分别为 open 和 close。

具体操作步骤如下。

(1) 建立窗体。根据题目要求和图 8.6 所示的窗体视图,在数据库中建立"条件宏练习窗体"。

(2) 创建宏。根据前述创建子宏的操作步骤,在宏设计窗口中设计名称为"条件宏 1"的宏,如图 8.7 所示。表 8.3 列出了该宏中子宏的设置内容,未列出的设置项均使用系统提供的默认值。

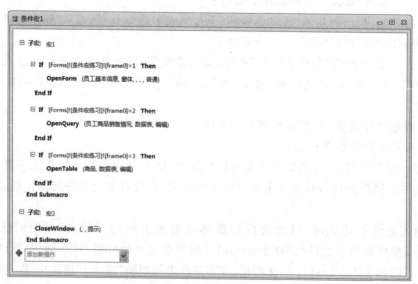

图 8.7　"条件宏 1"的设计视图

表 8.3　"条件宏 1"的设置内容

子宏名	条　　件	宏操作	操 作 参 数		说　　明
			参数名称	参　数　值	
宏 1	[Forms]！[条件宏练习]！[frame0]=1	OpenForm	窗体名称	员工基本信息	打开名称为"员工基本信息"的窗体
	[Forms]！[条件宏练习]！[frame0]=2	OpenQuery	查询名称	员工商品销售情况	打开名称为"员工商品销售情况"的查询
	[Forms]！[条件宏练习]！[frame0]=3	OpenTable	表名称	商品	打开名称为"商品"的数据表
宏 2		CloseWindow			关闭当前窗体

（3）关联窗体和宏。关联窗体和宏,实际上就是将宏指定为窗体或设置窗体中控件的事件属性。具体操作步骤如下。

① 打开"条件宏练习"窗体的设计视图,在属性窗口中,设置 open 命令按钮"事件"选项卡中的"单击"属性,从下拉列表中选择"条件宏 1.宏 1",如图 8.8 所示。

② 同理,设置 close 命令按钮的"单击"事件属性的值为"条件宏 1.宏 2"。

③ 保存窗体设计,然后运行该窗体对象。

8.2.5　宏的编辑

宏创建完成后,可以打开进行编辑,其具体操作步骤如下。

图 8.8　在"单击"属性中关联宏

（1）在数据库窗口中,右击导航窗格中的"宏"对象。

（2）在弹出的快捷菜单中,选择"设计视图"命令。

（3）打开宏设计窗口,对宏进行编辑修改。

（4）保存修改过的宏。

在编辑宏时,经常要进行下面的操作。

（1）选定宏操作。在宏编辑窗口中,要选定一个宏操作,单击该宏操作的区域即可;要选定多个宏操作,则需要按 Ctrl 键或 Shift 键来配合鼠标的选定。

（2）复制或移动宏操作。首先选择好要复制或移动的宏操作,右击,在弹出的快捷菜单中选择"复制"或"剪切"命令,然后将光标置于目标位置,右击后选择"粘贴"命令,宏操作连同操作参数同时被复制或移动到了目标位置,目标后面行的内容顺序下移。当然也可以用鼠标拖动的方式来移动宏操作,或者使用宏操作右侧的 ↑ 或 ↓ 按钮来移动宏操作。

（3）删除宏操作。首先选定要删除的宏操作,然后按 Delete 键或单击宏操作右侧的"删除"按钮 ✕ ,则选定宏操作被删除,后面的宏操作顺序上移。

8.3　宏的运行和调试

Access 中提供了多种方式来运行设计好的宏，同时也提供了宏调试工具来发现宏运行过程中的错误。

8.3.1　宏的运行

宏有多种运行方式。可以直接运行某个宏，可以运行宏里的子宏，可以从另一个宏或 VBA 事件过程中运行宏，还可以为窗体、报表或其上控件的事件响应而运行宏。

1. 直接运行宏

若要直接运行宏，可执行下列操作之一。

（1）从宏设计窗口中运行宏，单击"工具"功能组中的"运行"按钮。

（2）从数据库窗口中运行宏，在导航窗格中单击"宏"对象栏，然后双击相应的宏名；或右击相应的宏，然后选择"运行"命令。

（3）若要从宏中运行另一个宏，则使用 RunMacro 或 OnError 宏操作调用其他宏。如图 8.9 所示，在"宏 2"中运行"宏 8-1"。

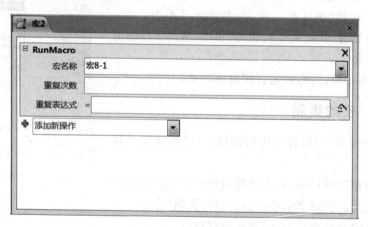

图 8.9　使用 RunMacro 运行宏

2. 宏作为对象事件的响应

在 Access 中可以通过选择运行宏或事件过程来响应窗体、报表或控件上发生的事件。具体操作步骤如下。

（1）在设计视图中打开窗体或报表，设置窗体、报表或控件的有关事件属性为宏的名称。

（2）若要运行宏中的子宏，则将该窗体或报表相应事件属性设置为该宏的子宏名，使用该宏的语法格式为"宏名. 子宏名"。

（3）若要在 VBA 代码过程中运行宏，则在过程中使用 Docmd 对象的 RunMacro 方法，并指定要运行的宏名。例如，DoCmd. RunMacro "宏 8-1"。

例 8.4 创建一个如图 8.10 所示的窗体,运用宏实现查询员工的功能。

该窗体中包含一个文本框、一个标签控件和两个命令按钮:查询和关闭。"退出"按钮的功能是关闭当前窗体,"查询"按钮的功能是在单击"查询"按钮时,显示该员工的所有信息。

本例题利用查询、宏和窗体共同完成。窗体中文本框的值作为查询的参数,在单击"查询"按钮时,调用宏操作,宏操作执行打开查询的操作。

具体操作步骤如下。

(1) 在数据库中设计如图 8.10 所示的窗体,其中,窗体的"标题"为"员工查询界面",标签的"标题"为"输入员工名称:",文本框控件的名称为 Text0,"查询"按钮的名称为 Command1,"退出"按钮的名称为 Command2。

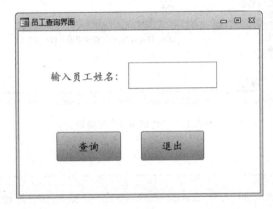

图 8.10 "员工查询界面"窗体

(2) 根据功能要求设计如图 8.11 所示的查询,这里命名为"查询员工","姓名"字段下的条件表达式为"Like[Forms]![员工查询界面]![Text0]",Text0 为窗体中文本框的名称。该查询表示"查询姓名为文本框输入内容的员工信息"。

(3) 根据功能要求设计"查询员工宏",如图 8.12 所示。该宏包括"查询"和"退出"两个子宏。"查询"子宏中添加了一个 If 块,If 的逻辑表达式为"[Forms]![员工查询界面]![Text0]="""",表示如果文本框 Text0 未输入内容时,则弹出消息框(MessageBox),提示"姓名不能为空,请输入员工姓名!"。否则打开查询对象"查询员工"。"退出"宏只包含了一个关闭当前窗体的宏操作 CloseWindow。宏中具体的代码详见图 8.12。

(4) 将窗体中的按钮控件的"单击"事件与"查询员工宏"的子宏关联。事件属性与宏的关联方式参照图 8.8 中的设置方式。"查询"按钮的"单击"事件关联"查询员工宏.查询","退出"按钮的"单击"事件关联"查询员工宏.退出"。最后保存该窗体,完成本例题的设计。

(5) 重新在窗体视图中打开"员工查询界面",通过该窗体来查询员工信息。

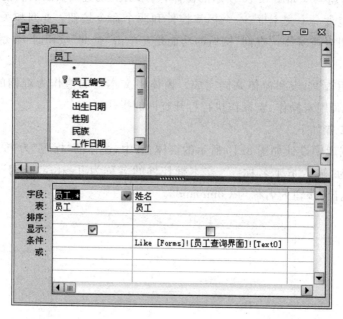

图 8.11 "查询员工"查询设计

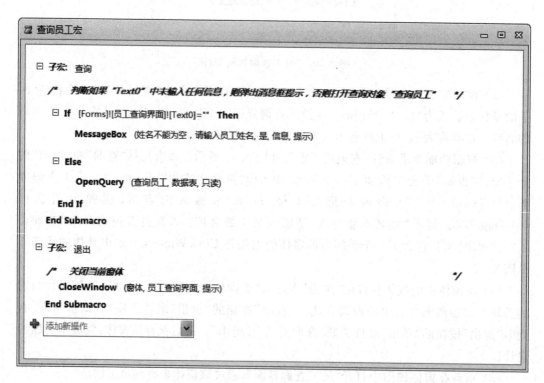

图 8.12 查询员工宏

8.3.2 宏的调试

对于比较复杂的宏,往往需要先调试,再运行。在 Access 系统中提供了"单步"执行的宏调试工具。使用单步跟踪执行,可以观察宏的流程和每个操作的结果,从中发现并排除出现问题和错误的操作。

例 8.5 对例 8.1 所创建的"宏 8-1"进行调试。

具体操作步骤如下。

(1) 在数据库导航窗格中,右击"宏 8-1"对象,在弹出的快捷菜单中选择"设计视图"命令,进入宏设计视图。

(2) 单击宏"设计"选项卡"工具"功能组中的"单步"按钮,系统进入单步运行状态。

(3) 单击"工具"功能组中的"运行"按钮,系统弹出"单步执行宏"对话框,如图 8.13 所示。

(4) 在该对话框中,单击"单步执行"按钮,则以单步形式执行当前宏操作;单击"停止所有宏"按钮,则停止宏的执行并关闭对话框;单击"继续"按钮,则关闭"单步执行宏"对话框,并执行宏的下一个操作。如果宏的操作有误,则会弹出"操作失败"对话框,可停止该宏的执行。在宏的执行过程中按 Ctrl+Break 组合键,可以暂停宏的执行。

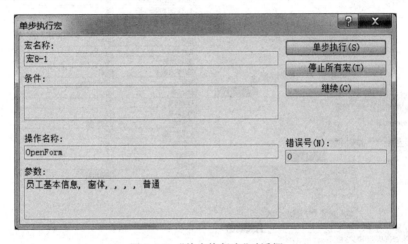

图 8.13 "单步执行宏"对话框

8.4 操作实例

例 8.6 在数据库中创建一个"吉祥商贸公司信息管理系统"窗体,其中包含多个命令按钮,通过命令按钮控件运行宏或子宏打开多个报表。具体操作过程如图 8.14 所示。

通过实验可以看出,宏可以由控件启动。在 Access 中,经常使用的宏运行方法是将宏或子宏赋予给某一窗体或报表控件的事件属性值,通过触发事件运行宏或子宏,如图 8.15 所示,其中子宏的使用方式为"宏名.子宏名"。

在数据库窗口中单击"创建"→"宏与代码"组→"宏"按钮，打开宏设计窗口，在"添加新操作"下拉列表中选择Submacro命令，依次建立以下四个宏

⊟ **子宏：** 宏1	⊟ **子宏：** 宏2	⊟ **子宏：** 宏3	⊟ **子宏：** 宏4
⊟ **OpenTable**	⊟ **CloseWindow**	⊟ **OpenTable**	⊟ **CloseWindow**
表名称 供应商	对象类型 表	表名称 客户	对象类型 表
视图 数据表	对象名称 供应商	视图 数据表	对象名称 客户
数据模式 编辑	保存 提示	数据模式 编辑	保存 提示
End Submacro	**End Submacro**	**End Submacro**	**End Submacro**

在宏编辑器中，选择"文件"→"保存"命令，打开"另存为"对话框，保存宏

在数据库窗口中单击"创建"→"窗体"组→"窗体设计"按钮，打开设计窗口，在"窗体"对话框中设置其属性

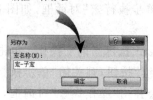

属性表	
所选内容的类型：窗体	
窗体	
格式 数据 事件 其他 全部	
标题	吉祥商贸公司信息管理系统
默认视图	单个窗体
允许窗体视图	是
允许数据表视图	是
允许数据透视表视图	是
允许数据透视图视图	是
允许布局视图	是
图片类型	嵌入
图片	(无)
图片平铺	否
图片对齐方式	中心
图片缩放模式	剪辑
宽度	10.998cm
自动居中	否
自动调整	是
适应屏幕	是
边框样式	可调边框
记录选择器	否
导航按钮	否
导航标题	
分隔线	否
滚动条	两者均无

在窗体设计窗口中，为新窗体添加四个命令按钮控件，并绑定宏

属性表	
所选内容的类型：命令按钮	
Command0	
格式 数据 事件 其他 全部	
单击	宏-子宏.宏1

属性表	
所选内容的类型：命令按钮	
Command1	
格式 数据 事件 其他 全部	
单击	宏-子宏.宏2

属性表	
所选内容的类型：命令按钮	
Command2	
格式 数据 事件 其他 全部	
单击	宏-子宏.宏3

属性表	
所选内容的类型：命令按钮	
Command3	
格式 数据 事件 其他 全部	
单击	宏-子宏.宏4

在窗体设计窗口中，为新窗体添加三个标签控件，并定义其属性

属性表	
所选内容的类型：标签	
Label0	
格式 数据 事件 其他 全部	
标题	吉祥商贸公司信息管理系统
可见	是

属性表	
所选内容的类型：标签	
Label1	
格式 数据 事件 其他 全部	
标题	供应商：
可见	是

属性表	
所选内容的类型：标签	
Label2	
格式 数据 事件 其他 全部	
标题	客 户：
可见	是

图 8.14 创建宏与窗体的操作过程

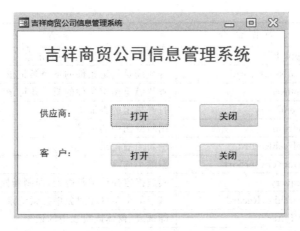

图 8.15 触发控件运行宏

8.5 常用宏操作

Access 提供了 70 多个可选的宏操作命令，表 8.4 列出了常用宏操作。

表 8.4 常用宏操作

操作类型	操作命令	含义
窗口管理	CloseWindow	关闭指定窗口,或关闭当前激活窗口
	MaximizeWindow	当前窗口最大化
	MinimizeWindow	当前窗口最小化
	MoveAndSizeWindow	移动并调整当前激活窗口
	RestoreWindow	当前窗口恢复至原始大小
宏命令	CancelEvent	取消导致该宏运行的 Access 事件
	ClearMarcoError	清除 MacroError 对象中的上一错误
	OnError	定义错误处理行为
	RemoveAllTempVars	删除所有临时变量
	RemoveTempVars	删除一个临时变量
	RunCode	执行指定的 Access 函数
	RunDataMacro	执行数据宏
	RunMacro	执行指定的宏
	RunMenuCommand	执行指定 Access 菜单命令
	SetLocalVar	将本地变量设置为给定值
	SetTempVar	将临时变量设置为给定值
	SingleStep	暂停宏的执行并打开"单步执行宏"对话框
	StartNewWorkflow	为项目启动新工作流
	StopAllMacro	终止所有正在运行的宏
	StopMacro	终止当前正在运行的宏
	WorkflowTasks	显示"工作流任务"对话框

操 作 类 型	操 作 命 令	含　义
筛选/查询/搜索	ApplyFilter	筛选表、窗体或报表中的记录
	FindNextRecord	查找满足指定条件的下一条记录
	FindRecord	查找满足指定条件的第一条记录
	OpenQuery	打开指定的查询
	Refresh	刷新视图中的记录
	RefreshRecord	刷新当前记录
	RemoveFilterSort	删除当前筛选
	Requery	实施指定控件重新查询，即刷新控件数据
	SearchForRecord	基于某个条件在对象中搜索记录
	SetFilter	筛选表、窗体或报表中的记录
	SetOrderBy	对表、窗体或报表中的记录应用排序
	ShowAllRecords	关闭所有查询，显示出所有的记录
数据导入/导出	AddContactFromOutlook	添加来自 Outlook 中的联系人
	CollectDataViaEmail	在 Outlook 中使用 HTML 或 InfoPath 表单收集数据
	EmailDatabaseObject	将指定的数据库对象包含在 E-mail 消息中，对象在其中可以查看和转发
	ExportWithFormatting	将指定的 Access 对象中的数据输出到另外格式（如 .xls、.txt、.rtf、.htm）的文件中
	SaveAsOutlookContact	当前记录另存为 Outlook 联系人
	WordMailMerge	执行"邮件合并"操作
数据库对象	GoToControl	将光标移动到指定的对象上
	GoToPage	将光标翻到窗体中指定页的第一个控件位置
	GoToRecord	用于指定当前记录
	OpenForm	打开指定的窗体
	OpenReport	打开指定的报表
	OpenTable	打开指定的数据表
	PrintObject	打印当前对象
	PrintPreview	当前对象的"打印预览"
	RepaintObject	刷新对象的屏幕显示
	SelectObject	选定指定的对象
	SetProperty	设置控件属性
数据输入操作	DeleteRecord	删除当前记录
	EditListItems	编辑查阅列表中的项
	SaveRecord	保存当前记录
系统命令	Beep	使计算机发出"嘟嘟"声
	CloseDatabase	关闭当前数据库
	DisplayHourglassPonter	设定在宏运行时鼠标指针是否显示成 Windows 中的等到操作光标（沙漏状光标）
	QuitAccess	退出 Access

续表

操作类型	操作命令	含　义
用户界面命令	AddMenu	将一个菜单项添加到窗体或报表的自定义菜单栏中，每一个菜单项都需要一个独立的 AddMenu 操作
	BrowseTo	将子窗体的加载对象更改为子窗体控件
	LockNavigationPane	用于锁定或解除锁定导航窗格
	MessageBox	显示消息框
	NavigateTo	定位到指定的"导航窗格"组或类别
	Redo	重复最近的用户操作
	SetDisplayedCategories	
	SetMenuItem	设置自定义菜单中菜单命令的状态(启用或禁用,选中或不选中)
	UndoRecord	撤销最近的用户操作

8.6　习题

1. 选择题

(1) 使用宏组的目的是(　　)。

　　A. 设计出功能复杂的宏　　　　　　B. 对多个宏操作进行组织和管理

　　C. 设计出包含大量操作的宏　　　　D. 减少程序内存消耗

(2) 下列关于宏操作的叙述错误的是(　　)。

　　A. 可以使用宏组来管理相关的一系列宏

　　B. 所有宏操作都可以转化为相应的模块代码

　　C. 使用宏可以启动其他应用程序

　　D. 宏的关系表达式中不能应用窗体或报表的控件值

(3) 设宏名为 Macro,其中包括三个子宏,分别为 Macro1、Macro2、Macro3,调用 Macro2 的格式正确的是(　　)。

　　A. Macro-Macro2　　　　　　　　　B. Macro! Macro2

　　C. Macro. Macro2　　　　　　　　　D. Macro2

(4) 在宏的条件表达式中,要引用 rpt 报表上名为 txtName 控件的值,可以使用的引用表达式是(　　)。

　　A. Reports! rpt! txtName　　　　　B. rpt! txtName

　　C. Report! txtName　　　　　　　　D. txtName

(5) 要限制宏操作的范围,可以在创建宏时定义(　　)。

　　A. 宏操作对象　　　　　　　　　　B. 宏条件表达式

　　C. 宏操作目标　　　　　　　　　　D. 控件属性

2. 填空题

(1) 在创建条件宏时,如果要引用窗体 Form2 上文本控件 Text01 的值,正确的表达式引用为＿＿＿＿。

（2）宏是一个或多个＿＿＿＿的集合。

（3）如果要建立一个宏，希望执行该宏后，首先打开一个窗体，那么在该宏中执行的宏操作命令为＿＿＿＿。

（4）创建数据库自动运行的宏，必须将宏命名为＿＿＿＿。

（5）打开一个表应该使用的宏操作是＿＿＿＿。

3. 操作题

在教学管理数据库中完成以下宏操作。

（1）参照例8.1构建一个名称为"教学管理"的宏，在该宏中尝试练习使用常用的宏操作命令，如 OpenForm、MessageBox 等，并且尝试使用宏组来组织管理宏操作。

（2）参照例8.3构建一个名称为"操作界面"的窗体，该窗体中的"打开"和"关闭"按钮分别与表8.5中"宏操作练习1"中子宏"打开"和"关闭"相关联，此外，该窗体中还包括了一个选项组控件"frame0"，请按照表8.5中的内容完成相关功能。

表 8.5　"条件宏 1"的设置内容

子宏名	条　件	宏　操　作	操作参数		说　明
			参数名称	参　数　值	
打开	［Forms］!［操作界面］!［frame0］=1	OpenForm	窗体名称	学生基本信息	打开名称为"学生基本信息"的窗体
	［Forms］!［操作界面］!［frame0］=2	OpenQuery	查询名称	未选课学生	打开名称为"未选课学生"的查询
	［Forms］!［操作界面］!［frame0］=3	OpenTable	表名称	教师	打开教师信息数据表"教师"
	［Forms］!［操作界面］!［frame0］=4	OpenReport	报表名称	工资报表	打开"工资报表"
关闭		CloseWindow			关闭当前窗体

第 9 章
VBA 与模块

Access 具有强大的交互操作功能,用户可以通过创建表、查询、窗体、报表、宏等对象,将数据进行整合,建立简单的数据库应用系统。虽然创建过程比较简单,但是所建应用系统具有一定的局限性。要对数据库进行更加复杂和灵活的控制,需要使用内置编程工具 VBA。

以 Access 提供的数据库对象——"模块"为载体,通过在不同模块中编制 VBA 代码,整合数据资源,可以达到解决复杂问题的目的。Access 中的模块都是用 VBA 语言实现的,模块的实质就是将 VBA 声明和过程作为一个单元来保存的集合。

知识体系:
☞面向对象的概念
☞模块的基本概念
☞VBA 程序设计基础
☞VBA 流程控制语句
☞过程调用和参数传递
☞数据库编程
☞程序运行与调试
☞了解面向对象的基本概念

学习目标:
☞理解面向对象思想
☞掌握 VBA 基本语句使用
☞掌握基本的编程方法和常用算法
☞掌握过程控制和参数传递
☞学会进行简单的数据库编程

9.1 VBA 简介

VBA(Visual Basic for Applications)是 Microsoft 公司 Office 系列软件中内置的用来开发应用系统的编程语言。

9.1.1　VBA 的概念

VBA 是 Microsoft Office 系列软件的内置编程语言，其语法结构与 Visual Basic 编程语言相互兼容，采用的是面向对象编程机制和可视化的编程环境。同时，Visual Basic 是一种宏语言，是微软开发出来在其桌面应用程序中执行通用的自动化（OLE）任务的编程语言。主要用来扩展 Windows 的应用程序功能，特别是 Microsoft Office 软件。

由于微软 Office 软件的普及，人们常见的办公软件 Office 中的 Word、Excel、Access、PowerPoint 都可以利用 VBA 来提高应用效率，实现一些自动化功能。

9.1.2　VBA 编辑环境介绍

编写和调试 VBA 程序的环境称为 VBE(Visual Basic Editor)。

1. 启动 VBE

Access 数据库中的程序模块可以分为两种类型，绑定型程序模块和独立程序模块。这两类程序模块的编辑调试环境都是 VBE，但启动方式不同。

1）绑定型程序模块

绑定型程序模块是指包含在窗体、报表、页等数据库对象之中的事件处理过程，这类程序模块仅在所属对象处于活动状态下才有效。

进入绑定型程序模块编辑环境 VBE 的途径有两种：一种是通过控件的事件响应进入；另一种是在窗体或报表设计视图中，通过"设计"选项卡"工具"组中的"查看代码"按钮进入。

此操作在第 6 章窗体事件中已涉及，此处不再赘述。

2）编辑独立程序模块

独立程序模块是指 Access 数据库中的模块对象。这类模块对象可以在数据库中被任意一个对象所调用。

启动 VBE 的途径可以在"数据库工具"选项卡中，单击"宏"组中的 Visual Basic 按钮，或按 Alt＋F11 组合键；在"创建"选项卡中，单击"宏与代码"组中的 Visual Basic 按钮。

创建独立模块的途径是在"创建"选项卡的"宏与代码"组中选择"模块"命令，即可启动 VBE 模块编辑环境，如图 9.1 所示。

图 9.1　VBA 启动功能组

2. VBE 工作环境

VBE 是通过多个不同的窗格来显示不同对象或完成不同任务的。VBE 工作环境通常由多个子窗口或窗格（如工程资源管理器、属性窗格和代码窗口等）和一些常用工具栏组成,如图 9.2 所示。

图 9.2　VBE 编辑环境

注意：刚打开的 VBE 界面可能没有图 9.2 中的部分窗口(格)和工具栏,如果需要,可以通过"视图"菜单中的相应命令或工具栏中的相应按钮将其打开。

1) 工具栏

VBE 有调试工具栏、编辑工具栏、标准工具栏和用户窗体工具栏等多种工具栏,可以通过单击工具栏按钮完成指定的动作。如果需要显示工具栏按钮的提示信息,可以选择"视图"菜单中的"工具栏"级联菜单的"自定义"命令,并在"自定义"对话框的"选项"选项卡中选择"显示关于工具栏的屏幕提示"。

标准工具栏是 VBE 默认显示的工具栏,它包含一些常用菜单命令的快捷操作方式按钮。VBE 标准工具栏中主要按钮的功能如表 9.1 所示。

表 9.1　VBE 标准工具栏中主要按钮的功能

图标	名　称	功　能
	视图切换	切换到 Access 操作窗格
	插入模块	插入新模块对象。在建立模块对象过程中,单击此按钮右侧下箭头,可选择系统新建一个"模块""类模块"或"过程"
	运行子过程/用户窗体	运行模块程序。单击此按钮,并在"宏"对话框中选择需要运行的模块名称即可
	"中断"按钮	中断正在运行的模块程序

图标	名　　称	功　　能
■	"终止运行/重新设置"按钮	结束正在运行的模块程序，重新进入模块设计状态
✍	"设计模式"按钮	切换设计模式与非设计模式
▨	"工程资源管理器"按钮	打开/关闭"工程资源管理器"窗格
☝	"属性窗口"按钮	打开/关闭"属性表"窗格
☝	"对象浏览器"按钮	打开/关闭"对象浏览器"窗格

2）"工程资源管理器"窗格

一个数据库应用系统就是一个工程。"工程资源管理器"窗格以层次结构列表形式显示当前数据库中的所有模块，双击该窗格中的某个模块，可以打开其对应的代码窗口。

3）"属性表"窗格

"属性表"窗格列出了选定对象的属性，可以在设计时查看、改变这些属性。"属性表"窗格中主要有对象框和属性列表，其中"对象框"用于显示当前窗体中的对象。如果选取了多个对象，则以第一个对象为准，列出各对象均具有的共同属性；属性列表可以按分类或字母顺序对对象属性进行排序。

若要改变属性的设定，可以选定属性名，然后在其右侧文本框中选取新的设置或直接输入新值。

4）"对象浏览器"窗格

对象浏览器用于显示对象库以及工程中的可用类、属性、方法、事件及常数变量。可以用它来搜索及使用已有的对象，或是来源于其他应用程序的对象。在该窗格中可以使用"向前""向后""搜索"等按钮查看类及成员列表。

3. 代码窗口的使用

Access 的 VBE 编辑环境提供了完善的代码开发和调试工具。代码窗口是设计人员的主要操作界面，充分认识其功能将有助于模块代码开发工作的顺利进行。

代码窗口的"对象框"显示了所选对象的名称，单击其右侧的下箭头，可以查看和选择当前窗体的对象；"过程/事件框"显示了所选对象的事件，单击其右侧的下箭头，可以查看和选择事件。

在使用代码窗口时，Access 提供了许多辅助功能，用于提示和帮助用户进行代码处理。

1）自动显示提示信息

在代码窗口中输入命令时，系统会适时地自动显示命令关键字列表、属性列表及过程参数列表等提示信息，用户可以选择或参考其中的信息，从而极大地提高了代码设计的效率和正确性。例如，在代码窗口中输入"int."时，系统会在命令列表框中提示可选择操作 Integer 等选项以供用户选择,用户只需双击列表中所需的选项,即可完成命令的输入。

在代码窗口中输完一条命令,并按 Enter 键时,系统会自动对该行代码进行语法检查。如果该命令行有语法错误,系统将弹出警告对话框,并将该命令行显示为红色。此时,可单击"确定"按钮,返回代码编辑状态,修正错误代码。

2）立即窗口

通过 VBE"视图"菜单中的"立即窗口"命令可以打开立即窗口。

在立即窗口中,可以输入或粘贴一行代码,并按 Enter 键确认执行该代码。例如,为了快速验证函数或表达式的运算结果,可以在立即窗口中直接输入命令关键字"?"或"Print",并在其后接着输入需验证的函数或表达式,按 Enter 键即可看到运算结果。

此外,在运行模块程序时,由 Debug.Print 语句指定的输出内容也会显示在立即窗口中。使用 Debug.Print 语句输出多项内容时,各项内容之间可以用逗号（,）或分号（;）分隔。其中,以逗号（,）分隔的内容以标准格式输出,以分号（;）分隔的内容以紧凑格式输出。

在调试 VBA 程序时,可以在程序的适当位置加入 Debug.Print 语句,以快速确定程序的出错位置,提高程序调试效率。

需要注意的是,立即窗口中的代码是不被存储的。如果需要,可利用"复制""剪切""粘贴"命令将立即窗口中的代码放入模块程序代码中。

3）监视窗口

通过 VBE"视图"菜单中的"监视窗口"命令可以打开监视窗口。

调试 VBA 程序时,可以利用监视窗口显示正在运行程序中定义的监视表达式的值,如图 9.3 所示。

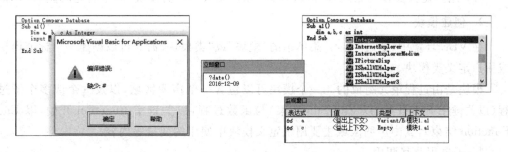

图 9.3　VBE 代码窗口使用

9.1.3　模块简介

Access 模块是将 VBA 声明和过程作为一个单元进行保存的集合体。在 Access 数据库中,通过模块的组织和 VBA 代码的设计,可以提高数据库的处理能力,实现复杂的数据与信息管理。

1. 模块及模块分类

Access 模块中的代码都是以过程的形式加以组织的,每一个过程都可以是子过程

（Sub 过程）或函数过程（Function 过程）。

根据模块使用情况的不同，可以将模块分成标准模块和类模块两种类型。

1）标准模块

标准模块一般用于存放公共过程（子过程和函数过程），不与其他任何 Access 对象相关联。在 Access 中，通过模块对象创建的代码过程就是标准模块。

在标准模块中，通常为整个应用系统设置全局变量或可以在数据库中任何位置运行的通用过程，以供窗体或报表等对象在类模块中调用。反之，在标准模块的过程中也可以调用窗体或运行宏等数据库对象。

标准模块中的公共变量和公共过程具有全局性，其作用范围为整个应用系统。

2）类模块

类模块是以类的形式进行封装的模块，是面向对象编程的基本单位。虽然 Access 的编程不是完全面向对象的，但也提供了类模块、事件等面向对象的处理技术。

Access 的类模块分为系统对象类模块和用户定义类模块两大类。

（1）系统对象类模块是指 Access 中窗体对象和报表对象具有的事件代码与处理模块。窗体模块和报表模块都是与特定窗体或报表对象相关联的，它们都属于系统对象类模块。窗体模块和报表模块通常都含有事件过程，它们通过事件过程来响应用户的操作，从而控制窗体或报表的行为。例如，单击窗体上的某个命令按钮从而引发相应操作。

窗体模块或报表模块中的过程可以调用已经添加到标准模块中的过程。

当用户为窗体或报表创建事件过程时，Access 将自动创建与之关联的窗体模块或报表模块。

（2）用户定义类模块是通过 VBE 窗口中的"插入"→"类模块"命令创建的。

2. 创建模块

在 VBE 环境中，通过"插入"菜单中的"模块"或"类模块"命令可以创建一个标准模块或用户定义类模块。

模块是由过程单元组成的。一个模块可以包含一个声明区域，以及一个或多个子过程（以关键字 Sub 开始，以 End Sub 结束）与函数过程（以关键字 Function 开始，以 End Function 结束），其中声明区域主要用于定义模块中使用的变量等内容。

1）子过程及其调用

子过程可以执行一项或一系列操作，但是不返回值。用户可以自行创建子过程，也可以使用 Access 的事件过程模板进行创建。

（1）子过程的组成。子过程均以关键字 Sub 开始，以 End Sub 结束，其语句格式如下。

```
Sub <子过程名>( [ <形参>] ) [As <数据类型>]
    [<子过程语句>]
    [Exit Sub]
    [<子过程语句>]
End Sub
```

（2）子过程的调用。子过程有以下两种调用形式。

Call 子过程名([<实参>])
子过程名 [<实参>]

2）函数过程及其调用

VBA有许多内置函数,例如,Now 函数可返回当前系统的日期与时间。除了这些内置函数外,用户还可以用函数过程自定义函数。函数过程与子过程非常相似,只不过它通常都具有返回值。

（1）函数过程的组成。函数过程以关键字 Function 开始,以 End Function 结束,其语句格式如下。

```
Function <函数过程名>( [<形参>] ) [As <数据类型>]
    [<函数过程语句>]
    [<函数过程名> = <表达式>]
    [Exit Function]
    [<函数过程语句>]
    [<函数过程名> = <表达式>]
End Function
```

（2）函数过程的调用。函数过程的调用形式如下。

函数过程名([<实参>])

函数过程需要直接使用函数过程名(函数名)并加括号来调用,不能使用 Call 语句调用。因为函数过程有返回值,所以可以将其返回值直接赋给某个变量或在表达式中直接使用。

通过以下两种方法可以在模块中添加子过程或函数过程。

方法一:

（1）在 VBE 的"工程资源管理器"窗口中,双击需要添加过程的模块(可以是窗体模块、报表模块或标准模块)。

（2）选择"插入"菜单中的"过程"命令,打开"添加过程"对话框,如图 9.4 所示。

（3）在对话框中,输入过程"名称"、选择过程"类型"、选择过程的作用"范围"。

（4）单击"确定"按钮,将自动生成过程(或函数)的头语句和尾语句,且光标停留在两条语句之间,等待用户输入过程(或函数)代码。

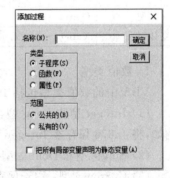

图 9.4　"添加过程"对话框

方法二:

在窗体模块、报表模块或标准模块的代码窗口中,直接输入 Sub 子过程名(或Function 函数名),然后按 Enter 键,自动生成过程(或函数)的头语句和尾语句,用户可以在两条语句之间输入过程(或函数)代码。

需要说明的是,子过程名既可以由用户自定义,如 PI;也可以由一个对象名和一个事件名共同组成,两者之间用下划线隔开,如 Command_Click。

9.2　VBA 程序设计基础

VBA 是微软 Office 的内置编程语言，其语法与 Visual Basic 编程语言相互兼容。

9.2.1　数据类型

数据类型是编程的基础。

1. 标准数据类型

除"备注"和"OLE 对象"数据类型以外，Access 数据表中字段所使用的数据类型在 VBA 中都有对应的类型。VBA 中的数据类型如表 9.2 所示。

表 9.2　VBA 中的数据类型

数据类型	关键字	类型符	前缀	有效值范围
字节型	Byte	无	Byt	$0\sim255$
整型	Integer	%	Int	$-32768\sim32767$
长整型	Long	&	Lng	$-2147483648\sim2147483647$
单精度型	Single	!	Sng	$-3.4\times10^{38}\sim3.4\times10^{38}$
双精度型	Double	#	Dbl	$-1.79769\times10^{308}\sim1.79769\times10^{308}$
货币型	Currency	@	Cur	$-922337203685477.5808\sim922337203685477.5807$
字符型	String	$	Str	根据字符串长度而定
日期/时间型	Date	无	Dtm	日期：100 年 1 月 1 日～ 9999 年 12 月 31 日 时间：0:00:00～23:59:59
逻辑型	Boolean	无	Bln	True 或 False
对象型	Object	无	Obj	
变体型	Variant	无	Var	

1）数值类型

VBA 中的数值类型包括 Integer、Long、Single、Double、Currency、Byte。

（1）Integer 型和 Long 型：用于保存整数。整数的运算速度快，但表示数的范围小。例如，将 45678 保存在 Integer 型变量中将会发生溢出错误。

（2）Single 型和 Double 型：用于保存浮点实数，表示数的范围大。

（3）Currency 型：用于保存定点实数，保留小数点右边 4 位和小数点左边 15 位，用于货币计算。

（4）Byte 型：用于存储二进制数，为无符号整数。

2）字符类型

字符类型数据用于存放字符串。字符串是放在英文双引号内的若干个字符，这些字符可以是 ASCII 字符或汉字。长度为 0 的字符串（""）被称为空字符串。

VBA 中的字符串分为两种，即变长字符串和定长字符串。变长字符串的长度是不确定的，最大长度不超过 2^{31}；定长字符串的长度是固定的，最大长度不超过 2^{16}。

3）日期/时间类型

日期/时间类型数据用于存储日期和时间的值。要想熟练使用 Date 型数据，需要了解日期值在 VBA 内部的存储形式。VBA 中，Date 数据以双精度浮点数形式保存，它的整数部分用于存储日期值，小数部分用于存储时间值。

① Date 数据的整数部分用于表示当前日期距离 1900 年 1 月 1 日的天数，其中 1899 年 12 月 31 日之前的日期以负整数表示，该日期之后的日期为正整数。

② Date 数据的小数部分表示从子夜到现在已经度过的时间，0 表示午夜。如果小数部分的值为 0.5，则表示一天中已经过去了 1/2，目前的时间是中午 12 点。

4）逻辑类型

逻辑类型数据也称为布尔型，用于逻辑判断，它只有 True（真）、False（假）两个值。当变量值只是 True/False、Yes/No、On/Off 等两种情况时，可将其声明为逻辑类型。

当将逻辑型数据转换为其他数据类型时，False 转换为 0，True 转换为 -1；当将其他数据类型转换为逻辑型数据时，0 转换为 False，非 0 转换为 True。

5）对象类型

对象类型数据用于存放应用程序中的对象。

6）变体类型

变体是一种特殊的数据类型，变体数据是指没有被显式声明为某种类型变量的数据类型。它可以表示数值、字符、日期等任何值，也可以是特殊值 Empty、Error、Nothing 和 Null。可以说，变体类型数据是 VBA 中应用最灵活的一种数据类型，变体型变量不但可以存储所有类型的数据，而且当赋予不同类型值时可以自动进行类型转换。

在使用时，可以使用 VarType 函数或 TypeName 函数来决定如何处理 Variant 中的数据。

2. 用户自定义类型

当需要用一个变量记录多个类型不一样的信息时，可以使用用户自定义类型。用户自定义类型主要是为了保存一些特定的数据（如一条记录数据）和易于变量识别，它是将不同类型的变量组合起来的一种形式。

用户自定义类型通常包含多个数据元素，每个数据元素既可以是基本数据类型，也可以是已定义的用户自定义类型。可由 Type 语句创建用户自定义类型。

```
Type [数据类型名]
    <域名> As <数据类型>
    <域名> As <数据类型>
    …
End Type
```

例 9.1 定义一个员工的基本信息数据类型。

```
Type Employee
    txtNo as String * 7
    txtName as String
    txtSex as String * 1
```

```
    txtBirthday as Date
End Type
```

以上定义了由 txtNo（员工编号）、txtName（姓名）、txtSex（性别）和 txtBirthday（出生日期）四个分量组成的名为 Employee 的类型。

```
Dim NewEmp As Employee
    NewEmp.txtNo = "2016001"
    NewEmp.txtName = "王斌"
    NewEmp.txtSex = "男"
    NewEmp.txtBirthday = #1990 - 3 - 9#
```

Type 语句只能在模块级使用。使用 Type 语句声明了一个用户自定义类型后，就可以在该声明范围内的任何位置定义该类型的变量。

9.2.2　常量与变量

变量是指程序运行过程中值可以发生变化的量，变量实际上是一个符号地址，VBA通过使用变量来临时存储数据；而常量是在程序运行过程中其值不会被修改的量，其值是以代码的形式写入过程代码中。

1. 常量

除了直接常量（也称为字面常量，即通常使用的数值、字符或日期常量，例如，10、"ABC"、#2016-12-8# 等）以外，Access 还支持符号常量、固有常量和系统定义常量三种类型的常量。

1）符号常量

如果要在代码中反复使用相同的值，或者发现代码中有一些重复出现的数值，它不具备明显的意义，这时可以使用符号常量或用户定义的常量，即使用具有意义的名称来代替数字或字符，以增加代码的可读性与可维护性。

符号常量利用关键字 Const 进行定义，格式如下：

```
Const 符号常量名 = 常量值
```

符号常量的命名规则与变量命名规则相同，注意符号常量名不能与系统常量或过程变量同名。

例 9.2　常量定义示例。

```
Const conPI = 3.14159265          ' Pi = 3.14159265
Const conPI2 = conPI * 2          ' 可以用一个符号常量定义另一个符号常量
Const conVersion = "Version 12.0" ' 符号常量可以用来定义一个字符串
```

2）固有常量

VBA 提供了许多固有常量，并且所有固有常量都可以在宏或 VBA 代码中使用。固有常量名的前两个字母为前缀字母，指明了定义该常量的对象库。来自 Access 库的常量以 ac 开头，来自 ADO 库的常量以 ad 开头，来自 Visual Basic 库的常量则以 vb 开头，如acRecord、adAddNew、vbOkOnly 等。固有常量通常在联机帮助中都有详细介绍。

VBA中,每个固有常量都有一个对应的数值,可以在立即窗口中输入命令"？<固有常量名>"来显示常量的实际值,也可以通过"对象浏览器"查看所有可用对象库的固有常量列表。

因为固有常量所代表的具体值在系统软件的版本升级过程中有可能被改变,所以在程序代码中应该尽可能地使用固有常量名,而不用固有常量的实际值。

3）系统定义常量

系统定义常量有 True、False 和 Null。

系统定义常量可以在 Access 数据库的任何地方使用。

2. 变量

变量是指在程序运行时值可以发生变化的数据。变量是以变量名的形式在程序中使用,变量先定义后使用,是编程的好习惯。

1）变量命名规则

每个变量都需要有一个名字,即变量名。变量的命名规则如下。

（1）变量名必须以字母字符开头,最长不超过 255 个字符。

（2）可以包含字母、数字或下划线字符,不能包含标点符号和空格等。

（3）变量名不区分英文字符的大小写,如 intX、INTX、intx 等表示的是同一个变量。

（4）变量名不能使用 VBA 关键字。

（5）为了增加程序的可读性,通常在变量名前加一个前缀来表明该变量的数据类型,缩写前缀的约定见表 9.2。

2）变量声明

变量声明即定义变量名称及变量类型,使系统为变量分配存储空间。VBA 声明变量有两种方式：显式声明和隐式声明。

（1）显式声明。变量名的定义使用关键字 Dim 来实现。语句格式如下。

```
Dim < varname > [As type] [,< varname > [As type]...]
Static < varname > [As type] [,< varname > [As type]...]
```

相关参数说明如下。

① varname：变量名。遵循变量命名约定。

② type：数据类型。可以是 Integer、Long、Single、Double、Date、String（变长字符串）、String ＊ length（定长字符串）、Object、Boolean 、Currency、Variant 等。

③ 一个 Dim 或 Static 语句可以声明多个变量,所声明的每个变量都有一个单独的 As type 子句。省略 As type 子句的变量默认为变体类型（Variant）。

④ 使用 Dim 语句声明的变量为动态变量,使用 Static 语句声明的变量为静态变量。

在变量定义过程中,可以在 As 后指定数据类型,或在变量名后附加类型说明符对变量的类型进行定义,此方式即为显式声明。

例 9.3　声明变量。

```
Dim intVar_1 As Integer, sngSum_1 As Single
Dim intVar_2 % , sngSum_2!
```

以上两个声明语句分别声明了 intVar_1 和 intVar_2 为整型变量，sngSum_1 和 sngSum_2 为单精度变量，既可以用 As 后面跟类型说明符定义变量类型，也可以用类型标识符附在变量名后声明变量类型。

```
Dim intX, intY, intZ As Integer
```

此语句中只有 intZ 被声明为 Integer 类型，变量 intX 与 intY 均被声明为 Variant 数据类型。

（2）隐式声明。VBA 也允许变量未定义，直接通过给变量赋值以定义数据类型；或虽然利用关键字 Dim 对变量进行了定义，但没有利用 As type 声明类型，也没有在变量名后添加类型标识符声明数据类型，则默认为 Variant 数据类型。

例 9.4 隐式声明。

```
varX = 10               'varX 的值为 10,变量类型为 Variant
varY!= 1.5              'varY 的值为 1.5,为单精度变量
Dim varA,varB           'varA 和 varB 两个变量类型均为 Variant
```

（3）使用 DefType 语句声明变量。DefType 语句只能用于模块的通用声明部分，用来为变量和传送给过程的参数设置默认数据类型。

语句格式如下：

```
DefType <letter1>[ -<letter2>] [ ,<letter1>[ -<letter2>] ] ...
```

相关参数说明如下。

letter1 和 letter2 参数用于指定设置默认数据类型的变量名称范围，且不区分大小写字母。

DefType 语句对应的数据类型如表 9.3 所示。

表 9.3 DefType 语句对应的数据类型

语 句	数 据 类 型	语 句	数 据 类 型
DefBool	Boolean	DefSng	Single
DefByte	Byte	DefDbl	Double
DefInt	Integer	DefDate	Date
DefLng	Long	DefStr	String
DefCur	Currency	DefObj	Object
DefDec	Decimal	DefVar	Variant

例如，语句 DefInt a,g,s-x 说明在模块中使用的以字母 a、g，以及 s~x 开头的变量的默认数据类型为整型。

注意：只有使用 Dim 语句的显式声明，才可以改变之前的默认数据类型。DefType 语句只能在模块级使用（即不能在过程内使用）。

例 9.5 数据类型定义。

```
DefInt A-K              '将 A~K 字母开头变量的默认数据类型设为 Integer 类型
DefStr L-Z              '将 L~Z 字母开头变量的默认数据类型设为 String 类型
```

```
CalcVar = 4                    '初始化为 Integer
StringVar = "Hello there"      '初始化为 String
AnyVar = "Hello"               '导致 "Type mismatch" 错误
Dim Calc As Double             'Calc 变量被显式声明为 Double 类型,覆盖默认类型
Calc = 2.3455                  '允许指定为一个 Double 数
```

3) 强制声明

在默认情况下,VBA 允许变量未定义直接使用,如果在程序模块的通用部分加上强制声明语句:

```
Option Explicit
```

当加入了强制声明语句后,该模块中将不再允许变量不定义就直接使用。

如果希望在所有的新模块中均禁止变量未声明即使用的情况,可在 VBA 编辑环境中,选择"工具"菜单的"选项"命令,在打开的"选项"对话框的"编辑"选项卡中,选择"要求变量声明"选项,则系统将禁止变量未定义就使用的情况。

3. 变量的作用域

在 VBA 编程中,变量定义的位置和方式的不同,它存在的时间和作用范围也不相同,即变量的作用域与生命周期不同。

VBA 中变量的作用域有三个层次,具体如下。

1) 局部范围

变量的定义是在模块的过程内部进行的,即在子过程或子函数内部利用 Dim、Static 或 Private 关键字定义或直接使用的变量,作用范围均为局部,即只在定义的过程或函数中有效。

2) 模块范围

在模块的通用说明区域,用 Dim、Static 或 Private 关键字定义的变量,而非某子过程或函数内部定义的变量,它的作用域是在整个模块的所有子过程或子函数。即如果变量的定义是在子过程或子函数之外,则该变量将从定义位置开始,到后面的所有子过程或子函数均有效。

3) 全局范围

利用 Public 关键字声明的变量,将在其声明后的所有过程和模块内有效,即公共变量,可以完成模块间的数据传递。

声明的变量除了有效范围之外,还有变量的存在时间。利用 Dim、Private 声明的变量,声明的模块、子过程或子函数调用结束后,该变量即从内存中释放,再次调用时,变量将重新定义和分配内存单元,而 Static 声明的变量,当声明的子过程或子函数执行完成后,该变量只是不能被访问,但其仍然保存在内存中,当下一次该过程或子函数被访问时,其值将继续有效。具体操作将在后续内容中详细介绍。

9.2.3 数组

所谓数组就是相同数据类型的元素按一定顺序排列的集合,就是把有限个类型相同的变量用一个名字命名,然后用编号区分它们的变量的集合,这个名字称为数组名,编号

称为下标。

数组的声明方式和其他的变量是一样的，它可以使用 Dim、Static、Private 或 Public 语句来声明。标量变量（非数组）与数组变量的不同在于通常必须指定数组的大小。若数组的大小被指定的话，则它是个固定大小数组。若程序运行时数组的大小可以被改变，则它是个动态数组。

定义数组的语句格式如下。

```
Dim <varname>([<lower1> To] <upper1> [, [<lower2> To] <upper2>]...) As type
```

相关参数说明如下。

（1）varname：变量名。遵循变量命名约定。

（2）lower*n*：下标的下界，默认值为 0；可以在模块的通用声明部分使用语句 Option Base 1，将数组的默认下标下界规定为 1。

（3）upper*n*：下标的上界。

（4）type：数据类型。可以是 Integer、Long、Single、Double、Date、String、Object、Boolean 、Currency、Variant 等。

数组有固定大小和动态两种类型。前者总保持同样的大小，而后者在程序中可根据需要动态地改变数组的大小。

1. 固定大小的数组

可以根据需要对固定大小的数组进行声明，数组大小的定义与需要相同。

例 9.6　固定大小的数组示例。

```
Dim intA(5) As Integer       '声明了由 6 个整型数构成的数组
Dim strB(10) As String * 10  '声明了由 11 个字长为 10 的文本类型数据构成的数组
Dim sgnC(4, 5) As Single     '声明了由 5 行 6 列单精度数构成的数组
```

VBA 支持多维数组，最多可以定义 60 维，即下标之间用逗号进行分隔以表达不同维。

2. 动态数组

在程序运行中，用户有可能不知道所需要的数组具体有多大，如果定义大了可能造成空间的浪费，小了又不能够满足需求，VBA 允许定义动态数组。即在声明数组时只定义数组的类型，不指明维数和维的大小，在使用前再用 ReDim 关键字来决定数组的维数和每维元素个数，此种方法即为动态数组。

例 9.7　动态数组示例。

```
Option Base 1            '将数组的默认下标下界设置为 1
Dim IntA() As Integer    '声明动态数组 IntArray
...
ReDim IntA(5)            '重定义数组，分配 5 个数组元素
For n = 1 To 5          '利用循环程序结构为数组元素赋值
    IntA(n) = n
Next n
...
```

```
ReDim IntA(8)                  '重定义数组,所有元素重新初始化
For n = 1 To 8                 '为数组元素赋值
    IntA(n) = n
Next n
…
ReDim Preserve IntA(10)        '重定义数组,保留之前的8个元素,再扩充2个元素
    IntA(9) = 100              '为第9和第10两个数组元素赋值
    IntA(10) = 120
```

注意：对于过程中的数组范围,可以使用 ReDim 语句去改变它的维数,去定义元素的数目以及每个维数的大小。每当需要时,可以使用 ReDim 语句去更改动态数组。然而当使用 ReDim 语句重新定义数组时,数组中存在的值会丢失。若要保存数组中原有的值,则可以使用 ReDim Preserve 语句来扩充数组。当对动态数组使用 Preserve 关键字时,只可以改变最后维数的上界,而不能改变维数。

9.2.4 VBA 表达式

VBA 表达式是由运算符将常量、变量、函数、控件属性等运算对象进行连接的式子。表达式可执行计算、操作字符或测试数据,其计算结果为单一的值。

VBA 表达式中涉及的四类基本运算符:算术运算符、字符运算符、关系运算符、逻辑运算符在之前的第4章中已经进行了介绍,在第4章中还将 VBA 中常用的标准函数也进行了介绍,这里不再赘述。

除了之前的四类基本运算符外,VBA 还支持对象运算符。

1. 对象运算符

对象运算符有"!"和"."两种。

1)"!"运算符

"!"运算符的作用是引出一个用户定义的对象,如窗体、报表、窗体或报表上的控件等。

例如,"Forms! 用户管理"标识用户定义的窗体"用户信息","Forms! 用户管理! Command2"标识用户在窗体"用户管理"上定义的控件 Command2。

2)"."运算符

"."运算符的作用是引出一个 Access 定义的内容,如属性。

实际应用中,"."运算符与"!"运算符配合使用,用于标识引用的对象属性。

例如,"Forms! 用户管理! Command2. Visible"标识"用户管理"窗体上 Command2 控件的 Visible 属性。需要注意的是,如果"用户管理"窗体为当前操作对象,则"Forms! 用户管理"可以用"Me"来替代,上式可表示为"Me! Command2. Visible"。

2. 数据库对象变量的使用

在 Access 数据库中建立的对象及其属性,均可被看作 VBA 程序代码中的变量及其指定的值来加以引用,与普通变量所不同的是,需要使用规定的引用格式。

例如,"Forms! 用户登录! Command2"在 VBA 程序语句中的作用相当于变量,只不过它所标识的是 Access 对象。

当需要在 VBA 中多次引用某一对象时,可以先声明一个 Control(控件)数据类型的对象变量,并使用 Set 语句说明该对象变量指向的控件对象。

语句格式如下。

```
Set < objectvar > = < objectexpression >
```

相关参数说明如下。

(1) objectvar：对象变量名称。

(2) objectexpression：对象表达式。

例 9.8　数据库对象变量的使用。

```
Dim compsw As Control                   '定义对象变量,数据类型为控件
Set compsw = Forms!用户登录!Command2    '为对象变量指定窗体控件对象
```

经过以上设置后,可将控件对象的引用转为对象变量的引用。语句"compsw.Caption＝"密码"",等同于"Forms! 用户登录! Command2. Caption＝"密码""。

9.3　VBA 基本语句

VBA 中的语句是能够完成某项操作的一条完整命令,程序由按照运算目标而编写的一系列命令语句构成。语句中可以包含关键字、表达式等。

9.3.1　基本语法规则

在编写 VBA 程序时,必须根据相关的语法规则进行编写。

1. 语句书写规则

任何程序的描述都有它的相关规则,VBA 的语法规则如下。

(1) VBA 语句不区分英文字母的大小写,但要求标点和括号等符号使用西文形式。

(2) 一个 VBA 语句行最多允许含有 255 个字符。

(3) 通常将一条语句写在一行。若语句较长,一行写不下时,可以人为断行,但需要在行尾增加续行符(一个空格后面跟一个下划线"_"),以表示该语句并没有结束,它的剩余内容在下一行。

(4) VBA 允许在程序的同一行上书写多条语句,各语句之间需用冒号":"分隔。

在 VBA 编辑环境中编写 VBA 程序时,输入一个语句行,并按 Enter 键后,VBA 将自动进行语法检查。如果语句行存在错误,该语句将以红色显示,有时还会伴有错误信息提示。同时,语句中关键字的首字母自动转换为大写,如果关键字的首字母没有变成大写字母时,一定是关键字错误。

2. 注释语句

为了增加程序的可读性,可以在程序中添加适当的注释。VBA 在执行程序时,并不执行注释文字。

语句格式如下。

格式一：Rem＜comment＞

格式二：'＜comment＞

相关参数说明如下。

（1）comment 可以是内容任意的注释文本。

（2）注释语句既可以占据一整行，也可以和其他语句放在同一行，并写在其他语句的后面。需要注意的是，如果将 Rem 语句与其他语句放在同一行，则必须使用冒号（:）将它们隔开；如果将撇号（'）开头的注释语句与其他语句放在同一行，则不必使用冒号分隔。

例 9.9 注释语句使用示例。

```
Rem 这里是一个注释语句使用示例
'这里是一个注释语句使用示例
Cmd1.Caption = "欢迎" '将命令按钮 Cmd1 的 Caption 属性设置为"欢迎"
Cmd2.Caption = "退出" : Rem 将命令按钮 Cmd1 的 Caption 属性设置为"欢迎"
```

以上程序段中，前两个语句行为注释语句行，后两个语句行将注释语句写在了其他语句的后面。

3. 声明语句

声明语句通常放在程序的开始部分，通过声明语句可以命名和定义常量、变量、数组和过程。当声明一个变量、数组或过程时，也同时定义了它们的作用范围。此范围不但取决于声明语句的位置（将声明语句放在模块中，还是放在子过程中），而且还取决于使用了什么样的关键字（如 Dim、Static、Public、Private 等）进行声明。

例 9.10 变量声明示例。

```
Dim intA as integer, StrM as string
Static intB as integer
Const PI = 3.14159
```

9.3.2 赋值语句

通过赋值语句可以将表达式的值赋给指定的变量或属性。

语句格式如下。

```
[Let] ＜varname＞ = ＜expression＞
```

相关参数说明如下。

（1）关键字 Let 为可选项，通常省略不写。

（2）varname 为变量或属性的名称，expression 为表达式。

（3）该语句的执行方式为先计算（表达式），后赋值。

（4）要求表达式结果值的类型必须与 varname 的类型兼容，否则程序不能正确运行。例如，不能将字符串表达式的值赋给数值变量，也不能将数值表达式的值赋给字符串变量。

9.3.3 交互式输入

在程序编写过程中,经常需要通过键盘输入数据以干预程序的运行。InputBox 函数的作用是打开一个对话框,并等待用户输入文本。当用户输入文本,并单击"确定"按钮或按 Enter 键后,函数将返回文本框中输入的文本值。

函数格式如下。

InputBox(<prompt>[,<title>][,<default>][,<xpos>][,<ypos>])

相关参数说明如下。

（1）prompt 是一个字符串表达式,其结果值将作为提示信息显示在对话框中。

（2）title 为可选项,它也是一个字符串表达式,其结果值将显示在对话框的标题栏中。

（3）default 为可选项,其内容为对话框的默认输入值。

（4）选项 xpos、ypos 用于确定对话框在屏幕上的位置。省略 xpos 时,对话框将在屏幕上水平居中；省略 ypos 时,对话框将被放置在屏幕垂直方向 1/3 的位置。

例 9.11　输入员工的姓名。

strName = InputBox("请输入员工姓名","输入信息")

其作用是通过 InputBox 函数将输入的员工姓名值赋给了变量 strName,以便程序根据变量 strName 中的不同值进行相关处理。其运行效果界面如图 9.5 所示。

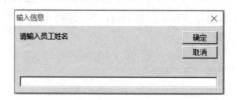

图 9.5　InputBox 函数运行效果

9.3.4 输出语句

在程序运行时,往往需要将运行结果进行输出,VBA 中的数据输出有两种模式：以对话框方式输出数据,或在立即窗口中输出运行结果。

1. 以对话框方式输出

MsgBox 语句和 MsgBox 函数的作用是打开一个对话框,显示相关信息,等待用户通过按钮进行选择,最后针对用户单击的按钮,返回一个相应的整数值。

语句格式如下。

MsgBox <prompt>[,<buttons>][,<title>]

函数格式如下。

MsgBox(<prompt>[,<buttons>][,<title>])

相关参数说明如下。

（1）prompt 是一个字符串表达式，其结果值将作为提示信息显示在对话框中。

（2）title 为可选项，它也是一个字符串表达式，其结果值将显示在对话框的标题栏中。

（3）buttons 为可选项，它是一个整型表达式，由表 9.4 所示的四组方式组合而成，且每组方式只能选择一个。buttons 的内容决定了对话框显示按钮的数目及形式、使用的图标样式、默认按钮，以及对话框的强制回应等内容。

表 9.4　buttons 选项设置值

分　　组	常　　量	值	描　　述
按钮数目及形式	vbOkOnly	0	只显示 Ok 按钮（默认值）
	vbOkCancel	1	显示 Ok 和 Cancel 按钮
	vbAbortRetryIgnore	2	显示 Abort、Retry 和 Ignore 按钮
	vbYesNoCancel	3	显示 Yes、No 和 Cancel 按钮
	vbYesNo	4	显示 Yes 和 No 按钮
	vbRetryCancel	5	显示 Retry 和 Cancel 按钮
图标类型	vbCritical	16	显示 Critical Message 图标
	vbQuestion	32	显示 Warning Query 图标
	vbExclamation	48	显示 Warning Message 图标
	vbInformation	64	显示 Information Message 图标
默认按钮	vbDefaultButton1	0	第一个按钮是默认值
	vbDefaultButton2	256	第二个按钮是默认值
	vbDefaultButton3	512	第三个按钮是默认值
模式	vbApplicationModal	0	应用模式
	vbSystemModal	4096	系统模式

（4）MsgBox 函数的返回值反映了用户的选择，返回值的含义如表 9.5 所示。

表 9.5　MsgBox 函数返回值及其含义

常　　量	值	描　　述
vbOk	1	按下 Ok 按钮
vbCancel	2	按下 Cancel 按钮
vbAbort	3	按下 Abort 按钮
vbYes	6	按下 Yes 按钮
vbNo	7	按下 No 按钮

例 9.12　MsgBox 的使用示例。

```
x = MsgBox("MsgBox 演示", vbYesNoCancel + vbExclamation + vbDefaultButton1, "演示窗口")
```

运行效果如图 9.6(a)所示，它也可以改写为以下等效的语句形式：

```
x = MsgBox("MsgBox 应用演示", 3 + 48 + 0, "示例")
MsgBox "MsgBox 演示", vbYesNoCancel + vbExclamation + vbDefaultButton1, "演示窗口"
```

如果需要多行显示 MsgBox 语句中的 prompt 提示信息，可以在 prompt 字符串表达式中使用 Chr(10)＋Chr(13)(回车＋换行)强行换行。

语句 MsgBox("MsgBox"＋Chr(10)＋Chr(13)＋"应用演示"，3＋48＋0，"示例")的运行效果如图 9.6(b)所示。

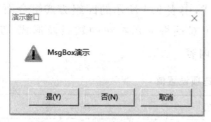

(a) 单行显示

(b) 多行显示

图 9.6　MsgBox 应用示例

在使用 MsgBox 输出时，所有输出信息只能以一个表达式的方式输出，如果要在对话框中输出多个内容项时，只能将它们连接为一个表达式，再利用换行符等进行分隔，以保证内容能在一个对话框中输出。

2. 在立即窗口中输出

在程序模块中，可以利用 Debug.Print 语句将指定的表达式在立即窗口中输出。

语句格式如下。

格式一：

```
Debug.Print expression1[,expression2,...]
```

格式二：

```
Debug.Print expression1[;expression2;...]
```

使用 Debug.Print 语句输出多项内容时，各项内容之间可以用逗号(,)或分号(;)分隔。其中，以逗号(,)分隔的内容以标准格式输出，以分号(;)分隔的内容将以紧凑格式输出。

9.4　流程控制语句

程序是为了实现某个目标，按照其问题解决的流程，利用语句集构成的代码集合。VBA 程序语句按照其功能的不同分为两个大类：一是声明语句，其主要是用于变量、常量和过程的定义；另一类即是执行语句。

程序结构分为三类结构，具体如下。

(1) 顺序结构：按照语句的顺序，程序的执行从前至后顺序执行。如赋值语句、声明语句等。

(2) 分支结构：又称选择结构，根据条件选择执行的分支。

(3) 循环结构：在一定的条件下，重复执行某一段语句块。

9.4.1 分支结构

在程序设计过程中,仅仅只有顺序结构是不能够完成复杂问题求解的。要想灵活地解决复杂的问题,常常需要根据不同的条件选择不同的解决方案,而分支结构就能够实现该目标。

VBA 提供了多种形式的选择结构。

1. 单分支结构

单分支结构,先计算条件表达式,如果表达式的值为 True,执行语句或语句块;否则,跳到分支结构之后。结构流程如图 9.7 所示。

语句格式如下。

格式一:

```
If < 条件表达式 > Then
        < 语句块 >
End If
```

格式二:

```
If < 条件表达式 > Then < 语句块 >
```

例 9.13　通过键盘输入一个成绩(整数),如果大于等于 60,显示"通过";否则,不显示任何信息。

```
Sub a2()
    Dim intScore As Integer
    intScore = InputBox("请输入成绩", "输入窗口")
    If (intScore > = 60) Then
        MsgBox "通过", vbOKOnly, "考评结果"
    End If
End Sub
```

2. 双分支结构

双分支结构,如果条件表达式的值为 True,执行语句块 1 或语句 1;否则,执行语句块 2 或语句 2。结构流程如图 9.8 所示。

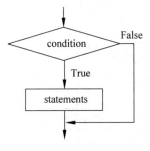

图 9.7　单分支结构流程

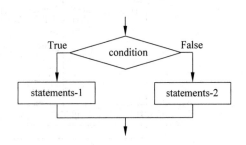

图 9.8　双分支结构流程

语句格式如下。

格式一：

```
If < 条件表达式 > Then
        < 语句块 1 >
    Else
        < 语句块 2 >
    End If
```

格式二：

```
    If < 条件表达式 > Then < 语句块 1 > Else < 语句块 2 >
```

如果双分支结构中，条件成立时执行的语句和不成立时执行的语句均为一条语句时，可用双分支语句来实现，即由一条语句完成双分支结构。

例 9.14 由键盘输入两个整型数，按大小顺序输出。

```
Sub a3()
    Dim intA As Integer, intB As Integer
    intA = InputBox("请输入整数 a:", "输入窗口")
    intB = InputBox("请输入整数 b:", "输入窗口")
    If (intA > intB) Then
        Debug.Print "两个数中的大数为："; intA; intB
    Else
        Debug.Print "两个数中的大数为：";intB; intA
    End If
End Sub
```

运行结果在立即窗口中输出，为了让输出结果显示更为紧凑些，在输出项之间用";"来分隔。

3. 多分支语句（If-Then-ElseIf-EndIf）

双分支结构是根据条件进行判断，选择执行两个分支中的一个，但在很多时候由于条件值的不同，会有众多的分支情况，因此，VBA 支持多分支结构。结构流程如图 9.9 所示。

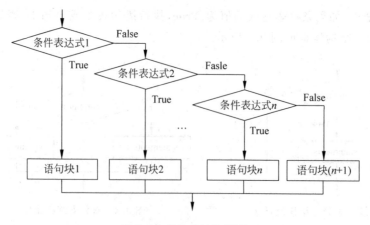

图 9.9 多分支结构流程

语句格式如下。

```
If <条件表达式 1> Then
      <语句块 1>
ElseIf <条件表达式 2> Then
      <语句块 2>
      …
ElseIf <条件表达式 n>
      <语句块 n>
[Else
      <语句块(n+1)>]
End If
```

注意：ElseIf 的 Else 与 If 之间没有空格。

相关参数说明如下。

(1) 多分支结构语句中 If 与 End If 必须成对出现。

(2) 语句执行过程：顺次判断条件表达式 1 到条件表达式 n，遇到第一个结果为真的条件时，执行其下面的语句块，然后跳出多分支结构语句，执行 End If 后面的程序。如果语句中列出的所有条件都不满足，则执行 Else 语句下面的语句块 $n+1$。如果语句中列出的所有条件都不满足，且没有 Else 子句，则不执行任何语句块，直接结束多分支结构语句，执行 End If 后面的程序。

例 9.15 编写程序，输入学生的成绩，计算他的成绩等级。成绩≥90，等级为"优"；成绩≥80，等级为"良"；成绩≥70，等级为"中"；成绩≥60，等级为"及格"；否则为"不及格"。

(1) 创建如图 9.10 所示的窗体，窗体标题为"计算成绩等级"，窗体上没有滚动条、记录选定器、导航按钮和分隔线、对话框边框。窗体控件的设置内容如表 9.6 所示。

图 9.10 "计算成绩等级"窗体

表 9.6 "计算成绩等级"窗体的控件

控 件 类 型	控 件 名 称	控 件 标 题
标签	Label1	考试成绩：
	Label2	成绩等级：
文本框	Txt1	
	Txt2	
命令按钮	Cmd1	计算
	Cmd2	清空
	Cmd3	关闭

(2) "计算"按钮的程序代码如下。

```
Private Sub Cmd1_Click()
    If Me.Txt1.Value >= 90 Then
        Me.Txt2.Value = "优"
    ElseIf Me.Txt1.Value >= 80 Then
```

```
        Me.Txt2.Value = "良"
    ElseIf Me.Txt1.Value >= 70 Then
        Me.Txt2.Value = "中"
    ElseIf Me.Txt1.Value >= 60 Then
        Me.Txt2.Value = "及格"
    Else
        Me.Txt2.Value = "不及格"
    End If
End Sub
```

（3）"清空"按钮的程序代码如下。

```
Private Sub Cmd2_Click()
    Txt1.Value = ""
    Txt2.Value = ""
End Sub
```

（4）"关闭"按钮的程序代码如下。

```
Private Sub Cmd3_Click()
    DoCmd.Close
End Sub
```

4. 多分支语句（Select-Case-End Select）

当条件选项较多时，使用 If 结构进行嵌套时结构较复杂，因此常常使用多分支语句来实现，除了如前所述的 If-Then-ElseIf-EndIf 语句之外，VBA 还提供 Select 语句来实现多分支结构。

语句格式：

```
Select Case <测试表达式>
    Case <表达式列表 1>
        <语句块 1>
            …
    [Case <表达式列表 n>
        [语句块 n]]
    [Case Else
        [语句块 n+1]]
End Select
```

相关参数说明如下。

（1）测试表达式可以是数值表达式或字符表达式。

（2）表达式列表的类型必须与测试表达式的类型相匹配。

（3）Case 子句中的表达式列表有多种表示形式，具体如下。

① 单值或多值，相邻两个值之间用逗号隔开。例如 Case 1,3,5,7。

② 利用关键字 To 指定取值范围。例如 Case 1 To 5。

③ 利用关键字 Is 指定条件范围，即 Is 后紧跟关系操作符（<>、>、>=、<=、<）和一个值。例如 Case Is>=100。

④ 语句执行过程：首先求出测试表达式的值,然后顺次判断该值符合哪一个 Case 子句指定的范围,当找到第一个匹配的 Case 子句时,则执行该 Case 子句下面的语句块,然后结束情况语句,执行 End Select 后面的程序。如果所有 Case 子句指定的范围都不能与测试表达式的值相匹配,则要看是否包含 Case Else 子句,有 Case Else 子句时,执行 Case Else 下面的语句块,然后结束 Select 语句;没有 Case Else 子句时,直接结束 Select 语句。

⑤ 当多个 Case 子句的表达式列表与测试表达式的值相匹配时,只有第一个匹配起作用,其下面的语句块会被执行。

⑥ Select Case 与 End Select 必须成对出现。

例 9.16　使用 Select 语句完成上例的"计算"按钮功能。

```
Private Sub Cmd1_Click()
    Select Case Me.Txt1.Value
        Case Is >= 90
            Me.Txt2.Value = "优"
        Case Is >= 80
            Me.Txt2.Value = "良"
        Case Is >= 70
            Me.Txt2.Value = "中"
        Case Is >= 60
            Me.Txt2.Value = "及格"
        Case Else
            Me.Txt2.Value = "不及格"
    End Select
End Sub
```

5. 条件函数

除了使用上面的条件语句来实现分支结构外,VBA 还提供条件函数来实现选择操作。

1) IIF 函数

函数格式如下。

```
IIf(<expr>, <truepart>, <falsepart>)
```

函数用于选择操作。如果表达式 expr 的值为 True,则该函数返回表达式 truepart 的值;如果表达式 expr 的值为 False,则该函数返回表达式 falsepart 的值。

例 9.17　将变量 a、b 中的大数赋给 c。

```
c = Iff(a>b,a,b)
```

2) Switch 函数

函数格式如下。

```
Switch(<expr1>, <value1>[, <expr2>, <value2>... [, <exprn>,<valuen>] ])
```

函数用于多条件选择操作。函数将根据条件式 expr1、expr2、…、exprn 的值来决定返回的值。对于条件式从左至右计算判断,函数将返回第一个计算结果为 True 的条件式所对应的表达式的值。

例如，可以将数学计算式子 $y = \begin{cases} 1 & x>0 \\ 0 & x=0 \\ -1 & x<0 \end{cases}$ 表示为 $y = \mathrm{Switch}(x>0,1,x=0,0,x<0,-1)$。

3）Choose 函数

函数格式如下。

Choose(< index >, < choice1 >[, < choice2 >,… [, < choicen >]])

函数将根据数值表达式 index 的值决定返回值。如果 index 是 1，则 Choose 会返回列表中 choice1 的值。如果 index 是 2，则会返回列表中 choice2 的值，以此类推。

当 index 小于 1 或大于列出的选择项数目时，Choose 函数返回 Null。如果 index 不是整数，则会先四舍五入为与其最接近的整数。

6. 分支结构嵌套

在分支结构中，可以利用分支结构嵌套来实现复杂的条件选择。在分支结构嵌套里，所有的分支结构只能完整地嵌套在条件成立的语句块里或条件不成立的语句块里。

例 9.18　输入三个整数，然后按由大到小顺序输出在立即窗口中。

程序流程如图 9.11 所示。

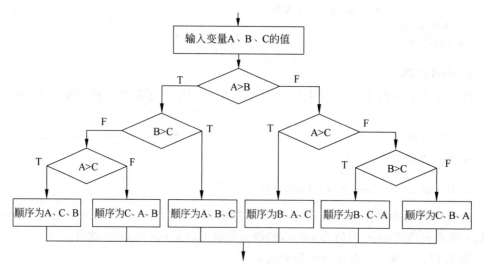

图 9.11　三个数排序程序流程

参考代码如下。

```
Sub a4()
    Dim intA As Integer, intB As Integer, intC As Integer
    intA = InputBox("请输入变量 A 的值", "输入")
    intB = InputBox("请输入变量 B 的值", "输入")
    intC = InputBox("请输入变量 C 的值", "输入")
```

```
    If (intA > intB) Then
        If (intB > intC) Then
            Debug.Print "从大到小顺序输出为: "; intA, intB, intC
        Else
            If (intA > intC) Then
                Debug.Print "从大到小顺序输出为: "; intA, intC, intB
            Else
                Debug.Print "从大到小顺序输出为: "; intC, intA, intB
            End If
        End If
    Else
        If (intA > intC) Then
            Debug.Print "从大到小顺序输出为: "; intB, intA, intC
        Else
            If (intB > intC) Then
                Debug.Print "从大到小顺序输出为: "; intB, intC, intA
            Else
                Debug.Print "从大到小顺序输出为: "; intC, intB, intA
            End If
        End If
    End If
End Sub
```

在分支结构嵌套时,一定要注意每个 If 都有一个 EndIf 与之相对应。EndIf 总是与离它最近的未配对的 If 语句匹配。

在编程时,一定要有良好的编程习惯,不同层的结构一定要有缩进的不同,这样才能提高程序的可读性。

9.4.2 循环结构

循环结构可以实现重复一个程序段的执行。VBA 支持的循环结构语句有 For-Next、Do-Loop 和 While-Wend。

1. 计数循环(For-Next)

语句格式如下。

```
For <counter> = <start> To <end> [Step <step>]
    <语句块 1>
    [Exit For]
    [语句块 2]
Next [counter]
```

相关参数说明如下。

(1) counter 为循环控制变量,用以控制循环次数,必须是数值型变量,Next 语句中的 counter 可省略。

(2) For 语句与 Next 语句之间的语句序列为循环体,即被重复执行的部分。

(3) start 、end 、step 分别为循环的初值、终值和步长值,都是数值型表达式。它们共同控制循环体被执行的次数。即循环次数=Int((终值-初值)/步长值)+1。

（4）语句执行过程如下。

① 执行 For 语句，给循环控制变量赋初值，并自动记录循环的终值和步长值。

② 判断循环控制变量的值是否"超过"终值。如果没有超过，则执行循环体中各语句，直至 Next 语句；如果超过，则结束循环，执行 Next 语句后面的语句。

③ 执行 Next 语句，为循环控制变量增加一个步长值，转到②，判断是否继续循环。

（5）语句执行过程②中的"超过"有两重含义：当步长为正值时，循环控制变量大于终值为"超过"；当步长为负值时，循环控制变量小于终值为"超过"。

（6）当步长值为 1 时，Step 1 可省略不写。步长值不能为 0，步长为 0 会使程序成为死循环，除非在循环体中利用 Exit For 语句跳出循环。

（7）For 语句与 Next 语句必须成对出现。当在 Next 语句中书写循环控制变量时，必须与 For 语句中的循环控制变量相同。

（8）Exit For 语句的作用是强行结束 For 循环语句，执行 Next 语句后面的语句。通常它被放在分支语句中，即当满足一定条件时，强行结束循环。

For-Next 循环流程如图 9.12 所示。

例 9.19 计算 5!。

```
Sub a5()
    Dim intA As Integer, intFact As Integer
    intFact = 1
    For intA = 1 To 5
        intFact = intFact * intA
    Next
    Debug.Print "Fact = "; intFact
End Sub
```

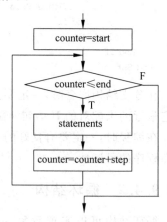

图 9.12 For-Next 循环流程

步长为 1，省略 Step 语句。

思考：如果要计算 10!，变量应该怎样设置？阶乘值是否还可利用整型变量？

例 9.20 计算 100～999 的水仙花数，如 $153 = 1^3 + 5^3 + 3^3$，则 153 为水仙花数。

分析：采用试探方法，从 100 开始逐一对每个三位数进行试探，分别计算出整数的百位数、十位数和个位数，再计算三个数的立方和，如果等于原数，即是水仙花数，输出。

参考代码如下。

```
Sub a6()
    Dim intA As Integer, intB As Integer, intC As Integer, intI As Integer
    For intI = 100 To 999
        intA = intI \ 100
        intB = (intI Mod 100) \ 10
        intC = intI Mod 10
        If (intA ^ 3 + intB ^ 3 + intC ^ 3 = intI) Then
            Debug.Print intI
        End If
    Next intI
End Sub
```

例 9.21 输入 10 个整数,按升序排列并输出。

分析:对于 10 个数的排序,需要使用 InputBox()函数将 10 个数输入数组,然后再进行排序。经典排序算法有多种,此处介绍两个常用的简单排序算法。

1) 选择排序算法

选择排序算法思想是:从未排序数列中选出最小(或最大)的数并将它与未排序数列中的第一个数交换位置,将该数作为已排序数列的最后一个数;然后再从余下的未排序数列中选出最小(或最大)的数并将它与未排序数列的第一个数交换位置;如此重复,直到未排序数列只剩下一个数为止。

参考代码如下。

```
Sub sort1()
    Dim intA(10) As Integer, I As Integer, J As Integer, Flag As Integer, intB As Integer
    For I = 1 To 10
        intA(I) = Val(InputBox("请输入第" & I & "个整数", "输入数据"))
    Next I
    Debug.Print "排序前: "
    For I = 1 To 10
        Debug.Print intA(I); " ";
    Next I
    For I = 1 To 9
        Flag = I
        For J = I + 1 To 10
            If intA(Flag) > intA(J) Then
                Flag = J
            End If
        Next J
        If (Flag <> I) Then
            intB = intA(I)
            intA(I) = intA(Flag)
            intA(Flag) = intB
        End If
    Next I
    Debug.Print
    Debug.Print "排序后: "
    For I = 1 To 10
        Debug.Print intA(I); " ";
    Next I
End Sub
```

2) 冒泡排序算法

冒泡排序算法思想是:比较相邻的两个数,如果顺序不对,则进行交换(若升序,前数大于后数,交换;若降序,前数小于后数,交换),从前往后,顺序比较,经过一轮的比较,则符合条件的数沉底;重复相同的步骤,直至未排序数只剩一个数为止。

参考代码如下。

```
Sub Sort2()
    Dim intA(1 To 10) As Integer, I As Integer, J As Integer, Flag As Integer, intB As Integer
    For I = 1 To 10
```

```
            intA(I) = Val(InputBox("请输入第" & I & "个整数", "输入数据"))
        Next I
        Debug.Print "排序前："
        For I = 1 To 10
            Debug.Print intA(I); " ";
        Next I
        For I = 1 To 9
            For J = 1 To 10 - I
                If (intA(J) > intA(J + 1)) Then
                    intB = intA(J)
                    intA(J) = intA(J + 1)
                    intA(J + 1) = intB
                End If
            Next J
        Next I
          Debug.Print
        Debug.Print "排序后："
        For I = 1 To 10
            Debug.Print intA(I); " ";
        Next I
End Sub
```

2. While 循环语句

语句格式如下。

```
While <循环条件>
    <循环体>
Wend
```

相关参数说明如下。

（1）循环条件表达式的计算结果为 True 或 False，充当循环判断条件。

（2）While 语句与 Wend 语句必须成对出现。While 语句与 Wend 语句之间的语句序列为循环体。

（3）语句执行过程如下。

① 判断循环条件是否成立。如果条件成立（其值为 True），则执行循环体中的各语句，直至 Wend 语句；如果条件不成立（其值为 False），则结束循环，执行 Wend 语句后面的语句。

② 执行 Wend 语句，转到①，重新判断条件是否成立。

（4）While 循环语句本身不修改循环条件，所以必须在循环体内设置相应的循环条件调整语句，使得整个循环趋于结束，以避免死循环。

（5）While 循环语句是先对条件进行判断，然后才决定是否执行循环体。如果一开始条件就不成立，则循环体一次也不执行。

While-Wend 循环流程如图 9.13 所示。

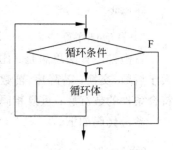

图 9.13　While-Wend 循环流程

例 9.22 计算 0～100 内的偶数和。

分析：求和计算。累加计算，将和初值置为 0，加数初值置为 0，然后进行累加，每次加数加 2，直至累加到 100。

参考代码如下。

```
Sub a7()
    Dim I As Integer, intSum As Integer
    I = 0
    intSum = 0
    While I <= 100
        intSum = intSum + I
        I = I + 2
    Wend
    Debug.Print "Sum = "; intSum
End Sub
```

3. Do While-Loop 循环语句

语句格式如下。

```
Do  While <循环条件>
    [语句块 1]
    [Exit Do]        }循环体
    [语句块 2]
Loop
```

相关参数说明如下。

进入循环体时，先对条件进行判断，如果条件为真，执行循环体语句；否则，执行 Loop 语句后的语句。

Do While-Loop 循环流程如图 9.14 所示。

例 9.23 计算 0～100 内的奇数和。

分析：求和计算。累加计算，将和初值置为 0，加数初值为 1，然后进行累加，每次加数加 2，直至累加到 100。

参考代码如下。

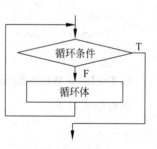

图 9.14 Do While-Loop 循环流程

```
Sub a8()
    Dim I As Integer, intSum As Integer
    I = 1
    intSum = 0
    Do While I < 100
        intSum = intSum + I
        I = I + 2
    Loop
    Debug.Print "Sum = "; intSum
End Sub
```

4. Do Until-Loop 循环语句

语句格式如下。

```
Do  Until <循环条件>
    [语句块 1]
    [Exit Do]         } 循环体
    [语句块 2]
Loop
```

相关参数说明如下 。

先进行条件判断，如果条件表达式的值为真，循环结束，跳到 Loop 语句之后执行，否则，执行循环体语句，再进行条件判断。

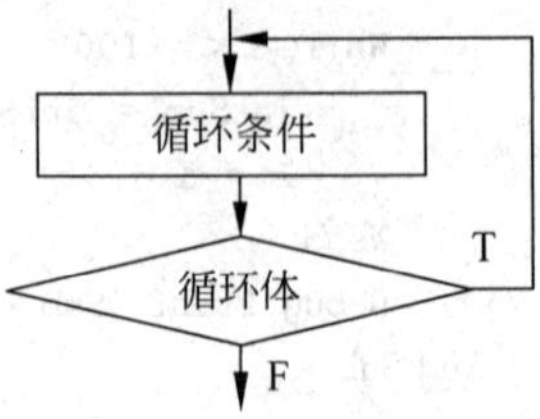

Do Until-Loop 循环流程如图 9.15 所示。

例 9.24 计算 0～100 内的奇数和。利用 Do Until-Loop 循环实现上例。

参考代码如下。

```
Sub a9()
    Dim I As Integer, intSum As Integer
    I = 1
    intSum = 0
    Do Until I > 100
        intSum = intSum + I
        I = I + 2
    Loop
    Debug.Print "Sum = "; intSum
End Sub
```

图 9.15 Do Until-Loop
循环流程

5. Do-Loop While 循环语句

语句格式如下。

```
Do
    [语句块 1]
    [Exit Do]         } 循环体
    [语句块 2]
Loop While <循环条件>
```

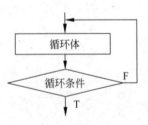

图 9.16 Do-Loop While
循环流程

相关参数说明如下。

进入循环，先执行循环体语句，然后进行条件判断，条件为真，继续执行循环体，直至条件为假时循环结束。

Do-Loop While 循环流程如图 9.16 所示。

例 9.25 百钱买百鸡问题。今有鸡翁一，值钱伍；鸡母一，值钱三；鸡雏三，值钱一。凡百钱买鸡百只，问鸡翁、母、雏各几何？

分析：百钱买百鸡，三个未知数，两个条件，利用方程无法实现，因此，本问题可采用试探的方法逐一试探。鸡翁，最多可买 19 只，鸡母，最多 33 只。鸡雏的只数，就是"100－鸡翁－鸡母"。

参考代码如下。

```
Sub a10()
    Dim intX As Integer, intY As Integer, intZ As Integer
    intX = 1
    Do
        intY = 1
        Do
            intZ = 100 - intX - intY
            If (intX * 5 + intY * 3 + intZ \ 3 = 100 And intZ Mod 3 = 0) Then
                Debug.Print "鸡翁＝"; intX, "鸡母＝"; intY, "鸡雏＝"; intZ
            End If
            intY = intY + 1
        Loop While intY < 33
        intX = intX + 1
    Loop While intX < 19
End Sub
```

6. Do-Loop Until 循环语句

语句格式如下。

```
Do
    [语句块 1]
    [Exit Do]      循环体
    [语句块 2]
Loop Until <循环条件>
```

相关参数说明如下。

进入循环，先执行循环体语句，然后进行条件判断，条件为假时，继续执行循环体，直至条件为真时循环结束。

Do-Loop Until 循环流程如图 9.17 所示。

例 9.26 百钱买百鸡问题。

利用 Do-Loop Until 循环实现，即将循环的结束条件设置为鸡翁数超过 19，鸡母数超过 33。

参考代码如下。

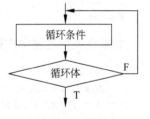

图 9.17 Do-Loop Until 循环流程

```
Sub a11()
    Dim intX As Integer, intY As Integer, intZ As Integer
    intX = 1
    Do
        intY = 1
        Do
            intZ = 100 - intX - intY
            If (intX * 5 + intY * 3 + intZ \ 3 = 100 And intZ Mod 3 = 0) Then
```

```
                    Debug.Print "鸡翁 = "; intX, "鸡母 = "; intY, "鸡雏 = "; intZ
                End If
                intY = intY + 1
            Loop Until intY > 33
            intX = intX + 1
        Loop Until intX > 19
End Sub
```

9.4.3　过程调用与参数传递

在模块内的代码会被组织成过程，而过程会告诉应用程序如何去执行一个特定的任务。利用过程可将复杂的代码细分成许多部分，以便管理。

1. 过程调用

VBA 的过程调用可通过 CALL 子句或过程名直接调用。语句格式如下。

```
Call 子过程名([实参]) 或 子过程名[<实参>]
```

例 9.27　利用过程调用在立即窗口中输出一个 5 行 8 列的"＊"矩阵。

分析：先定义一个子过程在立即窗口中输出含 8 个"＊"行，再定义一个函数调用该过程，重复输出指定行数即可。

参考代码如下。

```
Sub PrintStar()
    Debug.Print "********"
End Sub
Sub PrintBox()
    Dim I As Integer
    For I = 1 To 5
        Call PrintStar
    Next I
End Sub
```

如果在调用过程中进行以下修改，即可按要求输出任意行图形。参考代码如下。

```
Sub PrintBox()
    Dim I As Integer, J As Integer
    J = InputBox("输出图形的行数：", "输入")
    For I = 1 To 5
        Call PrintStar
    Next I
End Sub
```

如果每行输出的 ＊ 个数不同，子过程可改为带参数过程，程序修改如下：

```
Sub PrintStarN(X As Integer)
    Dim I As Integer
    For I = 1 To X
        Debug.Print "*";    '连续输出 *
    Next I
```

```
        Debug.Print                  '换行
    End Sub
    Sub PrintPic()
        Dim I As Integer
        For I = 1 To 5
            Call PrintStarN(2 * I - 1)
        Next I
    End Sub
```

程序输出如下。

```
*
***
*****
*******
*********
```

若要让输出图形变成等腰三角形,可增加一个子过程在每行输出 * 前输出相应的空格,程序修改如下:

```
Sub PrintStarN(X As Integer)
    Dim I As Integer
    For I = 1 To X
        Debug.Print "*";   '连续输出 *
    Next I
    Debug.Print                  '换行
End Sub

Sub PrintSpace(X As Integer)
    Dim I As Integer
    For I = 1 To X
        Debug.Print " ";
    Next I
End Sub
Sub PrintPic()
    Dim I As Integer
    For I = 1 To 5
        Call PrintSpace(5 - I)
        Call PrintStarN(2 * I - 1)
    Next I
End Sub
```

程序输出如下。

```
    *
   ***
  *****
 *******
*********
```

2. 函数调用

Sub 过程是完成某一具体操作，如果希望过程能够返回值，还得使用 Function 函数过程。

例 9.28 利用函数过程计算 1!＋3!＋5!＋7!＋9!。

可利用函数计算 N 的阶乘，然后通过调用，直接计算 1、3、5、7、9 的阶乘求和。

参考代码如下。

```
Function Fact(X As Integer) As Double
    Dim I As Integer
    Fact = 1
    For I = 1 To X
        Fact = Fact * I
    Next I
End Function

Sub SumFact()
    Dim I As Integer
    Dim Sum As Double
    Sum = 0
    For I = 1 To 9 Step 2
        Sum = Sum + Fact(I)
    Next I
    Debug.Print "Sum = "; Sum
End Sub
```

3. 过程的作用范围

过程可被访问的范围称为过程的作用范围，也被称为过程的作用域。

过程的作用范围分为公有和私有两种。公有过程以关键字 Public 开头，它可以被当前数据库中的所有模块调用。私有过程以关键字 Private 开头，它只能被当前模块调用，Private 关键字可省略。

通常情况下，公有过程和公有变量存放在标准模块中。

4. 参数传递

参数传递是指在调用过程时，主调过程将实参传递给被调过程形参的过程。在 VBA 中，参数传递有传址和传值两种传递方式。

1）传址方式

在形参前面加关键字 ByRef 或省略不写，表示参数传递是传址方式，传址方式也是 VBA 默认的参数传递方式。传址方式的工作原理是将实参在内存中的存储地址传递给形参，使得实参与形参共用内存中的"地址"。

可以将传址方式看成是一种双向的数据传递：调用时，实参将值传递给形参；调用结束时，形参将操作结果返回给实参。传址方式中的实参只能由变量承担。

例 9.29 计算 1!＋3!＋5!＋7!＋9!。

分析：利用子过程，阶乘的值通过参数传递。

参考代码如下。

```
Sub Fac(X As Integer, Fac As Double)
    Dim I As Integer
    Fac = 1
    For I = 1 To X
        Fac = Fac * I
    Next I
End Sub
Sub Fac_Sum()
    Dim I As Integer
    Dim ff As Double, Sum As Double
    Sum = 0
    For I = 1 To 9 Step 2
        Call Fac(I, ff)
        Sum = Sum + ff
    Next I
    Debug.Print "Sum = "; Sum
End Sub
```

2）传值方式

在形参前面加关键字 ByVal，表示参数传递是传值方式。传值方式是一种单向的数据传递：调用时，实参仅仅是将值传递给形参；调用结束时，形参也不能将操作结果返回给实参。传值方式中的实参可以是常量、变量或表达式。

例 9.30　采用值传递和地址传递举例。

分析：子过程 ParTran 中的参数 X 为值传递方式，Y 为地址传递方式，因此，X 的值是单向传递，在子过程中发生的变化不能返回到调用程序中，而 Y 是地址传递，子过程中的 Y 值与调用过程中的 Y 同用一个存储单元，因此，子过程中的计算结果会返回到主过程中。

参考代码如下。

```
Sub ParTran(ByVal X As Integer, ByRef Y As Integer)
    X = X + 100
    Y = Y + 200
    Debug.Print "调用中 ********************"
    Debug.Print "X = "; X, "Y = "; Y
End Sub
Sub Par()
    Dim X, Y As Integer
    X = 100
    Y = 200
    Debug.Print "调用前 ********************"
    Debug.Print "X = "; X, "Y = "; Y
    Call ParTran(X, Y)
    Debug.Print "调用后 ********************"
    Debug.Print "X = "; X, "Y = "; Y
End Sub
```

程序运行结果如下。

```
调用前 *********************
X = 100    Y = 200
调用中 *********************
X = 200    Y = 400
调用后 *********************
X = 100    Y = 400
```

9.4.4　变量的作用域与生存期

在过程调用中，可以通过参数来实现数据的传递，VBA 也允许通过设置全局变量来实现数据的传递。

1. 变量作用域

变量作用域由声明它的位置决定。如果在过程中声明变量，则只有该过程中的代码可以访问或更改变量值，此时变量具有局部作用域并被称为过程级变量。如果在过程之外声明变量，则变量的作用域为从声明位置开始，直至该模块结束，该变量属于模块级变量。使用 Public 语句声明的变量，即为全局变量，可作用于整个工程。

在模块级别中使用 Dim 语句与使用 Private 语句是相同的。

例 9.31　以下为变量作用域程序示例。

参考代码如下。

```
Dim A As Integer          '变量 A 为模块级变量
Dim B As Integer          '变量 B 为模块级变量
Sub main()
    Dim C As Integer      '变量 C 为过程级变量
    A = 10
    B = 10
    C = 10
    Debug.Print "Sub_main() - 1 **********"
    Debug.Print "A = "; A, "B = "; B, "C = "; C
    Call b1
    Debug.Print "Sub_main() - 2 **********"
    Debug.Print "A = "; A, "B = "; B, "C = "; C
    Call b2
    Debug.Print "Sub_main() - 3 **********"
    Debug.Print "A = "; A, "B = "; B, "C = "; C
End Sub
Sub b1()
    A = A + 10
    B = B + 10
    C = C + 10
    Debug.Print "Sub_b1() **********"
    Debug.Print "A = "; A, "B = "; B, "C = "; C
End Sub
Sub b2()
```

```
Dim A As Integer '在过程中定义了一个与模块级变量同名的变量,模块变量被屏蔽
A = A + 10
B = B + 10
C = C + 10
Debug.Print "Sub_b2() ********** "
Debug.Print "A = "; A, "B = "; B, "C = "; C
End Sub
```

程序运行结果如下。

```
Sub_main()-1**********
A = 10      B = 10      C = 10
Sub_b1()**********
A = 20      B = 20      C = 10
Sub_main()-2**********
A = 20      B = 20      C = 10
Sub_b2()**********
A = 10      B = 30      C = 10
Sub_main()-3**********
A = 20      B = 30      C = 10
```

2. 变量生存期

Dim 语句声明的过程变量,在过程运行过程中,该变量值被保留,当过程运行结束后,变量将释放;如果该过程调用其他的过程时,该变量依然保存,只是不在子过程中有效,当子过程运行结束返回到调用位置时,之前的变量又有效。

如果过程变量是用 Static 关键字声明的,则只要代码正在任何模块中运行此变量仍会保留它的值。而当所有的代码都完成运行后,变量才会被释放。所以它的存活期和模块级别的变量是一样的。

例 9.32 在窗口中通过时钟控制,让图形产生转动效果。具体要求见表 9.7。

表 9.7 窗体属性

控件类型	控件名称	属性名称	属性值	控件类型	控件名称	属性名称	属性值
窗体	默认值	标题	变量生存期	图形	Image0	四个图形控件大小一致,如图 9.18 所示,顺时针依次放置在相应位置	
		滚动条	两者均无		Image1		
		分隔线	否		Image2		
		记录选择器	否		Image3		
		导航按钮	否				

在窗体启动事件中设置时钟间隔为 200 毫秒,在时钟触发事件过程 Form_Timer() 中通过计数器计数,以 4 的余数为准,分别让 4 个图形在相应的位置显示和不显示,以产生图形转动的效果。

参考代码如下。

```
Private Sub Form_Load()
    TimerInterval = 200      '时间间隔为 200 毫秒
End Sub
```

(a) 窗体设计视图

(b) 窗体运行视图

图 9.18　静态变量示例

```
Private Sub Form_Timer()
    Static I As Integer
    I = I + 1
    Select Case I Mod 4
    Case 0
        Me.Image0.Visible = True
        Me.Image1.Visible = False
        Me.Image2.Visible = False
        Me.Image3.Visible = False
    Case 1
        Me.Image0.Visible = False
        Me.Image1.Visible = True
        Me.Image2.Visible = False
        Me.Image3.Visible = False
    Case 2
        Me.Image0.Visible = False
        Me.Image1.Visible = False
        Me.Image2.Visible = True
        Me.Image3.Visible = False
    Case 3
        Me.Image0.Visible = False
        Me.Image1.Visible = False
        Me.Image2.Visible = False
        Me.Image3.Visible = True
    End Select
End Sub
```

思考：如果在 Form_Timer 过程中的变量 I 是用 Dim 语句定义的，结果会如何？

此程序中，计时触发功能也可通过直接在窗体的"计时器间隔"属性中设置时间间隔为 200 毫秒，然后过程以计时器触发的事件代码来实现，即上面程序中的 Form_Load 过程可以省略，取而代之可用如图 9.19 所示窗体的"计时器间隔"属性来完成等时间间隔的事件触发。

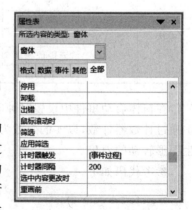

图 9.19　计时器间隔设置

9.5 VBA 常用操作

在 VBA 编程过程中,常常会涉及一些对数据库对象的操作,如打开窗体或关闭某个窗体或报表,对控件输入数据等,都需要通过一些专用的语句来实现。

9.5.1 DoCmd 命令

可以使用 DoCmd 对象的方法从 Visual Basic 运行 Microsoft Office Access 操作。此类操作用于执行诸如关闭窗口、打开窗体及设置控件值等任务。

语句格式如下。

DoCmd.方法名 参数…

相关参数说明如下。

DoCmd 对象的大多数方法都具有参数,有些参数是必需的,有些参数则是可选的。如果忽略可选参数,那么这些参数会采用适合特定方法的默认值,如表 9.8 所示。

表 9.8 DoCmd 对象成员举例

方 法 名 称	说 明
AddMenu	执行用于自定义菜单栏或全局菜单栏里
Beep	使计算机从扬声器中发出声音
CancelEvent	可以取消导致 Microsoft Access 运行包含此方法的过程的事件
Close	可以使用 Close 方法关闭指定的 Microsoft Access 窗口,如果没有指定窗口,则关闭活动窗口
CloseDatabase	关闭当前的数据库
Echo	执行 Echo 操作
FindNext	使用 FindNext 方法可以查找符合以前的 FindRecord 方法或"查找和替换"对话框所指定条件的下一个记录。使用 FindNext 方法可以反复搜索记录
FindRecord	Access 将在记录中搜索指定的数据。当 Access 找到了指定的数据时,数据将在记录中被选中
GoToControl	可以将焦点移到打开的窗体、窗体数据表、表数据表或查询数据表中当前记录的指定字段或控件上
Maximize	可以放大活动窗口,使其充满 Microsoft Access 窗口
Minimize	使用该方法可以将窗口从屏幕上移去,但仍使对象保持打开状态。另外,还可使用此方法打开某个对象,但不显示它的窗口
MoveSize	可以移动活动窗口或调整其大小
OpenForm	在窗体视图、窗体设计视图、打印预览或数据表视图中打开窗体。可以为窗体选择数据输入模式和窗口模式,并限制窗体所显示的记录
OpenModule	可在打开指定的 Visual Basic 模块时显示指定的过程。该过程可以是 Sub 过程、Function 过程或事件过程

续表

方 法 名 称	说　明
OpenQuery	可以在数据表视图、设计视图或打印预览中打开或运行查询
OpenReport	可以在设计视图或打印预览中打开报表，或者立即打印报表
OpenTable	可以在数据表视图、设计视图或打印预览中打开表，还可以选择表的数据输入模式
Quit	用于退出 Microsoft Access。在退出前，可以选择其中一个选项来保存数据库对象
RunCommand	用于运行内置命令
RunMacro	运行宏
RunSQL	运行 Microsoft Access 的动作查询。还可以运行数据定义查询
Save	可用于用户能够显式地打开和保存的所有数据库对象。所指定的对象必须是打开的，这样 Save 方法才能对对象有效
SetOrderBy	使用 SetOrderBy 方法可以对活动数据表、窗体、报表或表应用排序
SetFilter	使用 SetFilter 方法可以对活动数据表、窗体、报表或表中的记录应用筛选

9.5.2　打开和关闭操作

数据库中的对象，如窗体、报表等，在调用时常常需要打开，使用结束后又需要关闭，对于这些操作，VBA 有专门的命令来实现。

1. 打开窗体操作

语句格式如下。

```
DoCmd.OpenForm FormName[,View][,FilterName][,WhereCondition][,DataMode][,Windowmode]
```

相关参数说明如下。

（1）FormName：字符串表达式，代表窗体的有效名称。

（2）View：可选项，窗体打开模式。具体取值如表 9.9 所示。

表 9.9　View 参数列举

常量	值	说　明	常量	值	说　明
acNormal	0	默认值。在窗体视图中打开窗体	acPreview	2	在打印预览中打开窗体
acDesign	1	在设计视图中打开窗体	acFormDS	3	在数据表视图中打开窗体

（3）FilterName：可选项，字符串表达式，表示当前数据库中的查询的有效名称。

（4）WhereCondition：可选项，字符串表达式，不含 WHERE 关键字的有效 SQL WHERE 子句。

（5）DataMode：可选项，指定窗体的数据输入模式。仅适用于在窗体视图或数据表视图中打开的窗体。具体取值见表 9.10。

（6）Windowmode：可选项，打开窗体时所采用的窗口模式。具体取值见表 9.11。

表 9.10 DataMode 参数列举

常　　量	值	说　　明
acFormAdd	0	用户可以添加新记录,但是不能编辑现有记录
acFormReadOnly	2	用户只能查看记录
acFormEdit	1	用户可以编辑现有记录和添加新记录
acFormPropertySettings	−1	用户只能更改窗体的属性

表 9.11 Windowmode 参数列举

常　　量	值	说　　明
acWindowNormal	0	默认值,窗体或报表在由其属性设置的模式中打开
acHidden	1	窗体或报表处于隐藏状态
acIcon	2	窗体或报表在 Windows 任务栏中以最小化方式打开
acDialog	3	窗体或报表的 Modol 和 PopUp 属性设置为"是"

例 9.33 打开"员工"窗体,只显示男员工的信息。可以编辑显示的记录,也可以添加新记录。

```
DoCmd.OpenForm "员工",,,"性别 = '男'"
```

注意：参数可以省略,取默认值,但分隔符","不能省略。

2. 打开报表操作

语句格式如下。

```
DoCmd.OpenReport ReportName[,View][, FilterName][, WhereCondition]
```

相关参数说明如下。

(1) ReportName：字符串表达式,为报表的名称。

(2) View：可选项,报表的打开模式。具体取值见表 9.12。

表 9.12 View 参数列举

常　　量	值	说　　明	常量	值	说明
acViewNormal	0	(默认值)普通视图	acViewDesign	1	设计视图
acViewPreview	2	打印预览	acViewReport	5	报表视图
acViewPivotTable	3	数据透视表视图	acViewLayout	6	布局视图

(3) FilterName：可选项,字符串表达式,代表当前数据库中的查询的有效名称。

(4) WhereCondition：可选项,字符串表达式,不包含 WHERE 关键字的有效 SQL WHERE 子句。

例 9.34 预览名为"员工工资"的报表。

```
DoCmd.OpenReport "员工工资", acViewPreview
```

注意：参数可以省略，取默认值，但分隔符"，"不能省略。

3. 关闭操作

Close 命令可以关闭各种 Access 数据库对象。

语句格式如下。

```
DoCmd.Close [ObjectType][, ObjectName][, Save]
```

相关参数说明如下。

（1）ObjectType：可选项，关闭对象的类型。具体取值见表 9.13。

表 9.13　ObjectType 参数列举

常　量	值	说明	常　量	值	说明
acTable	0	表	acMacro	4	宏
acQuery	1	查询	acModule	5	模块
acForm	2	窗体	acFunction	10	函数
acReport	3	报表	acDefault	−1	默认值

（2）ObjectName：可选项，字符串表达式，表示 ObjecTtype 参数所选类型的对象的有效名称。

（3）Save：常量，指定是否保存对对象的更改。具体取值见表 9.14。

表 9.14　Save 参数列举

常　量	值	说　明
acSavePrompt	0	询问用户是否要保存该对象
acSaveYes	1	保存指定的对象
acSaveNo	2	不保存指定的对象

例 9.35　关闭"员工信息"窗体。

```
DoCmd.Close acForm, "员工信息"
```

如果"员工信息"窗体为当前窗体，也可省略后面的对象类型和名称等。语句可写为 DoCmd.Close。

9.5.3　操作实例

在数据库编程时，常常会有一些涉及用户登录的窗体，在此以用户登录控制窗体为例。要求输入用户名和密码，如果用户名和密码正确，则显示"欢迎登录"窗体，否则显示用户名或密码错误，用户名和密码均不得为空，如果为空，将提示。输入错误超过三次，登录窗体自动关闭。本程序默认的用户名为 User1，密码为 123456。

首先，设计一个窗体，标题为"用户登录"，在窗体中添加两个文本框控件和一个命令按钮，并对窗体的属性进行相应的设置，具体属性设置如表 9.15 所示。

表 9.15 "用户登录"窗体及控件属性

控件类型	对象名称	属性值	控件类型	对象名称	属 性 值
窗体	标题	用户登录	标签	Label1	标题：用户名
	滚动条	两者均无		Label2	标题：密码
	分隔线	否	文本框	Txt1	
	记录选择器	否		Txt2	输入掩码：密码
	导航按钮	否	命令按钮	Cmd1	标题：确定

"用户登录"窗体设计视图和窗体视图如图 9.20 所示。

图 9.20 "用户登录"窗体

参考代码如下。

```
Private Sub Cmd1_Click()
    Static Count As Integer
    Count = Count + 1
    If Len(Me.Txt1) = 0 And Len(Me.Txt2) = 0 And Count < 3 Then
        MsgBox "用户名和密码均为空,请输入!" + Chr(13) + "还有" & 3 - Count & _
            "次机会", vbCritical, "错误提示"
        Me.Txt1.SetFocus
    ElseIf Len(Me.Txt1) = 0 And Count <= 3 Then
        MsgBox "用户名为空,请输入!" + Chr(13) + "还有" & 3 - Count & _
            "次机会", vbCritical, "错误提示"
        Me.Txt1.SetFocus
    ElseIf Len(Me.Txt2) = 0 And Count <= 3 Then
        MsgBox "密码为空,请输入!" + Chr(13) + "还有" & 3 - Count & _
            "次机会", vbCritical, "错误提示"
        Me.Txt2.SetFocus
    Else
        If Me.Txt1.Value = "USER1" Then
            If Me.Txt2.Value = "123456" Then
                DoCmd.OpenForm "欢迎登录"
                Count = 0
                DoCmd.Close acForm, "用户登录"
            Else
```

```
                MsgBox "密码错误,请重新输入!" + Chr(13) + "还有" & 3 - Count & _
                    "次机会", vbCritical, "错误提示"
                    Me.Txt2.SetFocus
                End If
            Else
                MsgBox "用户名错误,请重新输入!" + Chr(13) + "还有" & 3 - Count & _
                    "次机会", vbCritical, "错误提示"
                Me.Txt1.SetFocus
            End If
        End If
        If Count > 3 Then
            MsgBox "请确认用户名和密码后再登录!", vbCritical, "错误提示"
            DoCmd.Close acForm, "用户登录"
        End If
End Sub
```

9.6　VBA 数据库编程

前面已经介绍了 VBA 的编程技术,若想更好地管理数据,并开发出具有实用价值的 Access 数据库应用程序,还需了解和掌握 VBA 数据库编程技术。

9.6.1　VBA 数据库编程技术简介

为了在程序代码中实现对数据库对象的访问,VBA 提供了数据库访问接口。

1. 数据库引擎与数据库访问接口

VBA 通过数据库引擎工具支持对数据库的访问。数据库引擎实际上是一组动态链接库(Dynamic Link Library,DLL),它以一种通用接口方式,使用户可以用统一的形式对各类物理数据库进行操作。VBA 程序通过动态链接库实现对数据库的访问功能。

通过数据库访问接口,可以在 VBA 代码中处理打开的或没有打开的数据库,可以创建数据库、表、查询、字段等对象,也可以编辑数据库中的数据,使得数据的管理和处理完全代码化。

1) 数据库引擎及其体系结构

在 Access 2007 之前,VBA 使用 Microsoft 连接性引擎技术(Joint Engine Technology,JET)引擎。目前,Access 2007 和 Access 2010 均改为使用集成与改进的 Microsoft Access 数据库引擎(ACE 引擎),ACE 引擎与以前版本的 JET 引擎完全向后兼容,以便对早期 Access 版本文件读取和写入。

Access 2010 数据库应用体系结构如图 9.21 所示。

用户界面(User Interface,Access UI)决定着用户通过查询、窗体、宏、报表等查看、编辑和使用数据的方式。ACE 引擎提供核心的数据库管理服务,包括数据定义、数据存储、数据完整性、数据操作、数据检索、数据共享、数据加密,以及数据的导入、导出和链接等。

2) 数据库访问接口

微软公司提供了多种使用 Access 数据库的方式,主要接口技术有开放式数据库连接

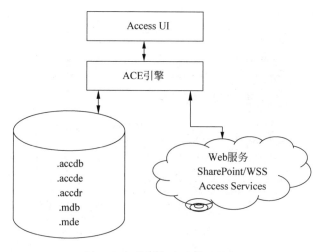

图 9.21　数据库应用体系结构

(Open DataBase Connectivity,ODBC)、数据访问对象(Data Access Objects,DAO)、对象链接嵌入数据库(Object Linking and Embedding DataBase,OLEDB)、ActiveX 数据对象(ActiveX Data Objects,ADO)和 ADO. NET。

Access 2010 中涉及的数据库编程接口有 ODBC、DAO、OLE DB、ADO 四种。

(1) ODBC。目前,Windows 提供 32 位和 64 位 ODBC 驱动程序。在 Access 中,使用 ODBC API 访问数据库需要大量的 VBA 函数原型声明,操作烦琐,因此很少使用。

(2) DAO。DAO 提供了一个访问数据库的对象模型,利用其中定义的一系列数据访问对象(如 DataBase、RecordSet 等),可以实现对数据库的各种操作。

DAO 适用于单系统应用程序或小范围的本地分布使用。如果数据库是本地使用的是 Access 数据库,可以使用这种访问方式。

(3) OLE DB。OLE DB 是用于访问数据的 Microsoft 系统级别的编程接口。它是一个规范,定义了一组组件接口规范,封装了各种数据库管理系统服务,是 ADO 的基本技术和 ADO. NET 的数据源。

(4) ADO。ADO 是基于组件的数据库编程接口。使用 ADO 可以方便地连接任何符合 ODBC(开放式数据库连接)标准的数据库。

ADO 是 DAO 的后继产物。相比 DAO,ADO 扩展了 DAO 使用的层次对象模型,用较少的对象、更多的方法和事件来处理各种操作,简单易用,是当前数据库开发的主流技术。

2. 数据访问对象(DAO)

如果在 VBA 程序设计中使用 DAO,应首先在 Access 可使用的引用中增加对 DAO 库的引用。

1) 设置 DAO 引用

由于在创建数据库时系统并不自动引用 DAO 库,所以需要用户自行进行引用设置。具体设置步骤如下。

(1) 在 VBA 工作环境中,选择"工具"菜单中的"引用"命令,打开图 9.22 所示的"引用-吉祥商贸"对话框。

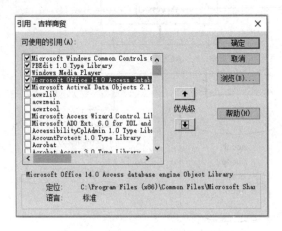

图 9.22 "引用-吉祥商贸"对话框

（2）在"可使用的引用"列表中勾选 Microsoft Office 14.0 Access database engine Object Library 复选框，出现复选标志√后单击"确定"按钮。

2）DAO 对象模型

DAO 是层次对象模型。DAO 层次对象模型的顶层对象是 DBEngine。DBEngine 是一个基本对象，它包含了两个重要的集合，一个是 Errors 集合；另一个是 Workspaces 集合。对 DAO 的操作总会产生一些错误，每产生一个错误，DAO 就生成一个 Error 对象，这些 Error 对象都放在 Errors 集合中，可以用 Errors.Count 来计算错误的个数。

每一个应用程序只能有一个 DBEngine 对象，但可以有多个 Workspace 对象，这些 Workspace 对象都包含在 Workspaces 集合中。每个 Workspaces 对象都包含了一个 Database 对象，它对应的一个数据库，里面包含了许多用于操作数据库的对象如 Fet 数据库专用的 Container、TableDef 和 Relation 对象，或对所有数据库都有用的，如 Recordset 对象和 QueryDef 对象等。

DAO 层次模型结构如图 9.23 所示。

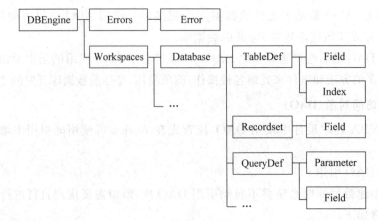

图 9.23 DAO 层次模型结构

3）常用对象说明

（1）DBEngine 对象。DBEngine 对象处于 DAO 模型的最顶部，所以可以不用创建，只要将 DAO 引用到工程项目中，则 DBEngine 对象就自动创建。通常可以用 DBEngine 对象的属性来设置数据库访问的安全性，即设置访问数据库默认用户名和默认密码。

（2）Error 对象。Error 对象是 DBEngine 对象的一个子对象。在发生数据库操作错误时，可以用标准的 VB 的 Error 对象来进行错误处理，也可以把错误信息保存在 DAO 的 Error 对象中。

（3）Workspace 对象。一个 Workspace 对象定义一个数据库会话（Session）。

（4）Database 对象。一旦用 CreateDatabase 创建了一个数据库或用 OpenDatabase 打开了一个数据库，就生成了一个 Database 对象。所有的 Database 对象都自动添加到 Database 集合中。

Database 对象有五个子集合，分别是 Recordsets 集合、QueryDefs 集合、TableDefs 集合、Relations 集合和 Containers 集合，这些集合分别是 Recordset 对象、QueryDef 对象、TableDef 对象、Relation 对象和 Container 对象的集合。

（5）Recordset 对象。Recordset 对象是使用最频繁的一个对象，它代表了数据库中一个表或一个查询结果的记录等。

（6）TableDef 对象。TableDef 对象也是一个经常使用的对象，它有两个子对象：一个是 Field 对象；另一个是 Index 对象。用 TableDef 对象可以访问单个表的每个字段（Field 对象）和表的索引（Index 对象）。

（7）QueryDef 对象。QueryDef 对象用来定义一个查询。它有两个子对象：一个是 Field 对象；一个是 Parameter 对象。

（8）Relation 对象。Relation 对象用来定义不同的表中或不同查询中字段之间的关系。

（9）Field 对象。Field 对象是 Jet 对象模型中最底层的对象，它代表了一个表中的一个字段。

3. ActiveX 数据对象（ADO）

ADO 是 ActiveX Data Objects 的缩写，又称为 OLE 自动化接口，是微软通用的数据库访问技术。使用该模型，可以通过 OLE DB 系统接口以编程方式访问、编辑和更新广泛的数据源。

ADO 最常见的用法是在关系数据库中查询表，在应用程序中检索记录并显示结果，有可能允许用户更改数据并保存所做的更改。利用 ADO 可以访问包括 Access、SQL Server、Oracle 等多种类型的数据库。

ADO 对象模型包括 Connection、Recordset、Record、Command、Parameter、Field、Property、Stream、Error 九个对象。

主要的 ADO 对象介绍如下。

（1）Connection 对象。ADO 对象模型中的最高级对象，用来实现应用程序与数据源的连接。

（2）Command 对象。主要在 VBA 中使用 SQL 语句访问、查询和修改数据库中的数据，实现 Recordset 对象无法实现的操作（数据表级别的操作），可以使用 DoCmd 代替。

（3）Recordset 对象。ADO 最为常用的、重要的对象，可以访问表和查询对象，返回的记录储存 Recordset 对象中，主要执行的操作如下。

① 查询数据表中的数据。

② 在数据表中添加数据。

③ 更新数据表中的数据。

④ 删除数据表中的特定数据。

9.6.2　数据库编程示例

Access 中，数据库编程可以使用 DAO 或 ADO 技术，对数据库的操作都要经历打开链接、创建记录集并实施操作等过程。

1. DAO 编程

在 VBA 中，使用 DAO 访问 Access 数据库，通常由以下几个部分组成。

① 引用 DAO 类型库 Microsoft Office 14.0 Access database engine Object Library。

② 定义 DAO 数据类型的对象变量（如 Workspace 对象变量、Database 对象变量、Recordset 对象变量等）。

③ 通过 Set 语句设置各个对象变量的值（即要操作对象的名称）。

④ 对通过对象变量获取的操作对象进行各种处理。

⑤ 关闭对象，并释放对象占用的内存空间。

1）DAO 常用对象的属性和方法

通过 DAO 访问 Access 数据库，实际上就是利用 Database、TableDef、Recordset 等对象的属性和方法实现对数据库的操作。

（1）Database 对象的常用属性和方法。Database 是 DAO 最重要的对象之一，其常用的属性和方法如表 9.16 所示。

表 9.16　Database 对象的常用方法与属性

方法/属性	名　称	说　明
方法	Close	关闭已打开的 Database
	CreateProperty	创建一个新的用户定义的 Property 对象
	CreateQueryDef	创建新的 QueryDef 对象
	CreateRelation	创建一个新的 Relation 对象
	CreateTableDef	创建一个新的 TableDef 对象
	Execute	对指定的对象运行动作查询，或执行 SQL 语句
	OpenRecordset	创建一个新的 Recordset 对象并将其追加到 Recordsets 集合
属性	Name	返回指定对象的名称。只读 String 类型
	Recordsets	返回一个 Recordsets 集合，该集合包含指定数据库的所有已打开的记录集。只读
	Updatable	返回一个值，该值指示是否可以更改 DAO 对象。只读 Boolean 类型

注：要想了解更多的方法与属性，请查看 Access VBA 帮助。

Database. OpenRecordset 方法的语法格式如下。

表达式.OpenRecordset(Name, [Type], [Options], [LockEdit])

相关参数说明如下。

① Name：必选项，新的 Recordset 的记录源。该源可能是表名、查询名或返回记录的 SQL 语句。

② Type：可选项，如果在 Microsoft Access 工作区中打开了 Recordset，并且没有指定类型，在可能的情况下，OpenRecordset 将创建一个表类型的 Recordset。如果指定了链接表或查询，OpenRecordset 将创建一个动态集类型的 Recordset。

③ Options：可选项，RecordsetOptionEnum 常量的组合，用于指定新的 Recordset 的特征。

④ LockEdit：可选项，一个 LockTypeEnum 常量，用于确定 Recordset 的锁定。

（2）TableDef 对象的常用属性和方法。TableDef 对象代表基表或链接表的已存储定义，其常用的属性和方法如表 9.17 所示。

表 9.17 TableDef 常用方法与属性

方法/属性	名　称	说　明
方法	CreateField	创建一个新的 Field 对象
	CreateIndex	创建一个新的 Index 对象
	CreateProperty	创建一个新的用户定义的 Property 对象
	OpenRecordset	创建一个新的 Recordset 对象并将其追加到 Recordsets 集合
属性	Fields	返回一个 Fields 集合，该集合表示指定对象的所有存储 Field 对象。只读
	Indexes	返回一个 Indexes 集合，该集合包含指定表的所有已存储 Index 对象。只读
	Name	返回或设置指定对象的名称。String 类型，可读写
	RecordCount	返回 TableDef 对象中的总记录数。Long 类型，只读
	Updatable	返回一个值，该值指示是否可以更改 DAO 对象。只读 Boolean 类型

TableDef. CreateField 方法的语法格式如下。

表达式.CreateField([Name], [Type],[Size])

相关参数说明如下。

① Name：可选项，一个 String 类型的值，用于对新的 Field 对象进行唯一命名。

② Type：可选项，一个确定新的 Field 对象的数据类型的常量。

③ Size：可选项，一个 Integer 类型的值，用于指示包含文本的 Field 对象的最大大小（以字节为单位）。

（3）Recordset 对象的常用属性和方法。Recordset 对象代表基表中的记录或通过运行查询得到的记录，其常用的属性和方法如表 9.18 所示。

表 9.18　Recordset 常用方法与属性

方法/属性	名　称	说　明
方法	AddNew	为可更新的 Recordset 对象创建新记录
	Close	关闭已打开的 Recordset
	FindFirst	在动态集类型或快照类型的 Recordset 对象中查找符合指定条件的第一条记录，并使该记录成为当前记录
	FindLast	在动态集类型或快照类型的 Recordset 对象中查找符合指定条件的最后一条记录，并且使该记录成为当前记录
	FindNext	在动态集类型或快照类型的 Recordset 对象中查找符合指定条件的下一条记录，并且使该记录成为当前记录
	FindPrevious	在动态集类型或快照类型的 Recordset 对象中查找符合指定条件的上一条记录，并且使该记录成为当前记录
	Move	移动 Recordset 对象中的当前记录的位置
	MoveFirst	移到指定的 Recordset 对象中的第一条记录，并使该记录成为当前记录
	MoveLast	移到指定的 Recordset 对象中的最后一条记录，并使该记录成为当前记录
	MoveNext	移到指定的 Recordset 对象中的下一条记录，并使该记录成为当前记录
	MovePrevious	移到指定的 Recordset 对象中的上一条记录，并使该记录成为当前记录
	Requery	通过重新执行对象所基于的查询，更新 Recordset 对象中的数据
	Seek	在已建立索引的表类型 Recordset 对象中查找符合当前索引的指定条件的记录，并使该记录成为当前记录
属性	BOF	返回一个值，该值指示当前记录的位置是否在 Recordset 对象中的第一条记录之前。只读 Boolean 类型
	EOF	返回一个值，该值指示当前记录位置是否位于 Recordset 对象的最后一条记录之后。只读 Boolean 类型
	Fields	返回一个 Fields 集合，该集合表示指定对象的所有存储 Field 对象。只读
	Name	返回指定对象的名称。只读 String 类型
	RecordCount	返回在 Recordset 对象中访问的记录数，或者返回表类型 Recordset 对象或 TableDef 对象中的记录总数。只读 Long 类型

2) 编程示例

（1）创建一个数据表。在数据库中创建一个名为 Wages 的数据表，Wage（Id (int)，Name(String)，Wage(Single))，Id 为主键。创建一个窗体，在窗体中添加一个名为 Cmd 的命令按钮，标题为"创建工资表"，窗体效果如图 9.24 所示。对 Cmd 按钮编写如下参考事件代码。

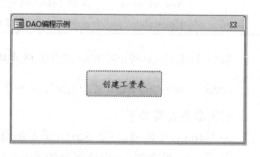

图 9.24　创建表窗体效果

```
Private Sub Cmd_Click()
    Rem 声明 DAO 对象变量
    Dim ws As DAO.Workspace
    Dim db As DAO.Database
    Dim tb As DAO.TableDef
```

```
Dim fd As DAO.Field
Dim idx As DAO.Index

Set ws = DBEngine.Workspaces(0)
Set db = ws.Databases(0)
Set tb = db.CreateTableDef("Wage")        '创建工资表

Set fd = tb.CreateField("Id", dbInteger) '创建 Id 字段
tb.Fields.Append fd                        '添加第一个字段
Set fd = tb.CreateField("Name", dbText, 20)
tb.Fields.Append fd
Set fd = tb.CreateField("Wage", dbSingle)
tb.Fields.Append fd

Set idx = tb.CreateIndex("WageId")         '创建索引
Set fd = idx.CreateField("Id")             '创建索引字段
idx.Fields.Append fd                       '添加索引字段
idx.Unique = True
idx.Primary = True
tb.Indexes.Append idx

db.TableDefs.Append tb                     '添加表
db.Close
End Sub
```

（2）利用 DAO 编程完成数据的添加和查找功能。为 Wage 表添加或查找数据。"添加"按钮命名为 Cmd1，"查找"按钮命名为 Cmd2，三个文本框的名字分别为 Txt1、Txt2 和 Txt3，窗体效果如图 9.25 所示。

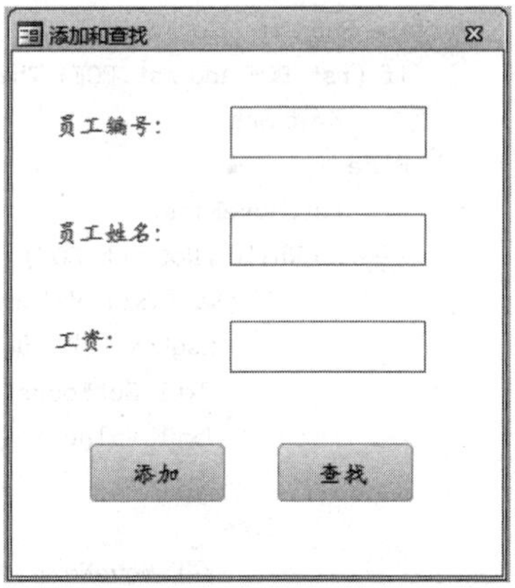

参考代码如下。

```
Rem 在通用部分声明通用变量
Dim rst As DAO.Recordset
Dim db As DAO.Database

Rem 在窗体的加载事件中完成数据库表的打开
Rem 和变量的初始化等
Private Sub Form_Load()
    Set db = DBEngine.Workspaces(0).Databases(0)
    Set rst = db.OpenRecordset("Wage")     '打开数据表

    Txt1.Value = ""                        '清空文本框
    Txt2.Value = ""
    Txt3.Value = ""
End Sub

Rem 添加按钮事件代码
```

图 9.25 "添加和查找"窗体效果

```
Private Sub Cmd1_Click()
    If (RTrim(Txt1) = "" Or RTrim(Txt2) = "") Then
        MsgBox "员工编号和员工姓名不能为空,请输入", vbOKOnly, "信息提示"
        Txt1.SetFocus
    Else
        rst.AddNew
        rst("Id") = Txt1.Value
        rst("Name") = Txt2.Value
        rst("Wage") = Txt3.Value

        ent = MsgBox("确认添加吗?", vbOKCancel, "信息提示")
        If (ent = 1) Then
            rst.Update
        Else
            rst.CancelUpdate
        End If

        Txt1.Value = ""
        Txt2.Value = ""
        Txt3.Value = ""
    End If
End Sub


Rem 由于 Id 字段是主键,不允许重复值
Rem 为了避免输入错误,在输入 Id 后在数据表中进行比较,将重复值排除
Private Sub Txt1_GotFocus()
    If (rst.BOF And rst.EOF) Then
        Exit Sub
    Else
        rst.MoveFirst
        Do While (Not rst.EOF)
            If (Val(Txt1.Value)) = rst("Id") Then
                MsgBox "员工编号重复,请重新输入", vbOKOnly, "信息提示"
                Txt1.SetFocus
                Txt1.Value = ""
                Exit Do
            Else
                rst.MoveNext
            End If
        Loop
    End If
End Sub


Rem "查找"按钮事件代码
Private Sub Cmd2_Click()
    Dim rst1 As DAO.Recordset
    Dim strinput As String, strSql As String

    strinput = InputBox("请输入需要查找的员工姓名", "查找输入")
```

```
        strSql = "select * from wage where name like """ & strinput & """"
        Set rst1 = db.OpenRecordset(strSql)
        If (Not rst1.EOF) Then
            Do While (Not rst1.EOF)
                Txt1.Value = rst1("Id")
                Txt2.Value = rst1("Name")
                Txt3.Value = rst1("Wage")
                X = MsgBox("查找是否正确?", vbYesNo, "信息提示")
                If (X = vbYes) Then
                    Exit Sub
                Else
                    rst1.MoveNext
                End If
            Loop
        Else
            MsgBox "员工" & strinput & "不存在!", vbOKOnly, "信息提示"
        End If
        rst1.Close
End Sub
```

2. ADO 编程

1) 在 Access 中引用 ADO 对象

在 Access 中引用 ADO 主要包括三个步骤,具体如下。

(1) 声明、初始化 Connection 对象。

① 声明 Connection 对象,一般使用 cn 作为变量的命名前缀。

```
Dim coName As ADODB.Connection
```

② 初始化 Connection 对象,连接当前数据库。

```
Set cnName = CurrentProject.Connection
```

(2) 创建 Recordset 对象,编程完成各种操作。

① 声明、初始化 Recordset 对象。

```
Dim rsName As ADODB.Recoreset
set rsName = new ADODB.Recordset
```

② 打开一个 Recordset 对象。

使用 Recordset 的 Open 方法可以打开数据表、查询对象,或直接引用 SQL 查询语句。

```
rsName.Open source, ActiveConnection, CursorType,LockType,Option
```

(3) 关闭 ADO 对象。

关闭 Recordset 和 Connection 对象,代码如下。

```
rsName.Close
cnName.Close
```

```
Set rsName = Nothing
Set cnName = Nothing
```

2）通过 Recordset 对象引用记录字段

（1）引用字段的方法有两种：直接在记录集对象中引用字段名称；使用记录集对象的 Fields(n)属性引用。

```
Code = rsName!字段名
'引用该字段的第一条记录
Code = rsName.Field(n)
'引用该字段的第 n 条记录,n 从 0 开始,可以用循环输出需要量的记录
```

（2）如果记录集字段包含空格或者是一个保留字,则引用时必须将该字段用[   ]括起来。

3）通过 Recordset 对象浏览记录

（1）Recordset 记录集对象提供了四种方法浏览记录,具体如下。

① MoveFirst：记录指针移动到记录集的第一条记录。

② MoveNext：移动到当前记录的下一条记录。

③ MovePrevious：移动到当前记录的上一条记录。

④ MoveLast：移动到记录集的最后一条记录。

（2）BOF、EOF 属性分别记录指针是否在文件开始、文件末尾；如果记录集指针指向某记录时,BOF 和 EOF 都为 false。

```
'添加一个窗体部件的按钮事件: 浏览下一条记录
Priavte Sub ComomndNext_Click()
    rsDemo.MoveNext
    If rsDemo.EOF Then
        rsDemo.MoveFirst
    End If
End Sub
```

（3）Recordset 对象的 LockType 属性,默认为 adLockReadOnly(只读)。

① adLockReadOnly：数据处于只读状态,数据不能改变。

② adLockPressimistic：保守式锁定,在编辑数据时锁定数据源记录,直到数据编辑完成时才释放。

③ adLockOptimistic：开放式锁定,在编辑数据时不锁定数据,只在调用 Update 方法提交数据时才锁定数据源记录。

④ adLockBathOptimistic：开方式更新,应用于批更新模式。

4）通过 Recordset 对象编辑数据

（1）用 AddNew 方法添加记录。

① 调用记录集 AddNew 方法,产生一条空记录。

② 为空记录的各个字段赋值。

③ 用记录集 Update 方法更新保持新记录。

```
'添加记录按钮事件,假设 rsDemo 记录集有字段 Id(int), Name(String),Wage(Single)
Private Sub CommandAdd_Click()
    rsDemo.MoveLast                        '记录集指针移动到记录集最后
    rsDemo.AddNew                          '添加一条新记录
    rsDemo ! Id = 123
    rsDemo ! Name = "LiHong"
    rsDemo ! Wage = 7650.5
    rsDemo.Update
End Sub
```

（2）用 Update 方法修改记录。

① 寻找并将记录集指针移动到需要修改的记录上。

② 对记录中的各个字段的值进行修改。

③ 用记录集 Update 方法更新保持新记录。

```
'修改记录集中 Wage 字段的所有值加 500
Private Sub UpdateWage()
    rsDemo.MoveFirst
    Do
        Dim Money as Single
        Money = rsDemo ! Wage
        rsDemo ! Wage = Money + 500
    Loop Until rsDemo.EOF
    rsDemo.Update
End Sub
```

（3）用 Delete 方法删除记录。

① 将记录集指针移动到需要删除的记录上。

② 使用 Delete 方法删除当前记录。

③ 将某条记录指定为当前记录。

```
'删除 rsDemo 数据集中 Id = 100 的记录
Private Sub DeleteId(Dim deleteId as Integer)
    rsDemo.MoveFirst
    Do
        IF rsDemo ! Id == deleteID Then
            rsDemo.Delete
        End IF
        rsDemo.MoveNext
    Loop Until rsDemo.EOF
End Sub
```

注意：一条记录被删除后,不会自动将指针移至下一条记录,因此需要移动指针向下。

9.7 习题

1. 选择题

（1）定义了二维数组 B(2 to 6,4),则该数组的元素个数为（　　　）个。

　　　　A. 25　　　　　　　　B. 36　　　　　　　C. 20　　　　　　　D. 24

　　(2) 已定义好有参函数 f(m)，其中形参 m 是整型量。下面调用该函数，传递实参为 5，将返回的函数数值赋给变量 t。以下语句中正确的是(　　　)。

　　　　A. t＝f(m)　　　　　　　　　　　B. t＝Call f(m)

　　　　C. t=f(5)　　　　　　　　　　　D. t=Call f(5)

　　(3) 在有参函数设计时，要想实现某个参数的"双向"传递，就应当说明该形参为"传址"调用形式。其设置选项是(　　　)。

　　　　A. ByVal　　　　　　　　　　　B. ByRef

　　　　C. Optional　　　　　　　　　　D. ParamArray

　　(4) 设 a＝6，则执行 x＝IIF(a＞5,−1,0)后，x 的值为(　　　)。

　　　　A. 6　　　　　　　　B. 5　　　　　　　C. 0　　　　　　　D. −1

　　(5) 假定有以下两个过程：

```
Sub S1(ByVal x As Integer, ByVal y As Integer)
    Dim t As Integer
    t = x
    x = y
    y = t
End Sub
Sub S2(x As Integer, y As Integer)
    Dim t As Integer
    t = x
    x = y
    y = t
End Sub
```

则以下说法中正确的是(　　　)。

　　　　A. 用过程 S1 可以实现交换两个变量的值的操作，S2 不能实现

　　　　B. 用过程 S2 可以实现交换两个变量的值的操作，S1 不能实现

　　　　C. 用过程 S1 和 S2 都可以实现交换两个变量的值的操作

　　　　D. 用过程 S1 和 S2 都不能实现交换两个变量的值的操作

　　(6) 窗体上添加有三个命令按钮，分别命名为 Command1、Command2 和 Command3。编写 Command1 的单击事件过程，完成的功能为当单击按钮 Command1 时，按钮 Command2 可用，按钮 Command3 不可见。以下代码中正确的是(　　　)。

```
A. Private Sub Command1_Click()
       Command2.Visible = True
       Command3.Visible = False
   End Sub

B. Private Sub Command1_Click()
       Command2.Enabled = True
       Command3.Enabled = False
   End Sub
```

C. `Private Sub Command1_Click()`
```
    Command2.Enabled = True
    Command3.Visible = False
End Sub
```

D. `Private Sub Command1_Click()`
```
    Command2.Visible = True
    Command3.Enabled = False
End Sub
```

(7) ADO 的含义是(　　　)。

　　A. 数据库访问对象　　　　　　　　B. 开放数据库互联应用编程接口

　　C. 动态链接库　　　　　　　　　　D. Active 数据对象

(8) ADO 对象模型主要有 Connection、Command、(　　　)、Field 和 Error 五个对象。

　　A. Database　　　B. Workspace　　　C. Recordset　　　D. TableDef

(9) 在 Access 中,DAO 的含义是(　　　)。

　　A. 数据库访问对象　　　　　　　　B. 开放数据库互联应用编程接口

　　C. Active 数据对象　　　　　　　　D. 数据库动态链接库

2. 填空题

(1) 假定有以下程序段:

```
n = 0
for i = 1 to 3
    for j = - 4 to - 1
        n = n + 1
    next j
next i
```

运行完毕,n 的值是_____。

(2) VBA 程序的多条语句可以写在一行中,其分隔符必须使用符号_____。

(3) VBA 表达式 3 * 3\3/3 的输出结果是_____。

(4) Sub 过程与 Function 过程最根本的区别是_____。

(5) 在窗体中添加一个名称为 Command1 的命令按钮,然后编写以下事件代码:

```
Private Sub Command1_Click()
    s = "ABBACDDCBA"
    For I = 6 To 2 Step - 2
      x = Mid(s, I, I)
      y = Left(s, I)
      z = Right(s, I)
      z = x & y & z
    Next I
    MsgBox z
End Sub
```

窗体打开运行后,单击命令按钮,则消息框的输出结果是_____。

3. 编程题

（1）水仙花数是具有以下特征的三位数：其各位数字立方和等于该数本身。例如，153 满足 $153=1^3+5^3+3^3$，所以它是一个水仙花数。编制程序求出所有的水仙花数。

（2）编写程序，判断一个正整数（大于等于 3）是否为素数。

（3）编写程序，输入任意 10 个整数，并输出这些数的最大值、最小值和平均值（要求使用数组实现）。

（4）编写程序，计算个人工资薪金所得税。个税免征额为 3500 元。

应纳个人所得税税额 ＝ 应纳税所得额 × 适用税率 － 速算扣除数

个人所得税适用税率及速算扣除数如表 9.19 所示。

表 9.19　个人所得税适用税率及速算扣除数

全月应纳税所得额（含税级距）	税率（%）	速算扣除数
不超过 1500 元	3	0
超过 1500～4500 元的部分	10	105
超过 4500～9000 元的部分	20	555
超过 9000～35000 元的部分	25	1005
超过 35000～55000 元的部分	30	2755
超过 55000～80000 元的部分	35	5505
超过 80000 元的部分	45	13505

第10章
数据库安全与管理

Access 数据库提供了加密/解密功能来加强数据库访问的安全性,还提供了多种管理工具和管理措施,来方便维护、管理数据库内容,可以对数据库进行压缩/修复、备份、拆分、导入/导出数据,以及移动、共享数据和文件管理等。

知识体系:
☞数据库安全性
☞数据的导入和导出
☞数据库管理和维护

学习目标:
☞了解数据库安全和管理的相关知识
☞熟悉数据库的加密/解密功能
☞掌握数据导入/导出
☞熟悉数据库的压缩和修复
☞掌握数据库格式转换

10.1 数据库的安全性

Access 提供了多种措施来保护数据库的安全,例如,对数据库进行加密/解密,对数据库中的数据进行备份/还原,数据库对象的隐藏,等等。本节中主要介绍数据库的加密/解密和数据备份/还原机制。

10.1.1 数据库加密与解密

数据库加密是常用的保障数据库安全性的一种方式,Access 中也提供了使用密码的方式来加密数据库。

1. 使用数据库密码加密

Access 中提供了使用密码的方式加密数据库,密码加密数据库的前提是要待加密的数据必须处于独占模式,也就是必须以独占方式打开该数据库。

例 10.1 以独占模式打开之前构建的"吉祥商贸信息管理系统"数据库,并对该数据加密,密码设置为 123456。

其具体操作过程如图 10.1 所示。

按照图 10.1 所示设置完成密码后，关闭数据库，当再次以正常模式或其他任意模式打开数据库时，将首先弹出"要求输入密码"对话框，如图 10.2 所示，只有输入正确密码后，才能打开数据库文件。

打开Access，选择"文件"选项卡的 "打开" 命令

在弹出的"打开"对话框中，找到并选择要打开的数据库文件，然后单击"打开"按钮旁边的箭头选择"以独占方式打开"

数据库文件以独占方式打开，选择"文件"选项卡上的"信息"命令，再单击"用密码进行加密"按钮

弹出"设置数据库密码"对话框，在"密码"框中输入密码，在"验证"框中再次输入该密码。单击 "确定" 按钮完成密码设置

图 10.1　添加密码

注意：一定要记住所设置的密码，如果忘记了密码，Microsoft 将无法找回。

2. 解密数据库

对于已经使用密码加密的数据库，可以对该数据库进行解密，但一定需要在使用了正确密码并以独占模式打开数据库后，才能对该数据库进行解密。

例 10.2　解密例 10.1 中被加密的数据库。

具体操作步骤如下。

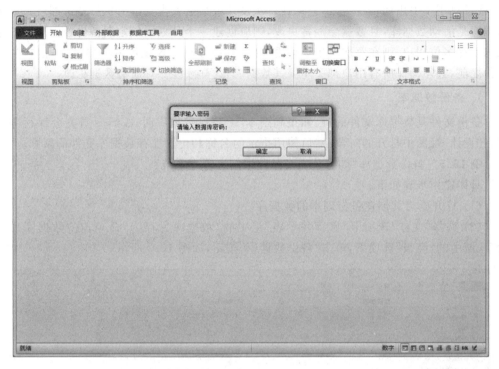

图 10.2 输入密码

（1）以独占模式打开加密的数据库，在弹出的"要求输入密码"对话框中输入正确的密码。

（2）在打开的数据库中，选择"文件"选项卡上的"信息"命令，在窗口右侧区域中单击"解密数据库"按钮，弹出"撤销数据库密码"对话框。

（3）在弹出的"撤销数据库密码"对话框中，输入正确密码，单击"确定"按钮完成解密。

10.1.2 通过备份和还原保护数据

通过建立数据库的备份副本，可以在发生系统故障的情况下还原整个数据库，或者在"撤销"命令不足以修复错误的情况下还原对象。数据库的备份副本表面上似乎浪费了存储空间，但其节约了数据和设计损失时产生的时间成本。如果有多个用户在共同使用数据库，那么定期创建备份就很重要。没有备份副本，也将无法还原损坏或丢失的对象，无法还原对数据库设计所做的任何更改。

由于某些更改或错误无法逆转，用户在执行一些数据库操作之前，必须预先考虑清楚是否需要创建数据库备份副本，否则等到数据丢失后就无法补救了。例如，当使用动作查询（在导航窗格中，其名称旁边紧跟感叹号"!"）删除记录或更改数据时，该查询更新的任何值都无法使用"撤销"操作来还原。因此在运行任何动作查询之前，都应考虑创建备份，尤其是在查询将更改或删除大量数据时。

数据库的备份频率通常取决于数据库发生重大更改的频率。如果数据库是存档数据库,或者只用于引用而很少更改,只需在每次设计或数据发生更改时执行备份即可。如果数据库是活动数据库,且数据会经常更改,则应创建一个计划以便定期备份数据库。如果数据库有多位用户,则在每次发生设计更改时,都应该创建数据库的备份副本,但在执行备份之前,必须确保所有用户都关闭了其数据库,这样才能保存所有数据更改。

1. 备份数据库

备份文件是数据库文件的"已知正确副本"。备份数据库时,Access 首先会保存并关闭在"设计"视图中打开的对象,然后使用指定的名称和位置保存数据库文件的副本。

例 10.3 备份数据库"如意公司商品营销信息管理系统"。

具体操作步骤如下。

(1) 打开要为其创建备份副本的数据库。

(2) 选择"文件"选项卡"保存并发表"组中的"数据库另存为"命令,在"数据库另存为"区域中的"高级"选项下,单击"备份数据库"按钮,如图 10.3 所示。

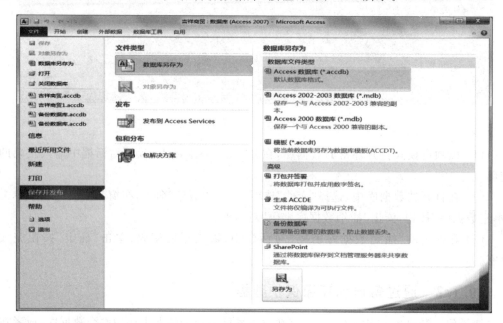

图 10.3　选择数据库备份命令

(3) 弹出"另存为"对话框,如图 10.4 所示,在该对话框中的"文件名"框中,查看数据库备份的名称。用户可以根据需要更改该名称,因为默认名称既捕获了原始数据库文件的名称,也捕获了执行备份的日期,通常建议使用默认名称。

(4) 在"保存类型"列表中选择希望将备份数据库保存为的文件类型,默认为Microsoft Access 数据库(*.accdb),然后单击"保存"按钮,即完成了数据库备份。

注意：在备份还原数据或对象时,往往需要知道备份来自哪个数据库以及创建备份的时间。因此,一般建议备份文件使用默认的文件名。

2. 还原数据库

只有在具有数据库的备份副本的情况下,才能还原数据库。可以使用任何已知正确

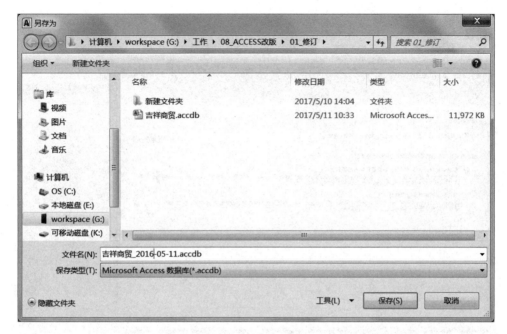

图 10.4 另存备份文件

副本来还原数据库。例如,可以使用存储在 USB 外部备份设备上的副本还原数据库。

还原整个数据库时,将会使用数据库的备份副本来替换已经损坏、存在数据问题或完全丢失的数据库文件。具体操作步骤如下。

(1)打开 Windows 资源管理器,浏览并找到数据库的已知正确副本。

(2)打开该备份数据库文件,将该备份数据库另存到应替换损坏或丢失数据库的位置,并命名为拟替换的数据库文件名,以替换原数据库文件。

3. 还原数据库中的对象

如果只需还原数据库中的一个或多个对象,其实质就是将这些对象从数据库的备份副本导入包含(或丢失)要还原的对象的数据库中,用新导入的对象补充或替换原数据库中的对象。

还原数据对象的操作就是采用导入"外部数据"的方式,其具体操作步骤如下。

(1)打开需要导入外部对象的数据库。

(2)单击"外部数据"选项卡"导入并链接"组中的 Access 按钮,弹出"获取外部数据-Access 数据库"对话框,如图 10.5 所示。在该对话框中,单击"浏览"按钮找到并选定备份数据库,选中"将表、查询、窗体、报表、宏和模块导入当前数据库"单选按钮,然后单击"确定"按钮。

(3)在弹出的"导入对象"对话框中,选择与要还原的对象类型相对应的选项卡。例如,如果要还原表,选择"表"选项卡,单击其中的表对象。如果要还原其他对象,请重复选择各选项卡中的各个对象。若要在导入对象之前检查导入选项,可以在"导入对象"对话框中单击"选项"按钮,如图 10.6 所示。

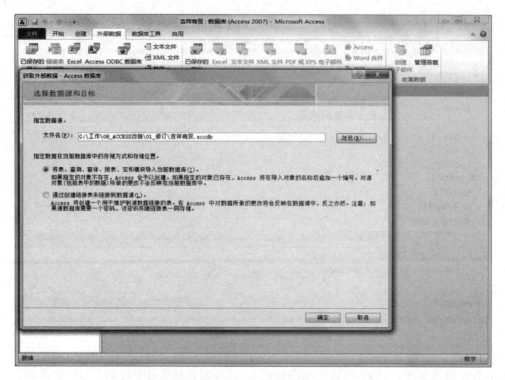

图 10.5 "获取外部数据-Access 数据库"对话框

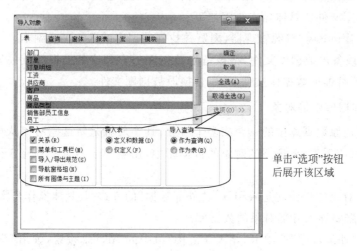

图 10.6 "导入对象"对话框

（4）在选择对象并完成导入选项设置之后，单击"确定"按钮还原所选对象。

注意：如果其他数据库或程序中有链接指向要还原的数据库中的对象，则必须将数据库还原到正确的位置。否则，指向这些数据库对象的链接将失效，必须更新。

替换对象时，如果用户还需要保留当前对象，希望在还原后将其与还原前的版本进行比较，则应在还原之前重命名该对象。例如，如果要还原一个名为"帮助"的已损坏窗体，可以将已损坏的窗体重命名为"帮助_old"。

用户在删除要替换的对象时,请务必小心,因为它们可能链接到数据库中的其他对象。

10.2　数据库的管理

Access 提供了多种功能来维护和管理数据库,例如,可以压缩和修复数据库、导入或导出数据库中的内容、发布数据库内容,以及转换数据库文件格式,等等。

10.2.1　压缩和修复数据库

数据库文件在使用过程中可能会迅速增大,它们有时会影响性能,有时也可能被损坏。在 Microsoft Office Access 中,用户可以使用"压缩和修复数据库"命令来防止、校正或修复这些问题。

1. 压缩和修复数据库的原因

用户需要进行"压缩和修复数据库"的主要原因如下。

1)数据库文件在使用过程中不断变大

随着用户不断添加、更新数据以及更改数据库设计,数据库文件会变得越来越大。导致增大的因素不仅包括新数据,还包括其他一些方面,例如,Access 会创建临时的隐藏对象来完成各种任务,这些后续不再需要的临时对象有时仍将保留在数据库中;删除数据库对象时,系统不会自动回收该对象所占用的磁盘空间。随着数据库文件不断被遗留的临时对象和已删除对象所填充,其性能也会逐渐降低,例如,对象可能打开得更慢,查询可能比正常情况下运行的时间更长,各种典型操作似乎也需要使用更长时间。

2)数据库文件可能已损坏

在某些特定的情况下,数据库文件可能已损坏,通常情况下,这种损坏是由于问题导致的,并不存在丢失数据的风险。但是这种损坏却会导致数据库设计受损,例如,丢失VBA 代码或无法使用窗体。如果数据库文件通过网络共享,且多个用户同时直接处理该文件,则该文件发生损坏的风险将较小。但是如果这些用户频繁编辑"备注"字段中的数据,将在一定程度上增大损坏的风险。数据库文件损坏有时也会导致数据丢失,但这种情况并不常见,通常丢失的数据一般仅限于某位用户的最后一次操作,即对数据的单次更改,例如,当用户开始更改数据而更改被中断时(例如,由于网络服务中断)可能导致最后一次操作的部分数据丢失。

3)Access 提示是否要修复已损坏的数据库文件

当用户尝试打开已损坏的数据库文件时,系统将提示是否允许 Access 自动修复该文件。如果 Access 完全修复了已损坏的文件,它将显示一条消息,说明已成功完成修复。如果 Access 仅成功修复了部分内容,它将跟踪未能修复的数据库对象,以便用户决定是否需要从备份中进行恢复。

注意:压缩数据库并不是压缩数据,而是通过清除未使用的空间来缩小数据库文件。另外,在修复过程中 Access 可能会截断已损坏表中的某些数据。此时可以通过还原之前备份的机制来修复数据。

2. 自动执行压缩和修复数据库

用户可以设置关闭数据库时自动执行"压缩和修复数据库"命令。具体操作步骤如下。

（1）打开数据库文件。

（2）选择"文件"选项卡的"选项"命令，弹出"Access选项"对话框。

（3）在该对话框中选择左侧区域中"当前数据库"选项，在右侧区域中的"应用程序选项"下，选中"关闭时压缩"复选框，如图10.7所示。

图10.7 "Access选项"对话框

（4）单击"确定"按钮，完成设置。

注意：用户可以设置每次关闭指定数据库时自动执行"压缩和修复数据库"命令。但在多用户使用的数据库中，压缩和修复操作需要以独占方式访问数据库文件，因此该操作会中断其他用户。

3. 手动执行"压缩和修复数据库"命令

除了使用"关闭时压缩"数据库选项外，用户还可以手动执行"压缩和修复数据库"命令。无论数据库是否已经打开，均可以对数据库执行该命令。

具体操作步骤如下。

（1）进入 Access，打开数据库文件。

（2）单击"数据库工具"选项卡"工具"组的"压缩和修复数据库"按钮██，此时会执行数据库的压缩和修复任务。

或者单击"文件"选项卡"信息"组的"压缩和修复数据库"按钮，也会执行步骤（2）的操作任务。

如果在 Access 中未打开数据库，则单击"压缩和修复数据库"按钮后，会弹出"压缩数据来源"对话框，在该对话框中选择拟压缩的数据库文件，单击"压缩"按钮，执行"压缩和修复数据库"任务。

10.2.2　数据导入与导出

Access 具有存取多种格式数据的功能，能够连接许多其他程序中的数据，实现 Access 数据库与外部应用程序交换、共享数据。Access 数据库中的"另存为"功能只能另存为其他 Access 对象，不能将 Access 数据库另存为诸如 Excel 电子表格类的文件。Access 数据库中的数据与外部数据之间的传输，也就是数据的移入和移出，需要通过 Access"外部数据"选项卡中的导入和导出工具来实现。

从"外部数据"选项卡中的"导入并链接"组和"导出"组中提供的工具按钮，可以看出 Access 支持导入或导出的数据类型。如图 10.8 所示，单击组中的"其他"按钮，会看到导入或导出功能支持的更多文件格式。

图 10.8　"导入并链接"组和"导出"组

表 10.1 中列出了 Access 支持的导入、链接或导出的文件类型。

表 10.1　Access 支持的导入、链接或导出的文件类型

程序或文件格式	是否允许导入	是否允许链接	是否允许导出
Microsoft Office Excel	是	是	是
Microsoft Office Access	是	是	是
ODBC 数据库（如 SQL Server）	是	是	是
文本文件 （带分隔符或固定宽度）	是	是	是
XML 文件	是	否	是
PDF 或 XPS 文件	否	否	是
电子邮件（文件附件）	否	否	是
Microsoft Office Word	否（但可将 Word 文件另存为文本文件后再导入）	否（但可将 Word 文件另存为文本文件后再链接）	是（将表或查询指定为 Word 邮件合并向导的数据源）

续表

程序或文件格式	是否允许导入	是否允许链接	是否允许导出
SharePoint 列表	是	是	是
数据服务（须安装 Microsoft. NET 3.5 以上版本）	否	是	否
HTML 文档	是	是	是
Outlook 文件夹	是	是	否（但可以导出为文本文件后再导入 Outlook）
dBase 文件	是	是	是

1. 导入或链接其他格式的数据

导入数据就是将各种格式的外部数据转换为 Access 数据库的表（产生导入表）。链接数据就是在 Access 数据库和外部数据之间建立引用关系（产生链接表）。导入表和源数据不再有任何关系。而链接表将仅仅反映数据库对象和外部数据之间的引用关系，并未将外部数据转换为 Access 数据表，外部数据的任何改变都随时反映到 Access 数据库中。

导入或链接数据的操作是在 Access 数据库中，选择"外部数据"选项卡，在"导入并链接"组中单击要导入或链接的数据类型。例如，如果源数据位于 Microsoft Excel 工作簿中，请单击 Excel 按钮。

通常，在导入或链接外部数据时 Access 都会启动"获取外部数据"向导。该向导可能会要求用户提供以下列出的部分或所有信息。

（1）指定外部数据源（它在磁盘上的位置）。

（2）选择是导入还是链接数据。

（3）如果要导入数据，请选择是将数据追加到现有表中，还是创建一个新表。

（4）明确指定要导入或链接的文档数据。

（5）指示第一行是否包含列标题或是否应将其视为数据。

（6）指定每一列的数据类型。

（7）选择是仅导入结构，还是同时导入结构和数据。

（8）如果要导入数据，请指定是希望 Access 为新表添加新主键，还是使用现有键。

（9）为新表指定一个名称。

通常在向导的最后一页上，Access 会询问是否要保存导入或链接操作的详细信息。如果用户觉得需要定期执行相同操作，则选中"保存导入步骤"复选框，填写相应信息，并单击"保存导入"按钮。此后，用户就可以选择"外部数据"选项卡上的"已保存的导入"命令以重新运行此操作。

完成向导之后，Access 会通知导入过程中发生的任何问题。在某些情况下，Access 可能会新建一个称为"导入错误"的表，该表包含 Access 无法成功导入的所有数据。用户可以检查该表中的数据，以尝试找出未正确导入数据的原因。

例 10.4 将"员工体检情况表.xlsx"文件里的数据导入"如意公司商品营销信息管理系统"数据库中，导入后的表名为"员工体检导入表"。

具体操作步骤如下。

(1) 打开要导入外部数据的数据库。

(2) 单击"外部数据"选项卡"导入并链接"组的 Excel 命令,启动"获取外部数据-Excel 电子表格"向导对话框,如图 10.9 所示。在该对话框中选定外部数据源和目标数据的存储方式与位置(本例中选择"将源数据导入当前数据库的新表中")。指定目标数据存储有三个选项,具体如下。

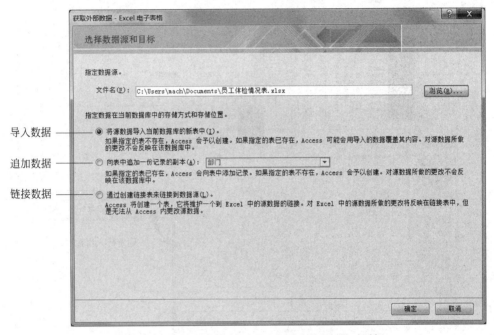

图 10.9 "获取外部数据-Excel 电子表格"向导对话框

① "将源数据导入当前数据库的新表中",表示如果指定的表不存在,Access 会予以创建。如果指定的表已存在,Access 可能会用导入的数据覆盖其内容。对源数据所做的更改不会反映在该数据库中。

② "向表中追加一份记录的副本",表示如果指定的表已存在,Access 会向表中添加记录。如果指定的表不存在,Access 会予以创建。对源数据所做的更改不会反映在该数据库中。

③ "通过创建链接表来链接到数据源",表示 Access 将创建一个表,它将维护一个到 Excel 中的源数据的链接。对 Excel 中的源数据所做的更改将反映在链接表中,但是无法从 Access 内更改源数据。

(3) 单击"确定"按钮后弹出"导入数据表向导"对话框,按照如图 10.10 所示的对话框向导步骤完成数据的导入工作。

(4) 在"获取外部数据-Excel 电子表格"向导的最后一步,会询问是否要保存导入步骤。如果用户需要定期执行相同操作,则选中"保存导入步骤"复选框,填写相应信息(如图 10.11 所示),并单击"保存导入"按钮。此后,用户就可以选择"外部数据"选项卡上的"已保存的导入"命令以重新运行此操作。

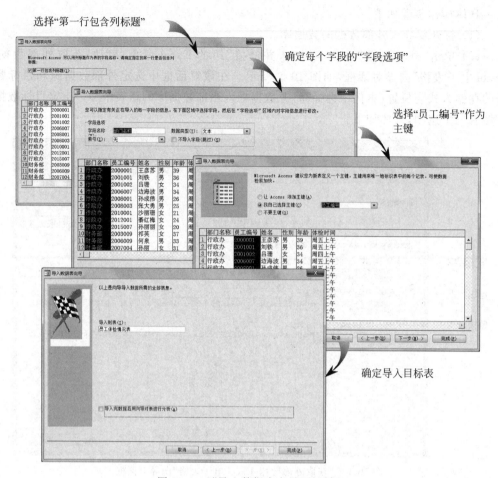

图 10.10　"导入数据表向导"对话框

2. 将数据导出为其他格式

导出数据就是将 Access 数据库中的表、查询、窗体或报表对象转为其他数据库或 Access 数据的导出操作，是在打开的拟导出数据的数据库中，从导航窗格中选择要导出数据的对象。用户可以从表、查询、窗体或报表对象中导出数据，但并非所有导出选项都适用于所有对象类型。然后选择"外部数据"选项卡，在"导出"组中单击要导出到的目标数据类型。例如，若要将数据导出为可用 Microsoft Excel 打开的格式，则单击"导出"组中的 Excel 命令。

在大多数情况下，Access 都会启动"导出"向导。该向导可能会要求用户提供一些信息，例如，目标文件名和格式、是否包括格式和布局、要导出哪些记录等。

在该向导的最后一页上，Access 通常会询问是否要保存导出操作的详细信息。如果需要定期执行相同操作，则选中"保存导出步骤"复选框，填写相应信息，并单击"保存导出"按钮。此后，用户就可以选择"外部数据"选项卡中的"已保存的导出"命令以重新运行此操作。

例 10.5　将"吉祥商贸信息管理系统"数据库中的数据表"员工工资表"，导出到名为"员工工资信息表.xlsx"的文件。

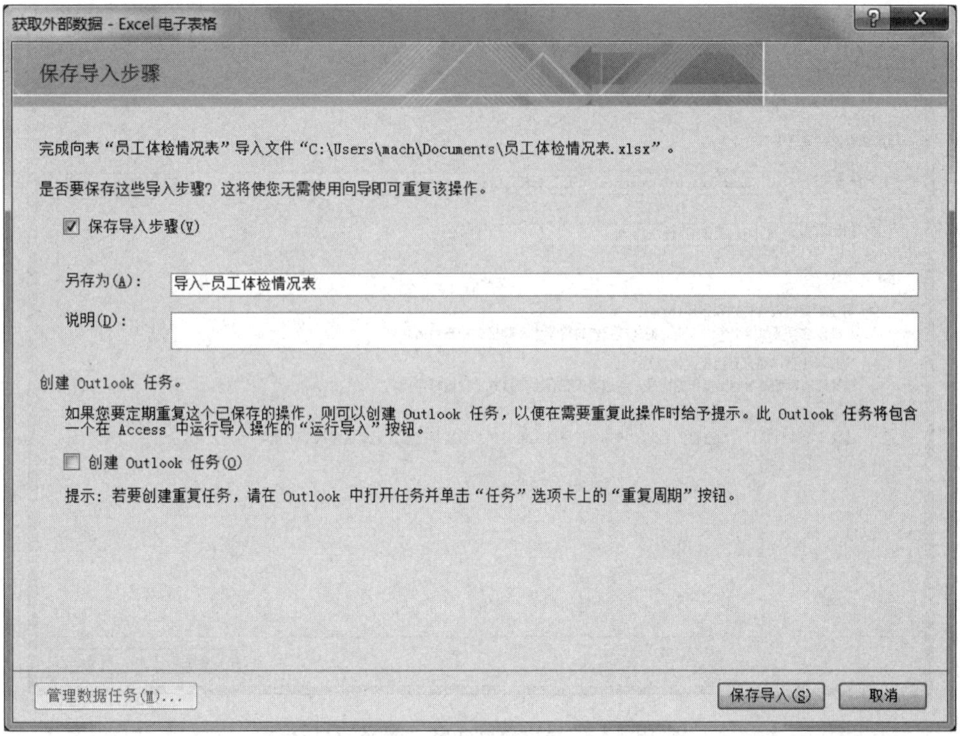

图 10.11　保存导入

具体操作步骤如下。

（1）打开要导出外部数据的数据库。

（2）选择"外部数据"选项卡"导出"组的 Excel 命令，弹出"导出-Excel 电子表格"对话框，如图 10.12 所示。在该对话框中指定目标文件名称和格式，设置导出选项。最后单击"确定"按钮。

（3）与导入操作的最后一步类似，导出操作在最后一步会询问是否要保存导出步骤。如果用户需要定期执行相同操作，则选中"保存导出步骤"复选框，填写相应信息，并单击"保存导出"按钮。此后，用户就可以选择"外部数据"选项卡上的"已保存的导出"命令以重新运行此操作。

10.2.3　数据库文件格式转换

Access 2010 默认的数据库文件后缀名为.accdb，但是 Access 提供了数据库文件格式转换的功能，来生成低版本的数据库文件格式和可执行的文件格式。

1. 数据库另存为其他类型

默认情况下，Access 2010 和 Access 2007 以.accdb 文件格式创建数据库，该文件格式通常称为 Access 2007 文件格式。可以将使用 Microsoft Office Access 2003、Access 2002、Access 2000 或 Access 97 创建的数据库转换为.accdb 文件格式。但是使用 Access 2007 之前版本的 Access 数据库文件则无法打开或链接到.accdb 文件格式的数据库。

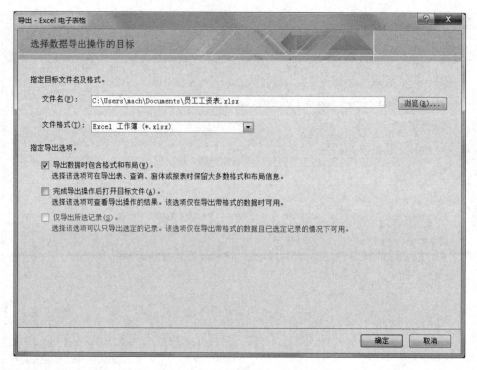

图 10.12　"导出-Excel 电子表格"对话框

在当前打开的数据库中,选择"文件"选项卡"保存并发布"组的"数据库另存为"命令,在"数据库另存为"区域中的"数据库文件类型"中包括了四种数据库文件类型,如图 10.13 所示。这四种数据库文件类型包括:①Access 数据库(＊.accde),默认数据库格式;②Access 2002-2003 数据库(＊.mdb),与 Access 2002-2003 兼容的数据库格式;③Access 2002 数据库(＊.mdb),与 Access 2002 兼容的数据库格式;④模板(＊.accdt),数据库模板文件格式。

在图 10.13 所示的界面中双击某一种文件类型,会打开"另存为"对话框,另存数据库为指定格式的数据库文件或数据库模板文件。如果在单击"另存为"按钮时存在任何数据库对象处于打开状态,Access 会提示用户在创建副本之前关闭它们。

若要将 Access 2000 或 Access 2002-2003 数据库(.mdb)文件转换为.accdb 文件格式,必须先使用 Access 2007 或 Access 2010 打开该数据库,然后将其保存为.accdb 文件格式。

2. 生成 ACCDE

Access 2010 能生成 ACCDE 可执行文件(扩展名为.accde),该文件是将原始 ACCDB 数据库文件(扩展名为.accdb)编译为"锁定"或"仅执行"版本的 Access 2010 数据库文件。如果 ACCDB 文件包含任何 VBA 代码,则 ACCDE 文件中将仅包含编译的代码,用户不能查看或修改 VBA 代码。而且使用 ACCDE 文件的用户无法更改窗体或报表的设计,也不能将窗体、报表和模块导出到其他 Access 数据库中。将数据库生成 ACCDE 文件时保护数据库的一种好方法,可以执行以下操作从 ACCDB 文件创建 ACCDE 文件。

图 10.13　数据库文件类型

（1）进入 Access，打开数据库文件。

（2）选择"文件"选项卡"保存并发布"组的"数据库另存为"命令，在"数据库另存为"区域中的"高级"选项中，选择"生成 ACCDE"命令，如图 10.14 所示。

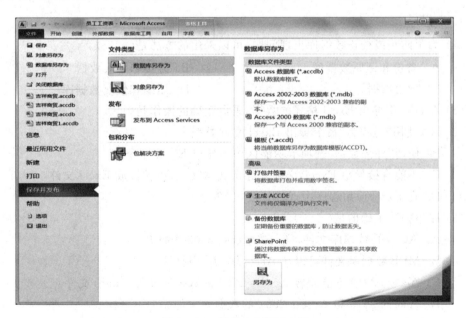

图 10.14　另存 ACCDE 文件

（3）双击"生成 ACCDE"命令，打开"另存为"对话框，如图 10.15 所示。浏览找到拟保存该文件的位置，并给文件命名，然后单击"保存"按钮，即可生成 ACCDE 文件。

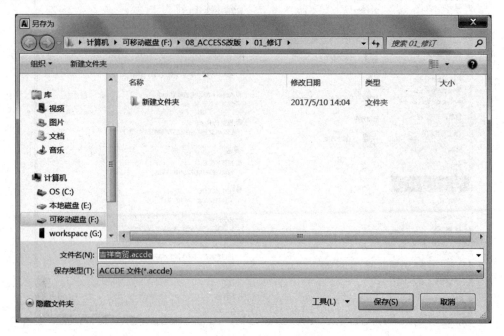

图 10.15　ACCDE 文件"另存为"对话框

10.3　习题

1. 选择题

（1）为了防止或校正数据库出现问题，可以采用的方法是（　　　）。

　　A. 备份和还原数据库　　　　　　　　B. 链接和导入数据

　　C. 导出数据　　　　　　　　　　　　D. 压缩和修复数据库

（2）Access 中导出 Excel 格式的数据，采取正确的操作是（　　　）。

　　A. 使用"另存为"命令导出 Excel 文件类型

　　B. 使用"外部数据"选项卡功能区中的导出 Excel 命令

　　C. 不能直接导出 Excel，必须先导出文本文件，再转换成 Excel 文件

　　D. 在 Excel 应用程序中，使用"接收"命令

（3）以下描述正确的是（　　　）。

　　A. ACCDE 数据库文件可以在 Access 2003 中打开

　　B. MDB 数据库文件可以在 Access 2010 中打开

　　C. Access 2010 不能兼容 Access 2003 的数据库文件（.mdb 文件）

　　D. Access 2010 和 Access 2007 的数据库文件类型不一样

（4）关于将数据库文件保存为模板文件的描述，以下说法正确的是（　　　）。

A．使用"文件"选项卡"数据库另存为"命令另存为模板文件

B．使用"外部数据"选项卡"导出"组中的工具导出为模板文件

C．使用"文件"选项卡"保存并发布"组中"数据库另存为"下的模板命令

D．在 Windows 资源管理器中直接更改数据库文件的后缀名为.accdt

（5）加密数据库时，要求数据库必须以（　　　）模式打开。

A．独占　　　　　　　　　　　　　　　　　B．正常

C．只读　　　　　　　　　　　　　　　　　D．开发

2．填空题

（1）备份数据库时，Access 首先会保存并关闭在设计视图中打开的_____。

（2）备份数据库时，系统默认的备份文件名称既捕获了原始数据库文件的名称，也捕获了执行备份时的_____。

（3）压缩数据库并不是压缩数据，而是通过清除未使用的空间来缩小_____。

（4）Access 2010 中可以将数据库文件编译成可执行文件，该可执行文件的类型为_____。

（5）为了防止数据的丢失，通常采取的办法就是对数据库做_____。

3．操作题

基于前述章节中构建的教学管理数据库，完成以下操作内容。

（1）由"教学管理"数据库生成 ACCDE 文件。

（2）将 Access 2010 格式的"教学管理"数据库文件转换成 Access 2002 格式。

（3）使用"压缩和修复数据库"命令对"教学管理.accdb"数据库进行压缩和修复。

（4）尝试对"教学管理.accdb"数据库进行加密和解密操作，注意加密时一定要牢记密码。

（5）将"教学管理"数据库中的"学生"表导出到名为"学生情况表格式.xlsx"的文件。

（6）将"教学管理"数据库中的"课程"表和"选课"表导出到"教学"数据库中（该数据库是需要预先建立好的空数据库）。

（7）将（5）中的"学生情况表格式.xlsx"文件中的数据导入"教工"数据库中，命名导入后表名为"学时导入表"。

参 考 文 献

[1] 萨师煊,王珊.数据库系统概论[M].3版.北京:高等教育出版社,2000.

[2] 赵平.Access 数据库实用教程[M].北京:清华大学出版社,2006.

[3] 熊建强,等.Access 2010 数据库程序设计教程[M].北京:机械工业出版社,2013.

[4] 张强,等.Access 2010 入门与实例教程[M].北京:电子工业出版社,2011.